冶金工业出版社

普通高等教育"十四五"规划教材

材料表面与界面

李均明　赵梓源　编著

扫一扫查看全书
数字资源

北　京

冶金工业出版社

2025

内 容 提 要

本书系统总结和介绍了材料表面和界面的有关知识，主要内容包括绪论、表面与界面的原子结构、材料表面的电子结构、表面与界面现象、界面过程——成核与生长、材料界面的物理化学反应、复合材料界面。

本书既可作为高等院校材料科学与工程、材料物理及相关专业的本科生和研究生的教材，也可供从事表面技术及表面、界面研究的人员参考。

图书在版编目（CIP）数据

材料表面与界面/李均明，赵梓源编著. —北京：冶金工业出版社，2022.8（2025.1 重印）

普通高等教育"十四五"规划教材

ISBN 978-7-5024-9214-4

Ⅰ.①材… Ⅱ.①李… ②赵… Ⅲ.①工程材料—表面分析—高等学校—教材 ②工程材料—界面—高等学校—教材 Ⅳ.①TB3

中国版本图书馆 CIP 数据核字（2022）第 122751 号

材料表面与界面

出版发行	冶金工业出版社	电　话	（010）64027926
地　址	北京市东城区嵩祝院北巷 39 号	邮　编	100009
网　址	www.mip1953.com	电子信箱	service@ mip1953.com

责任编辑　王　颖　美术编辑　彭子赫　版式设计　郑小利
责任校对　梁江凤　责任印制　禹　蕊

北京建宏印刷有限公司印刷

2022 年 8 月第 1 版，2025 年 1 月第 3 次印刷

787mm×1092mm　1/16；12.75 印张；306 千字；194 页

定价 49.90 元

投稿电话　（010）64027932　投稿信箱　tougao@cnmip.com.cn
营销中心电话　（010）64044283
冶金工业出版社天猫旗舰店　yjgycbs.tmall.com
（本书如有印装质量问题，本社营销中心负责退换）

前　　言

随着航天材料、电子材料、纳米材料和复合材料等新材料的发展以及涂层技术的不断进步，材料表面与界面的作用日趋明显。同时，材料的性能（如力学性能、物理性能以及化学、电化学性能等）不仅取决于材料的成分和组织结构，而且与材料的界面（包括晶界、相界、表面）有着非常密切的关系。材料的很多破坏和失效也首先起源于表面和界面，并通过表面、界面与基体的相互作用进行。研究表面和界面的微观结构和其周围环境的相互作用以及与表面和界面相关的物理化学现象是当代十分活跃的前沿课题。

为了系统地总结和介绍材料表面和界面的知识，编者在历年教授"材料表面与界面"这门课程讲义的基础上，结合国内外表面和界面研究的新技术和课题组表面技术研究取得的有关成果编写了本书。书中详细介绍了材料表面和界面的原子结构、电子结构；材料表面与界面现象；材料成核与生长的界面过程；材料界面的物理化学反应以及简要介绍了复合材料和纳米材料。全书由以下几部分组成。

绪论是对材料表面和界面研究重要性的概述，使读者了解表面和界面的定义、特点和作用，认识表面和界面在新材料发展中的重大作用以及目前表面和界面研究中存在的问题。

第1章和第2章主要介绍了材料表面和界面的原子结构和电子结构，表面原子结构的变化引起材料热力学吉布斯自由能变化，形成不同的界面组织结构及形态。金属、半导体以及氧化物表面电子结构的不同特点形成不同的表面态和界面态。

第3章和第4章主要介绍了材料的表面和界面现象以及成核与生长的界面过程。主要介绍了固体表面的吸附现象、界面的偏聚现象以及表面和界面的扩散现象，由材料表面和界面结构的变化产生的特殊现象为理解材料的性能提供了必要的知识储备。

第 5 章和第 6 章通过介绍材料表面的催化特性、摩擦过程中的特殊现象以及复合材料、纳米材料的性能，使读者进一步认识到表面和界面的研究在实际应用中的重要作用。

本书第 1 章~第 4 章由李均明编写，第 5 章、第 6 章由赵梓源编写。在本书编写的过程中得到了课题组研究生唐永祥、曹龙、沈欢、王翰迪、王慧陶、谢则宇、闫康然和薛翌倩的大力帮助，在此向他们的付出表示感谢。

由于本书涉及的知识面较广，加之编者的知识水平和对一些理论的认识深度所限，书中如有不妥和疏漏之处，敬请同行专家和广大读者批评指正。

编　者

2022 年 1 月

目　　录

0 绪　论

表面与界面是材料物理、化学性质发生空间突变的二维区域，是材料中普遍存在的结构组成单元。材料的力学性能（如强度、塑性、断裂韧性）、物理性能（如电磁和光学特性）以及化学、电化学性能（如氧化、偏聚与腐蚀等）均与材料的界面（包括晶界、相界、表面）有着非常密切的关系。材料的很多破坏和失效也首先起源于表面和界面，如加载后力的传递、在电磁场中电子的输运、在环境作用下的腐蚀等，都不可避免地通过表面、界面与基体的相互作用进行。复合材料从微米层次向亚微米层次甚至纳米层次推进、微电子与光电子器件集成度日益增高、纳米材料与纳米技术发展的迫切需要，使表面与界面科学的重要性更加突出，成为当代十分活跃的前沿课题。研究表面和界面的显微结构和其周围环境的相互作用以及与表面和界面相关的物理化学现象，对控制材料表面的物理化学过程、改变材料的表面性能以及相关的材料性能无疑是至关重要的。

国际上关于界面的研究始于 20 世纪，当时人们就发现钢中的粗晶粒能使钢变脆，界面的结构影响钢的性能。到 20 世纪 30 年代末、40 年代初，开始了界面模型的研究，成功地建立了重合位置点阵、O 点阵模型和结构单元等具有代表性的晶界几何模型，用来定量描述晶界的几何性质，但还难以对晶界的原子结构做出正确的描述。近十多年来，由于高性能、高分辨分析和界面原子分布成为可能，并已获得了很大成功，加深了两部分晶体间的界面一定存在周期性的认识，肯定了位错及其他缺陷对晶界行为的作用，使界面研究摆脱了以前纯界面模型研究的范畴。

自然界中存在着大量与界面有关的现象，这些不同的现象中，界面在其中起着特别重要的作用，如：

气-液界面：蒸发、蒸馏、表面张力、泡沫；

液-液界面：乳液、界面张力；

气-固界面：气体吸附、气蚀、升华、灰尘、催化反应、固体的分解；

液-固界面：电解、高分子胶体、焊接、润湿、接触角、浮选、润滑、催化；

固-固界面：焊接接头、摩擦、磨损、合金、固相反应。

0.1　表面和界面的定义

从通俗的物质状态上分，自然界的物质通常以气、液、固三种形态存在。这三者之中，任何两相或两相以上物质共存时，会分别形成气-液、气-固、液-液、液-固、固-固乃至气-液-固多相界面。通常所讲的固体表面实际上是指气-固两相界面，而看到的液体表面则是气-液两相界面。界面一词的意义是"物体与物体之间的接触面"，也称为两种物质（同种或不同种）之间的接触面、连接层和分界层。

在不同的技术学科中，人们对材料表面的认识往往有不同的理解。从结晶学和固体物理学考虑，表面是指晶体三维结构同真空之间的过渡区，它包括不具备三维周期结构特征的最外原子层。从实用技术学科角度考虑，表面是指结构、物性与体相不相同的整个表面层，它的尺度范围常常随着客观物体表面状况的不同而改变，也随不同技术学科领域研究时所感兴趣的表面深度不同而给表面以不同尺度范围的划分。技术科学为解决特定的工程问题，往往需要获得的是特定表面厚度内有关结构的信息。如半导体光电器件研究，很重视几个纳米到亚微米尺度材料的表面特性；至于化学化工中吸附催化及各种沉积薄膜技术中的表面问题，人们研究的则是外来原子或分子同衬底最外层表面原子之间的相互作用，涉及的表面尺度往往在 $1\sim10nm$；对于传统的冶金、机械行业中的表面加工、化工中的腐蚀与保护等，人们关心并要求解决的则是微米级厚度材料的表面问题。

我们所说的表面，往往定义为将固体本身同环境分开、在结构和物理、化学性质上完全不同于体相的整个外原子层。我们所研究的表面内容一般是：从分子、原子水平上描述材料表面的结构，讨论表面物理和化学现象；从分子、原子水平上对固体表面的化学结构进行表征，力图把对表面结构的认识与材料或器件的宏观特性建立适当的联系；从分子、原子水平上理解表面现象，认识并解决所研究的表面问题。

物理学所研究的界面，通常限于表面以下两三个原子层及其上的吸附层。而材料科学所研究的界面则包括了各种界面作用和过程所涉及的区域，其空间尺度决定于作用影响范围的大小，其状态决定于材料和环境条件特性。按照形成途径划分，最常见的材料界面类型有以下几种。

（1）机械作用界面。机械作用界面是固体材料表面受到其他固体或流体的机械作用而形成的界面。常见的机械作用有切削、磨削、研磨、抛光、喷丸、喷砂、变形、磨蚀和磨损等。在表面之上，则还有在各种机械作用过程中残留的污物。由于多数机械作用在空气中进行，金属表面常会发生氧化，也可能伴随其他的化学反应。

（2）化学作用界面。化学作用界面是由于表面反应、黏连、氧化、腐蚀等化学作用而形成的界面。

（3）熔焊界面。熔焊界面的特点是在固体表面造成熔体相，两者在凝固过程中形成冶金结合。

（4）固态结合界面。固态结合界面是指两个固体相直接接触，通过真空、加热、加压、界面扩散和反应等途径所形成的结合界面。

（5）液相和气相沉积界面。物质以原子尺寸形态从液相或气相析出，在固体表面成核和生长，形成膜层或块体。

（6）凝固共生界面。凝固共生界面是指两个固相同时从液相中凝固析出，并且共同生长所形成的界面。由于多数材料是多晶多相的，因而这种界面相当普通。

（7）粉末冶金界面。粉末冶金界面是指通过热压、热锻、热等静压、烧结和热喷涂等粉末工艺，将粉末材料转变为块体所形成的界面。

（8）黏结界面。黏结界面是指用无机或有机黏结剂使两个固体相之间结合而形成的界面，其特点是分子键起主要作用。

我们也可以从材料的类型来区分界面，例如，金属—金属、金属—陶瓷、金属—半导体等。显然，不同的界面上的化学键的性质是不相同的。

0.2　表面和界面的特点及作用

实际上两相之间并不存在截然的分界面，相与相之间是个逐步过渡的区域。如图 0-1 所示，在 A、B 两相形成界面的过程中，由于优先吸附作用，界面区形成一个吸附层，A 相临近界面的表面层与 A 相本体有不同的结构，B 相临近界面的表面层也与 B 相本体有不同的结构，界面区域的化学组分、分子排列、结构、能量、热性能、力学性能等都呈现连续的梯度的变化。因此，表界面不是几何学上的平面，而是一个结构复杂，厚度约为几个分子线

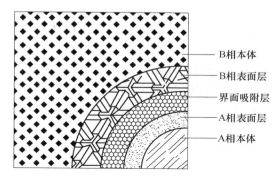

B相本体
B相表面层
界面吸附层
A相表面层
A相本体

图 0-1　复合材料界面模型

度的准三维区域。本体相是宏观的，其组成和结构相对是比较均匀和简单的；界面相是亚微观的，却有极其复杂的结构和组成。在两相复合形成界面的过程中，会出现热效应（导热系数和膨胀系数的不同）、界面化学效应（官能团之间的作用或反应）和界面结晶效应（成核诱发结晶、横晶）等，这些效应引起的界面微观结构和性能特征，对材料的宏观性能产生直接的影响。因此，常把界面区域当作一个相或层来处理，称作界面相或界面层。

0.3　界面缺陷与性能

由于半导体、激光、红外等科学技术的发展，高质量的近完美晶体大量地制备出来。但是晶体中的一些缺陷会严重影响由这些晶体材料制成的元件或器件的电、磁、光、声、热等物理性质。物体界面及表面是外部面缺陷，而晶界、相界及裂纹则属于内部面缺陷。位错是晶体中一类重要的结构缺陷，20 世纪 30 年代，Frenkel J. 提出计算金属理论切变强度的计算公式。然而，当时材料的实际强度远低于理论强度的问题多年困扰着材料研究者，由于缺乏清晰的物理图像和概念，以致长期未能给出有力的理论解释。1934 年，Orowan、Polanyi 和 Taylor 分别独立提出了晶体中存在刃型位错，而使理论强度远高于实验值的矛盾得到解释。位错理论的建立奠定了材料力学强度理论基础，带动了材料科学的进一步发展，具有划时代意义。连续模型和弹性应力场理论已经能完美地描述位错长程应力场问题，但尺寸为伯格斯矢量量级的位错芯区的局域效应，则尚待建立描述其微观机制的理论。现在，已经到了控制晶格缺陷给材料赋予新功能的时代。可以预期位错与杂质或微裂纹的复合效应及其对位错动力学及断裂行为的影响，可能具有电子效应背景，是探索微观结构与宏观物性相关机制的重要研究内容。

另外，晶体材料的研究以金属材料和陶瓷材料为主，因固有的物理性质，其原子结构成为材料研究的主体。至今，材料物性研究趋向于制备内部无缺陷的单晶材料。人们在证实了晶体缺陷存在的基础上，确立了控制缺陷的基本方法，成功地制备出单晶体。与此同

时，随着测试技术的进步，可以很容易得到原子尺度的信息，成为研究这类晶格缺陷并使之快速发展的驱动力，特别是采用电子显微镜直接观察法以及其组分的动态观察研究方法，将成为研究晶格缺陷的主要方法。

杂质与偏聚效应敏感地影响着晶界能量，且与晶界"重位"度相关。由于晶界能量及晶界熵的实验测定相当困难，难以获得精确数据，因此，寻求理论计算是必要的。晶界几何结构可以形象地以位错网络描述，即把两晶体看成充满整个空间的两相互穿插点阵，则 O 点是两晶体适配最好的点，而相邻两 O 点连线的中垂面是两晶体适配最差的区域。一般只有小角晶界可用解析形式的连续介质理论处理，对于大角晶界，则位错芯部对晶界能量有重要贡献，致使以弹性应力场理论处理晶界问题受到限制。基于重位点阵模型的晶界原子学研究，发现晶界存在基体结构单元，并视基体结构类型而具有确定的晶体学特征；晶界偏聚效应、沿晶扩散及化学腐蚀等特性与晶界类型及晶界取向密切相关。

根据晶界结构单元分析晶界结构，并协调应用原子学模型研究和实验研究，构成了探索晶界结构微区电子效应以及晶界和位错与杂质复合效应的几何理论基础。晶界集合特征与形变孪晶及形变织构相关，具有控制形变模式的作用，敏感地影响着材料强度和韧性。

一般而言，体系原子结构、电子结构及其组分构成控制物性的基本因素，是材料科学中一个极为重要的研究方向。能量作为热力学和动力学以及物态和临界现象研究中的基本参量和判据，既具有宏观性质又可反映微观相互作用，是材料物理学中一个重要的特征量。但实际中仍会有许多未解决的难题，例如塑性变形是位错滑移和孪生的结果，而位错、裂纹、孔洞、夹杂又往往聚集于界面，是最易产生应力集中，形成界面裂纹、界面夹杂等界面缺陷的部位，对于实际复合材料来说，在制造和使用过程中不可避免地会产生界面缺陷。因此，研究具有界面缺陷的夹杂与位错的相互作用，具有重要的理论意义和实用价值，不仅有助于全面理解材料的强化和韧化机制，而且能为建立复合材料的界面断裂破坏准则提供科学依据。

全面而准确地表征界面是了解界面性质并进而控制和改善材料的最重要基础之一，广大研究工作者在这方面做出了巨大努力并取得了重要进展。但由于界面或界面层是亚微米以下的极薄的一层物质，而且其组成相当复杂，金属基复合材料尤为如此，因而迄今为止，完全令人满意的理论模型发展很慢，而且在与界面有关的领域中还存在很多争议。尽管存在极大的困难，但由于其重要性，所以还是吸引着大量研究者致力于认识界面和掌握其规律。可以预料，随着现代分析技术和仪器的不断改进以及人们对界面认识的不断深化，人们最终必将会对材料界面结构有一个深入全面的认识，并将它用于指导和控制界面和材料性能，达到优化材料设计的目的，以最大限度地发挥出材料的长处。

0.4 界面科学研究推动新材料的制备与性能改进

就研究对象而言，表面科学所涉及的是材料表面和近表面原子的物理化学行为。与体材料相比，系统对称性明显下降，且存在表面微观结构的不完整性以及污染带来的问题。因此，表面原子无论在原子运动、原子结构、电子结构、表面缺陷以及其他物理化学过程中都将体现出与体内原子不同的变化规律和特点。尽管如此，作为凝聚态物理的一个重要分支和多种学科紧密联系的交叉学科，表面科学在很大程度上仍受固体物理的影响，并与材料科学、化学、半导体科学、微电子学等多种学科互相渗透，密切联系。在材料科学中表面科学涉及晶体的外延生长、功能薄膜材料制备、表面改性、腐蚀与防护、环境脆化及其防范等领域。近年来，表面与界面起突出作用的新型材料，如薄膜与多层膜、超晶格、超细微粒与纳米材料等的发展如日中天，既发现了一系列新的物理现象和效应，又展示了应用上的巨大潜力。随着集成电路、微波器件、敏感元件、微波和超细粉末等的进展，界面科学已取得引人瞩目的成就并促进了传统工艺的革新，推动了新材料、新工艺的发展。

（1）纳米材料。研究纳米陶瓷 TiO_2 烧结致密化过程及清洁界面纳米金属的块材形成过程，确定了 n-TiO_2 的致密化烧结温度及 n-Ag 的冷压临界压强，为纳米块材制备提供了指导性的资料，并发现将离子导体制备成纳米固体可以大大提高离子电导率，适当掺杂还可以将纳米固体的电导率进一步提高。

（2）有巨磁电阻效应的微粒膜。在微粒膜中呈现巨磁电阻效应的学术思想在 Co-Ag、Co-NiCu 等体系中实现了。对微粒膜的微结构，特别是界面结构对磁性、磁光效应和巨磁电阻效应的影响做了系统的研究，解释了所发现的新现象。

（3）金属基复合材料。研究了不同增强组元增强 Al、Mg、Ti、Zn、Ni_3Al 基复合材料的界面结构、界面区微结构以及增强体表面涂层、基体合金元素和工艺参数对界面区组分与组织的影响。发现氧化物晶须热稳定性较差，在 Al 基体中 Mg、Cu 是促成界面反应产物的活性元素；定量描述了铝对界面处碳纤维结构的诱导作用。

（4）金属间化合物。研究了 Ni_3Al 合金晶界重位数与塑性的关系，发现低重位数晶界及小角晶界硼偏聚度大，有序度降低，对 Ni_3Al 的凝固生长有指导作用；研究了合金元素对 TiAl 室温和 400℃ 形变位错组态的影响，从微米及纳米两种层次的片层界面结构解释了 TiAl 的塑性及韧性随片层宽窄有此消彼长变化的现象。

（5）高温材料防护涂层。通过研究微量活性元素（稀土元素）在高温氧化过程中由于形成的纳米尺度稀土氧化物溶解，产生的稀土离子在氧化膜界面偏聚，阻止了基体金属的快速短路扩散，增强了抗高温氧化能力，为发展加稀土防护涂层建立了理论依据。

（6）精细陶瓷。通过对 SiC_w-Sialon 的界面分析，发现增强组元与基体间的非晶过渡层是弱连接，有利于保持强度改善韧性，反之，无非晶层则是强连接，对强度及韧性都有不良影响。这一研究为工艺改进指明了方向。

通过对晶界、相间界面、界面中间相的精细结构、界面的物理化学行为及界面理论模型计算等基础科学问题的系统研究，界面科学推动了高技术新材料的制备与性能改进，同时热点材料及其新技术的出现也为界面研究开拓了新的领域和前景。

1 表面与界面的原子结构

理想完整晶体在于其结构的周期性和对称性。有限大小的晶体，其表面是平移对称性终止处，是一类面缺陷。由于晶体材料与外界的相互作用是通过表面来实现的，因而表面的结构特征无论从基础理论或技术应用的角度看，都是至关重要的。另一类面缺陷出现于有限晶体的内部，称作界面。它们种类繁多，有的是和理想点阵结构发生偏离，有的涉及化学组分甚至相的差异，它们对于晶体材料的各种性质可以产生更为广泛和重要的影响。

1.1 材料的表面

1.1.1 理想表面

为了讨论表面原子的静态结构及其变化，有必要首先建立参照晶面。通常，选择衬底材料本身的低 Miller 指数晶面作为参照晶面。这种晶面的获得是非常简单的，把一块块状晶体置于 UHV（Ultra-High Vacuum）系统，当真空度优于 10^{-10} Torr 时，用机械的方法把晶体沿设定的晶面进行解理，得到两个半无限晶体。假定刚刚解理后的晶面，除了形成一个和真空相邻的边界外，其表面上的原子仍保持解理前的三维周期结构，这样的晶面称为理想晶面。这是一种理论上的结构完整的二维点阵平面，它忽略了晶体内部周期性势场在

晶体表面中断的影响，忽略了表面原子的热运动、热扩散和热缺陷，忽略了外界对表面的物理-化学作用等，因而将此晶体的解理面认为是理想表面。这就是说，作为半无限的体内的原子的位置及其结构的周期性，与原来无限的晶体完全一样。图 1-1 是理想表面的示意图。如通常所讲的（100）、（110）、（111）晶面，是研究表面原子迁移扩散及由此发现、测量静态结构变化的参照与依据。

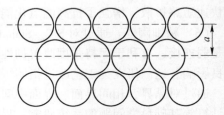

图 1-1　理想表面结构示意图

1.1.2 清洁表面

实际上，解理后晶面上的原子不可能保持原始体相中格点位置，由于表面处原子排列突然发生中断，如果在该处原子仍按照内部方式排列，则势必增大系统的自由能（主要是弹性能）。为此，表面附近原子的排列必然出现调整。调整的方式有两种：

（1）自行调整，因为表面原子在失去临原子后就等于失去了相互之间作用力的平衡，所以解理后的表面原子位置必然发生变化以获得新的平衡；

（2）靠外来因素，如吸附杂质、生成新相等。从热力学角度来看，调整之后减小了

表面能，使系统稳定。如果表面的化学组成与体内相同，周期结构不同于体内，不存在任何吸附、催化反应、杂质扩散等物理-化学效应的表面称为清洁表面。清洁表面是相对于受环境污染的表面而言的。只有用特殊的方法，如高温热处理、离子轰击加退火、真空解理、真空沉积、场致蒸发等才能得到清洁表面，同时必须保持在 $1.33 \times 10^{-10} Pa$ 的超高真空中。清洁表面又可分为弛豫表面、重构表面、台阶表面等。几种清洁表面结构示意图如图 1-2 所示。

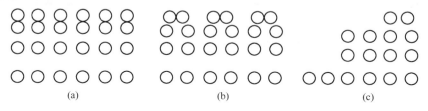

图 1-2　清洁表面结构示意图
（a）弛豫表面；（b）重构表面；（c）台阶表面

1.1.2.1　弛豫

弛豫是指表面层之间以及表面和体内原子层之间的垂直间距 d_s 和体内原子层间距 d_0 相比有所膨胀和压缩的现象，如图 1-2（a）所示。它可能涉及几个原子层，而每一层间的相对膨胀或压缩可能是不同的，而且离表面越远，变化越不显著。对于多元素的合金，在同一层上几种元素的膨胀或压缩情况也可能不相同。

1.1.2.2　重构

重构是指表面原子层在水平方向上的周期性不同于体内，但垂直方向的层间间距 d_0 与体内相同。重构有两种情况：

（1）表面晶面与体内完全不一样，如 Au、Pt 的（001）面的重构是一个与（111）面相接近的密堆积面，这种情况有的资料上称为超晶格（superlattice）或超结构（superstructure）。

（2）表面原胞的尺寸大于体内，即晶格常数增大。发生重构的原因是价键在表面处发生了畸变（如退杂化等），情况比较复杂，目前尚不能从理论上给予很好的解释。最常见的表面重构有两种类型，一种是缺列型重构，一种是重组性重构。图 1-3（a）和（b）表示出了简单立方点阵中这两类重构的示意图。

缺列型重构是表面周期性地缺失原子造成的超结构。洁净的表面立方金属铱、铂、金、钯等 {110} 表面上的（1×2）型超结构是最典型的缺列型重构的例子，这时晶体 {110} 表面上的原子每间隔一列即缺失一列。图 1-3（c）是金（110）面（1×2）重构沿 $[\bar{1}10]$ 带轴摄取的高分辨电子显微像。显然，重构后，（110）表面由平面转变为由很狭窄的 $(1\bar{1}1)$、$(\bar{1}11)$ 小面相间排列而成的折面。理论计算表明，如果只考虑最近邻的交互作用，则两种表面形态的表面能量无明显差别，但若考虑长程的互作用，后者则具有较低的能量。而这一因素的作用对于元素周期表越下方的金属而言更为突出，表面能有更大的减小。这就是周期表底部的铱、金、铂等不多的金属晶体得以观测到这类重构的原因所在。

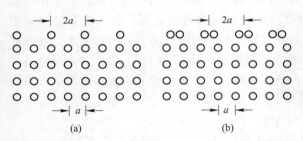

图 1-3   简单立方晶体中表面重构引起的原子分布示意图
及金（110）表面（1×2）重构的高分辨电子显微像
（a）缺列型重构；（b）重组型重构

重组性重构并不减少表面的原子数，但却显著地改变表面的原子排列方式。通常，重组性重构发生在共价键晶体或有较强共价成分的混合键晶体中。共价键具有强的方向性，表面原子断开的键，即悬键处于非常不稳定的状态，因而将造成表面晶格的强烈畸变，最终重排成具有较少悬键的新表面结构。显然这种新结构是具有较大周期的超结构。以硅的{100}表面为例，其表面原子有两个悬键，未重排时，每个悬键均有一个不成对电子而极不稳定；重排后，表面硅原子一对对相互靠近配对，配对原子间基本转变为电子成对而无悬键的组态，从而大大降低了表面能。这类配对现象在其他低指数表面，如{111}和{110}也会发生，同时产生重构。观测发现，在硅晶体中，{100}面上（1×2）重构是最常见的重组型重构，但配对方式的不同也可造成其他类型的重构，如（2×2）重构（见图 1-4）；而在其他取向的表面上，由于初始原子排列方式的不同，其重构方式也有不同，如常见于{111}表面上的是（7×7）型重构；此外，表面上台阶处额外的悬键也会造成其他形态的重构结构。

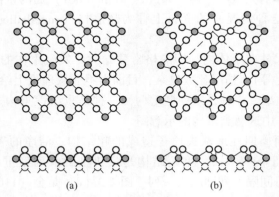

图 1-4   硅（100）表面（2×2）表面原子分布及键合状态示意图（上为顶视图，下为侧视图）
（a）重构前；（b）重构后

必须指出的是，重组性重构常会同时伴有表面弛豫而进一步降低能量，只是就对表面结构变化的影响程度而言，表面弛豫比重构配对要小得多。综合以上两种重构方式的系统研究结果，可以认为，当原子键不具有明显的方向性时，表面重构较为少见，即使重构也以缺列型重构为主，当原子键具有明显的方向性，如共价键时，则洁净的低指数表面上的重组性重构是极为常见的。近年来发现多种具有较强共价成分的晶体中也存在重组性重构，最典型的例子就是 $SrTiO_3$ 晶体。

1.1.2.3 台阶（TLK 表面模型）

前面讨论的清洁表面是一个原子级的平整表面，称完整表面。与完整晶体一样，从热力学上来分析，完整表面的熵甚小，不能使其自由能达到极小，因此是一种热力学不稳定状态。换句话说，清洁表面必然存在有各种类型的表面缺陷。

在不受约束条件下生长出的许多晶体呈现出多边体的外形，显露的晶面一般是表面能较低的密排低指数面。然而，实际的晶体生长过程并非在平衡态下进行，如杂质的参与改变了表面能系数，位错等缺陷生长机制的操作增大了某些晶面的生长速率，重力作用造成的对流给晶体生长附加了不等同的环境，如此等等，都将使实际晶体的外形与理论结果发生偏差，甚至改变晶体的惯态面。一般非平衡态下生长的晶体，其表面稍许偏离低指数面的部分称邻位面，远离低指数面者则称粗糙面。通常晶体总是存在为数不少的低或较低指数的晶面，只要生长条件合适，邻位面总是占表面的大部分，邻位面可以用平台-台阶-扭折模型来描述（见图 1-5）。

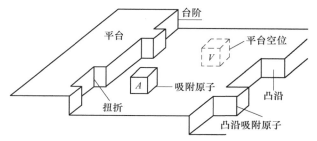

图 1-5　TLK 缺陷模型示意图

其主要部分的平台是密排低指数晶面，平整的平台被一些单原子台阶所隔开，形成表面对低指数面的偏离，而在这些单原子台阶上因失掉一些原子而形成弯结（扭折）。偏离的大小和偏离的方向可以通过改变台阶或扭折的密度来调节。而在平台上往往又存在平台增原子及平台空位。TLK 模型就是取其中的平台（Terrace）、台阶（Ledge）及弯结（Kink）这三个词第一个字母的组合 TLK 概括表面上的缺陷。20 世纪 50 年代，场离子显微镜（FIM）的直接观测证实了平台和台阶的存在，而近年来的扫描隧道显微镜及原子力显微镜的观测更全面证实了这一模型的正确性。

台阶是由有规则的或不规则的台阶的表面所组成。台阶的平面是一种晶面，台阶的立面是另一种晶面，二者之间由第三种晶体取向的原子所组成。实际的台阶表面相当复杂，在台阶表面台面最上层之间距离也能发生弛豫现象，可以膨胀或压缩，有时还是非均匀的。例如，图 1-6 所示的是台阶表面的各种不同的压缩情况。表面区的每个原子都可以用其近邻数 N 来描述，如果平台为面心立方 $\{111\}$ 面，则平台上吸附原子的 N 为 3，吸附原子对所具有的 N 为 4，台阶上的吸附原子数 N 为 5，台阶扭折处原子的 N 为 6，台阶内原子的 N 为 7，处于平台内原子的 N 为 9。根据 TLK 模型，台阶一般是比较光滑的。随着温度的升高，其中的扭折数会增加，扭折间距 λ_0 和温度 T 及晶面指数 k 有关，它可由以下关系式来描述：

$$\lambda_0 = \frac{a}{2}\exp\left(\frac{E_L}{kT}\right) \tag{1-1}$$

式中，a 为原子间距；E_L 为台阶的生成能。

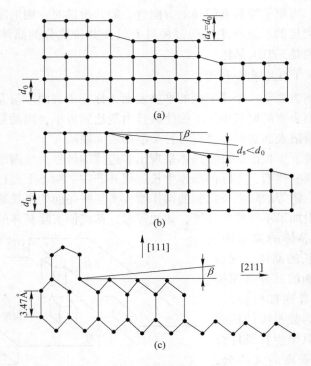

图 1-6 台阶表面各种不同的压缩情况

（d_s 表示表面间距，d_0 表示体内间距）

（a）均匀压缩；（b）边界原子压缩；（c）Ge（111）表面模型

我们来考虑低指数晶面平台上的吸附原子。在低温下，这些吸附原子将会局域化，其生成自由能 ΔE_f 包括键能和熵两部分，后者同弛豫频率有关。由于吸附原子的局域化，它在阵点上分布的混合熵遵守费米—狄拉克统计。n_a 个吸附原子在 N 个表面位置上分布方式的数目为：

$$W = \exp\left(\frac{s}{k}\right) = \frac{N!}{n_a!\ (N - n_a)!} \tag{1-2}$$

式中，s 为体系的熵。形成 n_a 个吸附原子时，体系的总的自由能变化为：

$$E = n_a \Delta E_f - kT \ln W \tag{1-3}$$

将式（1-2）代入式（1-3），并利用斯特林公式化简，得到

$$E = n_a \Delta E_f + kT[-N\ln N + n_a\ln n_a + (N - n_a)\ln(N - n_a)] \tag{1-4}$$

在平衡条件下，

$$\left(\frac{\partial E}{\partial n_a}\right) = 0$$

故式（1-4）给出

$$n_a = (N - n_a)\exp\left(-\frac{\Delta E_f}{kT}\right) \tag{1-5}$$

将 ΔE_f 表示为振动配分函数和吸附原子的生成能 ΔE_g，得到

$$\frac{n_a}{N - n_a} = \Pi_i \left\{ \frac{\exp\left(-\frac{\Delta E_g}{kT}\right)\left[1 - \exp\left(-\frac{hv_i}{kT}\right)\right]}{1 - \exp\left(-\frac{hv_i^*}{kT}\right)} \right\} \quad (1-6)$$

式中，v_i^* 和 v_i 分别为吸附原子的弛豫振动频率和正常的晶格振动频率。

在高温下，非局域化的吸附原子成为二维气体，式（1-2）简化为

$$W = \frac{1}{n_a} \quad (1-7)$$

并且吸附原子的两个振动自由度为两个平移自由度所取代，得到

$$n_a = \frac{\frac{2\pi mkT}{h^2} A\Pi_i\left[1 - \exp\left(-\frac{hv_i}{kT}\right)\right]\exp\left(-\frac{\Delta E_g}{kT}\right)}{\Pi_i\left[1 - \exp\left(-\frac{hv_i^*}{kT}\right)\right]} \quad (1-8)$$

而在中等温度范围内，局域化和非局域化的两种吸附原子将会并存。

至于晶面上的台阶数、扭折数和空位数，则同晶体表面本身几何状况有关，主要是同晶面指数以及热涨落有关。对于一个确定的晶面，其缺陷浓度只是温度的函数，可用统计热力学方法计算。任何真实表面上，平台、扭折和台阶都有很高的平衡浓度，对于粗糙表面，有 10%～20% 原子位于台阶处，扭折处约有 5% 原子。通常也有人把台阶和扭折称为表面线缺陷，而把原子空位和增原子称为表面点缺陷。这两种缺陷还会随着温度而变化。定性地讲，平台增原子和平台空位与相邻表面的键合强度要低于其他缺陷类型，因此这两类缺陷易于形成，并成为表面原子迁移和扩散的主要通道，也是人们讨论表面原子迁移扩散微观机制的主要依据。

1.1.3 实际表面

由于固体表面原子受力不均匀和表面结构的不均匀，从而要吸附气体分子来降低表面自由能。空气中的 O_2、N_2、CO_2 等气体通过自由分子运动对金属表面撞击，由于加工成形过程中形成的许多晶格缺陷使表面的原子处于不饱和或不稳定状态，从而使表面形成气体吸附膜或氧化膜等。因此实际表面上普遍存在杂质及吸附物的污染，因而其成分、浓度与体内一般也不相同，同时杂质的吸附也会影响表面结构，进而对材料的许多性能都会产生明显的影响。因此，研究实际表面结构具有重要的现实意义。

1.1.3.1 吸附质诱导表面重构

上节讨论了解理面原子的自身重构。当外来原子或分子吸附在基底晶面上时，在很宽的温度及覆盖度范围，它们将形成有序的表面结构，这种有序化的推动力来自原子间的相互作用。重要的是这些外来原子的外延生长或吸附，反过来还会诱导基底表面发生重构，并形成新的二维格子。

对于吸附过程，应区分两种相互作用：一是外来吸附物和基底表面的相互作用；二是吸附物之间的相互作用。化学吸附时，吸附物之间的作用要小于吸附物同基底表面之间的作用，因此，吸附物的定位是由它和基底表面原子之间的最佳成键决定；吸附物之间的相互作用则决定了覆盖层的长程有序。这些相互作用可以通过改变温度和覆盖率来考察覆盖

层结构变化进行研究。对于清洁的非重构表面，当每个元格上吸附一个分子或原子时，定义为单层吸附。例如，在 Ni（100）表面上，如果每两个 Ni 原子吸附一个未解离的 CO 分子，表面覆盖度则定义为 0.5 单层。

当覆盖率非常低时，有些吸附物会聚集在一起形成二维孤岛，这种情况是由于吸附物之间的短程吸引作用和沿表面容易迁移这两个因素造成的。随覆盖率的提高，吸附物之间的平均间距降低到约 0.5～1nm 时，相互作用将强烈地影响吸附层有序化，有利于吸附物在表面上其他区域构型，其结果会进一步在表面上形成周期性重复元格。如原子氧在 Ni（100）面上有 1/4 单层吸附时便会形成有序排列，并以平方阵列吸附在 Ni（100）面空洞处，具有（2×2）吸附层结构，如果把覆盖率提高到 1/2 单层，这时又形成了一个新的带心的平方结构 c（2×2），如图 1-7（a）所示。

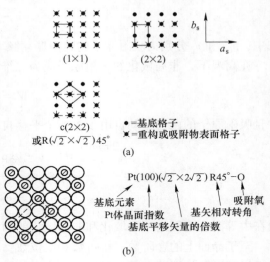

图 1-7　重构表面或吸附层表面结构的表征及相关符号的说明

对于绝大多数非金属吸附质，在一个密堆积的金属表面上将不会被压缩成单层覆盖，因为彼此存在短程排斥而使原子间分开一定距离。如果把表面暴露在高压下，企图以此提高覆盖率，进而达到压缩覆盖层，其结果实际上不是出现停止吸附，就是出现吸附增原子扩散进入基底体内形成化合物的现象。

当吸附质为金属时，因为吸附原子彼此之间的吸引作用比较强，并以共价方式相结合，所以易形成密堆积覆盖层。如果覆盖层与基底金属原子的大小几乎相等，人们就会观察到单层（1×1）结构，基底表面每一个元格被一个吸附原子占据，这是理想的外延生长；如果吸附质和基底原子的半径不完全相等，就会形成其他形式的吸附层，其具体结构将由吸附质共价密堆积距离决定。

在讨论吸附原子或分子的单层结构时，还应考虑吸附质之间形成强键对基底表面结构的影响。这种影响的确是戏剧性的。对于一个清洁表面，化学吸附层的存在会消除表面原子本身的弛豫，并常常可以观察到重构。其结果能使衬底表面原子回到类似体相的平衡位置。然而，吸附质也能诱导基底表面产生一个新的表面结构。例如 300K 温度下，低覆盖率氢会诱导 W（100）表面形成（2×2）重构。

1.1.3.2　表面偏析

对于合金、掺杂半导体和陶瓷加工中所用的添加剂或高分子材料加工中的成型添加剂，以及材料中的微量杂质，总之，不论是掺杂物还是添加剂，它们在加工过程中或在特定环境气氛作用下，其中某个元素或化合物会在表面产生富集，这种富集是由于某种元素的偏析而改变了表面化学结构，在合金材料尤其是多层薄膜材料中是比较普遍的，它直接影响到材料的技术性能。例如，偏析会改变材料的抗氧化、抗腐蚀性能，改变电、磁性质及表面黏结性能等。

表面偏析与表面吸附两者均是异类原子与晶体表面间相互作用的结果，异类原子前者来自体内，后者来源于体外，它们遵从相似的热力学规律，因而表面偏析现象中表面溶质原子的占有率与吸附有类似的表达式

$$\frac{\theta}{1-\theta} = x\exp\left(\frac{-\Delta G}{k_B T}\right) \tag{1-9}$$

式中，θ 为覆盖度；x 为溶质原子的摩尔浓度；ΔG 为溶质原子在表面和体内的吉布斯自由能之差；k_B 为玻尔兹曼常数；T 为绝对温度。显然，表面层溶质原子浓度最高，朝向晶内浓度迅速减小直至与体内相同。

1.1.3.3　表面化学反应

当晶体表面含有化学活性甚强的组分时，可以产生化学吸附（区别于范德瓦尔斯吸附时的物理吸附，这时吸附能一般低于 0.2eV），以致发生化学反应。这时晶体表面原子与被吸附原子构成了统一的电子体系，这种体系的电子结构将有助于理解化学催化作用的本质。其实，表面化学反应的现象是极为普遍的。许多金属材料和非金属材料表面形成氧化物或氢氧化物，当它们形成均匀而致密结构时可以保护材料表面，而形成不均匀的、疏松的结构时，则材料表面极易被腐蚀。

1.1.3.4　贝尔比层

固体材料在其制作成可用的元器件时通常是需要经过切割、表面磨制和抛光的。经过机械研磨和抛光后的大部分材料的表面，都会产生一薄层与体内性质有明显差别的非晶态层，称 Beilby 层，其厚度为 5～10nm，具体尺寸视材料的性质和加工方式而定。研磨时，在中等摩擦速度下，金属表面的温度可达 500℃ 以上，有时甚至可到 1000℃，由于表面的不平整，在摩擦时实际上是"点"接触，接触"点"温度可能远高于表面的平均温度，这些"点"称为"热点"。热点处的温度有时可达熔点。因为作用时间短，金属导热性好，该区域迅速冷却，原子来不及回到平衡位置，造成一定数量的晶格畸变。这个畸变区可能往表面下扩展几十微米。当然，在不同深度，原子的畸变程度并不一样。

这些表面问题，对技术材料的使用性质都有或多或少的、有时是很严重的影响。例如，电介质材料表面电导或电击穿现象中，表面结构缺陷的影响是不容忽视的；激光晶体的表面缺陷不仅可能降低其使用效率和寿命，甚至可能造成器件的炸裂；对许多存在相互接触而又承受机械力作用的表面（如机械金属）之间，由于表面存在峰与谷的不平整状态，实际接触面积较表观的要小得多，因而在负载的作用下将容易磨损或损坏；而对于近年来迅速发展起来的薄膜与多层膜等新型材料，在其制作过程中，对衬底材料表面的处理则要求极严，器件质量问题很多由此而来，成为整个制备工艺中很重要但却容易被忽视的一环。例如，在硅的外延生长上，在氧化、扩散之前，必须用腐蚀法把贝尔比层去除。否则，它会感生出位错、层错等缺陷，这会对器件性能产生极其有害的影响。

1.2　界面与界面缺陷模型

众所周知，材料的宏观性质是由其微观结构决定的。这里讲的"微观"，既包括原子尺度，也包括微米量级；这里讲的结构，既包括其有序性，即晶体学构造，也包括其无序性，即各种类型的晶体缺陷、非晶态等。因此，只有深入了解界面的几何特征、化学键

合、界面结构、界面的化学缺陷与结构缺陷、界面反应与界面稳定性及其影响因素，才能在更深层次上理解界面与材料之间的关系，从而进一步达到改善这些材料性能的目的。可以说，现代新材料的发展和应用是人们对材料表面、界面认识逐步深入的结果。

1.2.1　界面的分类

我们知道，具有不同结构的两固相之间的界面称为相界。不同结构包括同质异构以及不同质材料，它们或结构对称性不同、或点阵参数不同、或键合类型不同，都使相界具有较复杂的结构组态。对于同相晶态材料，通常也是以多晶状态存在的，我们称不同晶粒之间以晶态相连的界面为晶粒间界，简称为晶界，晶界是具有较大晶格畸变的界面，对材料的性能（如力学性质、扩散等）有重大的影响，在晶体缺陷的研究中占有一定的地位。

在界面结构的研究中，我们可以在形态上把材料界面做如下分类：把通过两相间界面的晶格面和晶格点有完全对应关系的界面称为完全共格界面或简单共格界面；把通过两相间界面的晶格面和晶格点无对应关系或对应关系少的界面称为非共格界面；把介于两者之间的界面称为半共格界面或部分共格界面。一般情况下，在板状相中，板面为完全共格界面，周围为非共格界面；在针状相中，周围是完全共格界面，两端为非共格界面。用非共格界面把具有常规结构的界面分类为异相对应界面。材料界面是几何学中最普通的界面，单相界面（所谓晶体的晶界）不过是其单纯体系之一。

1.2.1.1　共格界面

当界面两边为两相，界面上原子同时处于两相晶格结点上，或者两相晶格的原子在界面处相互吻合，这种界面称为共格界面〔见图 1-8（a）〕。形成共格界面必须满足结构和大小一致原则，即两相在界面处相互吻合的晶面应该具有接近的原子排列和原子间距，从而使两相晶体在界面处保持一定取向关系，如 Cu-Si 合金由富铜面心立方 α 相基体和富硅密排六方 K 相组成，界面处有以下取向关系：

$$(111)_\alpha // (0001)_K$$

$$[\bar{1}10]_\alpha // [11\bar{2}0]_K$$

如在共格界面处，两相原子有轻微的不吻合，则需通过一定的弹性变形以使界面原子协调，这种变形称为共格应变。

1.2.1.2　半共格界面

当在界面处吻合的两相晶面原子排列相近，但原子间距差别较大，则两相原子在界面处不能全部吻合形成共格界面，而是部分吻合形成共格区，不吻合处形成刃型位错，这种界面叫作半共格界面，如图 1-8（b）所示。半共格界面中位错间距由两相晶面在界面处的失配度 δ 确定，失配度定义为

$$\delta = \frac{a_\alpha - a_\beta}{a_\alpha} \tag{1-10}$$

式中，a_α 和 a_β 为 α 相和 β 相的晶格常数。

由位错间距 D 与晶格常数之间简单的几何关系 $D/a_\beta = a_\alpha/(a_\alpha - a_\beta)$，得出位错间距

$$D = \frac{a_\alpha \cdot a_\beta}{a_\alpha - a_\beta} = \frac{a_\beta}{\delta} \tag{1-11}$$

当失配度 δ 很小时，$D = b/\delta$，位错的柏氏矢量 $\boldsymbol{b} = (a_\alpha + a_\beta)/2$，即随失配度增大，位错间距减小，界面位错间距很小，位错结构失掉物理意义，则完全失去共格性，成为非共格界面。

一般，当 $0.05 \le \delta \le 0.25$ 时，可形成半共格界面，$\delta < 0.05$，形成共格界面，$\delta > 0.25$，则形成非共格界面。

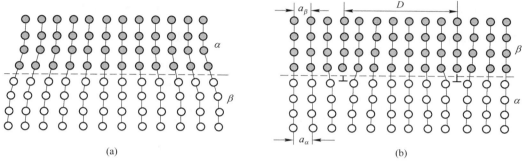

图 1-8 共格、半共格界面示意图

(a) 共格界面；(b) 半共格界面

在实际的半共格界面上，两相点阵上的错配多是二维的，这时界面上可含有 $D_1 = b_1/\delta_1$ 和 $D_2 = b_2/\delta_2$ 的两组界面位错，如图 1-9 所示。这两组甚至三组界面位错可构成不同形式的网络，如图 1-10 所示。

界面上两相的点阵匹配并不良好，但可在引入位错之外再加入单原子结构台阶以增大界面的共格程度，从而形成复杂的半共格界面。

如 Fe-Ni 合金中，面心立方 γ 相与体心立方 α 相两相有取向关系，$(111)_\gamma // (110)_\alpha$、$[\bar{2}11]_\gamma // [\bar{1}10]_\alpha$，但因

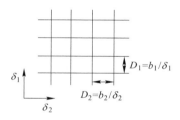

图 1-9 半共格界面上因二维错配形成的二维位错网络

位错网络				
合金	Al-4Cu	Al-15Ag	Al-2.7Cu-1.36Mg	Ni-20Cr-2.3Ti-1.5Al
组成相	α(面心立方)-θ(体心立方)	α(面心立方)-γ(密排六方)	α(面心立方)-S(正交)	γ(面心立方)-γ(有序面心立方)
错排位错	σ <100>	$\dfrac{\alpha}{6}$ <112>	$\dfrac{\alpha}{2}$ <101>	$\dfrac{\alpha}{2}$ <110>

图 1-10 电镜下观察到的几种半共格相界面上的位错网络示意图

两相点阵常数相差较大，界面上原子匹配情况很差，如图 1-11（a）所示，纸面代表界面，圆圈是 γ 相原子，黑圈代表 α 相原子，两相原子间的良好匹配只存在于小的平行四边形区域内，但引入错配位错和单原子高度的台阶，如图 1-11（b）和（c）所示，可使匹配良好的区域增多，这是由于面心立方 γ 相（111）面的堆垛顺序为 ABCABC···，而在体心立方的 α 相（110）面堆垛顺序为 abab，于是，各层台阶上的匹配关系相应为 A_γ-a_α、B_γ-b_α、C_γ-a_α、A_γ-b_α，通过匹配关系的改变，可使匹配良好的区域大为增多。

描述界面上结构台阶的参量有台阶高度 a、台阶间距 b 和界面偏转角 $\theta = \arctan \dfrac{b}{a}$，由于界面的偏转使界面的表观位向偏离原始密排面的位向，成为无理面。

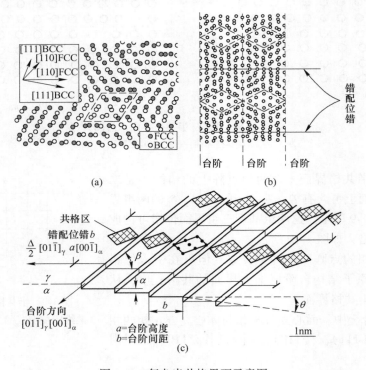

图 1-11　复杂半共格界面示意图

（a）FCC 与 BCC 有（111）$_{FCC}$∥（110）$_{BCC}$，$[\bar{2}11]_{FCC}$∥$[\bar{1}10]_{BCC}$ 位向关系时界面两侧原子的匹配情况；

（b）配位错和结构台阶的复杂共格界面两侧原子的匹配情况；（c）图（b）的立体图

1.2.2　界面模型

由于实际应用的材料多数为多晶体，晶界问题对于材料研究便具有极大的普遍性。就其本意而言，晶界是同材质同结构不同取向的晶粒之间的界面，这就使其处理比相界面大大简化。在这种简化处理得到的模型的基础上，再推广到一般的相界上，就容易多了。

从关于晶界理论的发展史上看，最早是洛森海因（Rosenhain）在 1913 年提出的非晶态膜模型。他在研究材料的高温力学性能时，提出了晶界是一层和材料本体材质相同、厚度达 100 个原子层的非晶态膜的观点，认为这层非晶态膜把晶粒联结成块体，在高温下能像玻璃那样变软，从而使材料能够较容易地发生塑性变形。然而他的这个理论无法定量地说明材料的变形机制。现已知道，除了有形成非晶态的物质（如硅）存在的情况外，晶界并不处于非晶态。

晶界结构理论发展历史上的另一个有影响的理论是哈格里夫斯（Hargreaves）和希尔斯（Hills）在 1929 年提出的过渡点阵理论。他们认为，晶界是一种只有几个原子层厚的过渡区，其中的原子占据了不同于两侧晶体点阵的居中位置，以使其势能最低。这是第一次把晶界结构和能量准则联系起来。这个理论还认为，晶粒的晶体学取向对于晶界结构有着重要影响。

在随后的发展中，人们开始区分小角度晶界和大角度晶界。伯格斯（Burgers）和布拉格（Bragg）提出的位错模型在小角度晶界上成功地得到了应用。而关于大角晶界，则有莫特（Mott）的小岛模型和葛庭燧的扩散结构模型。莫特把晶界看成是由原子排列和晶粒内一致的小块（小岛）分散在原子排列混乱的介质中构成的区域，因此，在应力的作用下，晶界能够发生滑移。葛庭燧从观察中注意到，同种金属的晶界滑动激活能和其自扩散激活能在数量上相等，因而提出了晶界由点阵空位或无序原子群的集合构成的观点。在晶界结构理论发展史上，这两个模型最早解释了具有一两个原子层厚的晶界是如何能够使一个晶粒在另一个晶粒上滑移的。但是，这两种模型都无法解释晶界扩散的各向异性。上述发展过程，麦克林（McLean）在 20 世纪 50 年代曾做了详尽的综述。弗兰克（Frank）和贝尔比（Bilby）则先后建立了一般晶界和相界的位错理论。

与上述发展过程相平行，弗里德尔（Friedel）早在 1911 年就提出了公共点阵概念。1926 年，他又发现在立方晶体内绕几个方向转动 180° 就可以产生一个孪晶结构，在这种孪晶结构分界面处，有一个超点阵存在，其点阵既属于母体，也属于子体，弗里德尔称之为重合位置点阵（Coincidence Site Lattice，CSL）。1949 年，克莱贝尔格（Kronberg）和威尔逊（Wilson）在二次再结晶中也观察到了重合位置点阵。弗兰克和董（Dunn）等先后对这个模型的几何方法做了进一步的发展。以后，这个模型又曾用于高纯材料的晶界迁移及金刚石和闪锌矿的晶界结构上。

布兰登（Brandon）在扩展大角度晶界 CSL 模型的基础上，提出完整花样移动点阵模型（Displacement Shift Complete Lattice，DSC）模型。到了 20 世纪 60 年代后期，博尔曼（Bollmann）将 CSL 模型推广为 O 点阵（O-Lattice）模型，从而建立了晶体界面的普遍的几何理论。位错模型和 CSL 模型都可以归结为 O 点阵模型的特殊情况。

从位错模型到 O 点阵模型都是将原子看作几何点，侧重研究其空间位置的几何特征，因而可称为界面的晶体几何理论。这些理论在数学方法上是严格的，因而具有普遍性，不仅适用于晶界，还能较容易地推广到相界面。然而，这种几何学方法，也有其局限性。原子之间存在交互作用，它们在空间的分布，决定于体系自由能。这一情况促使人们从纯粹的几何学分析，转向能量变分分析。

弗勒策（Fletcher）等根据原子交互作用势场，改变原子的位置，以求达到体系自由能的最低值。循着这种思路，20 世纪 70 年代以来，人们进行了大量的原子模拟计算和相应的实验观察对比，发现晶界能并不直接和晶界上的重合位置数量或 O 点数量相关。在许多情况下，晶界上甚至没有重位原子。从能量的观点看，原子弛豫的作用，远比保持重位原子重要。此外，人们还发现了晶粒偏离重位取向的刚体相对平移。在所有晶界中，都可发现弛豫导致形成的原子密堆多面体的结构单元。这个模型在阐明晶界结构、晶界能和晶界扩散上，具有明显的优越性。

1.2.2.1　小角界面的位错模型

为描述晶界的几何特征，采用两个参量，（1）两个晶粒之间的位向差 θ，即两个晶粒交界处晶向（如 [111] 等）之间的夹角，称晶界角。如图 1-12 所示，箭头都表示 [111] 方向，则晶界角 $\theta = \theta_1 + \theta_2$。若 $\theta_1 = \theta_2$ 称对称晶界；$\theta_1 \neq \theta_2$ 称非对称晶界。（2）晶界相对于某一晶粒的位向 φ。对二维晶体，两个参量 θ 和 φ 即可表征图 1-13（a）和（b），其几何自由度为 2。对三维晶体，则需要 5 个自由度确定晶界的位置 [见图 1-13（c）和（d）]，其中两晶粒间的相对旋转轴及旋转角共 3 个自由度，晶界面的法向矢量 2 个自由度。目前研究的比较成熟的是位向差较小（通常小于 5°，最多不超过 10°）的晶界。根据相邻晶粒间的位向差 θ 的大小，位向差小于 10° 的属于小角晶界，位向差大于 10° 的属于大角晶界。

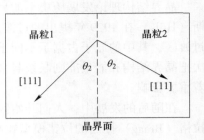

图 1-12　晶界角的表示

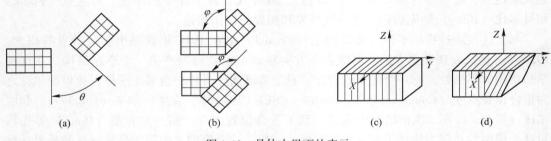

图 1-13　晶体中界面的表示

（a）和（b）二维晶体；（c）和（d）三维晶体

小角晶界是两个取向几乎完全重合的晶粒之间的分界面，其位向差低于 10°，在晶界面上的错配完全靠位错收纳，位错之间是良好匹配区。现在我们来讨论小角度晶界的晶体几何学关系。我们设想在一单晶体内设置一界面，并使界面一侧的晶体围绕一个位于界面内的轴旋转 θ 角，这样形成的晶界称为倾转（侧）晶界。倾转晶界的特点是当将晶界一侧晶体绕倾转轴反向旋转 θ 角，则其点阵和晶界另一侧晶体的点阵完全重合。

图 1-14（a）为两个简单立方晶型晶体的倾转晶界，两个晶体具有公共轴 [001]，而取向差用角度 θ 来描述。由于这一角度差，造成了晶界面上原子发生位移，偏离其正常位置，同时，在大约几个原子间距的区域内造成弹性形变。晶界上的应力集中，使弹性形变区扩大，这反过来又降低了应力集中。但是，仅靠弹性变形还不能使原子都坐落到合理的位置上。有些原子面终止在晶界上，形成贯穿整个晶体的线缺陷，在图 1-14（a）中，这些线缺陷和图纸平面相垂直，如果围绕这些线缺陷做出其柏格斯回路，则求出的柏格斯矢量等于点阵平移矢量 [100]。这表明，倾转晶界上的这种缺陷是刃型位错。

设 Burges 矢量为 $\boldsymbol{b}$，则晶界角 θ 和位错间距 D 以及 $\boldsymbol{b}$ 之间有以下关系：

$$D = \frac{b}{2\sin\theta/2} \tag{1-12}$$

事实上，式（1-12）不仅适用于简单立方晶型材料的晶界，也适用于其他晶型材料的晶界。还需指出的是，在上述模型中，有可能出现符号相反的位错，然而，在合适条件下，它们能够通过滑移或扩散而相互抵消。因此，在退火良好的试样中，在界面上不会有符号相反的位错。

以上我们讨论了对称倾侧晶界。这种晶界只需用一个变量 θ 就能完全描述。对于较为复杂情况，设晶界自身围绕倾转轴旋转，晶界和两晶粒 [100] 平均方向间角度为 φ，则得到非对称的倾转晶界 [见图 1-14（b）]。这种晶界具有 θ 和 φ 两个自由度。此时，界面和两个晶粒的 [100] 方向之间的夹角分别为 $\varphi + \frac{1}{2}\theta$ 和 $\varphi - \frac{1}{2}\theta$。而图 1-14（a）的对称倾转晶界，则是其 $\varphi = 0$ 或 $\varphi = \frac{\pi}{2}$ 的特殊情况。

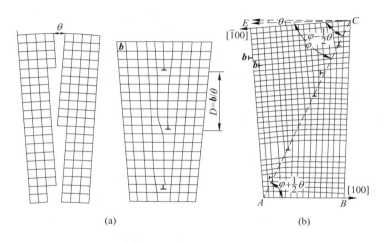

图 1-14 小角度倾转晶界

（a）简单立方晶体倾转晶界；（b）非对称倾转晶界

图 1-14（b）不同于图 1-14（a）的一个显著特点，就是有两组原子面终止在界面上，因此，非对称倾转晶界是由两个不同系列的刃型位错组成的，其中标记为 ⊥ 的刃型位错的密度（即单位长度界面上的位错数）为

$$\rho_\perp = \frac{EC - AB}{b} = \frac{1}{b}\left[\cos\left(\varphi - \frac{\theta}{2}\right) - \cos\left(\varphi + \frac{\theta}{2}\right)\right] = \frac{2}{b}\sin\frac{\theta}{2}\sin\varphi \cong \frac{\theta}{b}\sin\varphi$$

与此类似，标记为 ⊢ 的刃型位错的密度为

$$\rho_\vdash = \frac{CB - AE}{b} = \frac{1}{b}\left[\sin\left(\varphi + \frac{\theta}{2}\right) - \sin\left(\varphi - \frac{\theta}{2}\right)\right] \cong \frac{\theta}{b}\cos\varphi$$

由此得到相应的位错间距分别为 $D_\perp = \dfrac{b}{\theta\sin\varphi}$ 和 $D_\vdash = \dfrac{b}{\theta\cos\varphi}$。

小角晶界的另一种类型为扭转晶界，图 1-15 给出了两个面心立方晶粒之间的扭转晶界。图中的界面是两个晶粒的公共面 {100}，它和图纸平面重合。图中圆圈表示晶界下方紧邻的原子平面中的原子，而黑点表示晶界上方紧邻的原子平面中的原子。由图可见，晶界是由两组相互垂直交叉的螺型位错组成的，其中每组内的螺型位错相互平行，单纯一组螺型位错会造成整个晶体的宏观剪切应变，因而不能稳定。引入第二组螺型位错，可以造成第二组切应变，阻碍前一组切应变的扩展，从而形成两个反向旋转晶粒之间的界面。每组平行的螺型位错之间的距离，仍然符合式（1-12）。从图 1-15 中可以观察到一种有趣的现象，两个晶粒之间相互匹配良好的区域呈小岛状，它们被位错网格分隔开。

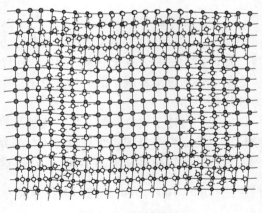

图 1-15   扭转晶界

小角度晶界将单晶分割成取向稍有不同的亚晶粒，在各向同性晶体中，它使进入晶体的光线的波平面发生畸变，对于各向异性晶体则使各部分的光轴不一致，因而对光学性质的影响较大。例如在固体激光中，当使用 Q 开关、声光调制、产生倍频时，输出线偏振光常常是必要的，小角度晶界存在引起的应力双折射及光轴变化都会使光波不能在同一偏振面内振动，从而使器件的输出功率大为降低。晶体中的位错可以排成低能量的位错界面而趋于稳定，因而要消除小角度晶界必须防患于未然，避免因各种原因将位错引入晶体内部。

1.2.2.2   大角晶界的重位点阵理论——CSL 模型

小角度晶界位错列阵的位错间距随着旋转角 θ 的增大而减小，当间距小到一定程度可与位错核心区的大小相当时，界面原子基本处于错排状态，单个位错已失去传统含义，以位错列阵或网络来描述晶界结构就不合适了。这一旋转角的限度在 10° 左右。我们称超过这一界限以致不能用位错模型来描述的晶界称大角度晶界。

设想组成界面的两个晶体的点阵都布满了整个空间，在一般情况下，这两个点阵可能完全没有公共点，然而，对其中某一晶型的晶体，绕一定晶体轴旋转一定角度，获得不同取向的另一晶体，将二晶体相互延伸，则不同取向晶体中有某些原子相互重合，这些原子叫重合位置原子，具有周期性分布，由这些重合原子可组成一新的点阵，称为重合位置点阵，简称 CSL（Coincidence Site Lattice）（图 1-16 所示是简单立方晶体绕 ［001］ 轴旋转 28.1° 后产生的 CSL 点阵）。重合点阵与晶界面无关，但晶界面相对于重合点阵的取向关系对于界面结构却有重大影响。当界面为重合点阵的最密排面时，如图 1-17 中标示为 ABCD 的晶界面中的 AB 和 CD 部分那样，其界面处有最好的原子匹配度，错排较小，因而是界面能量最低的晶界。显然并不是任意的取向关系都有高密度的重合阵点，对不同晶体结构的晶体而言，将有各自的特征取向关系，而且是不多的几种，不同结构晶体中重要的重合位置点阵在表 1-1 中给出。两个晶体相互匹配的程度，可以用普通阵点密度和重位阵点密度之比 Σ 来描述，Σ 也称为 CSL 的多重性，它等于 CSL 单胞体积和原始点阵体积之比，并以一参量"重合位置密度"表征重合位置点阵的特征。重合位置密度指重合位置点阵的阵点占原有点阵阵点的分数，以符号 $1/\Sigma$ 表示。

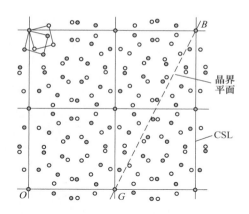

图 1-16 简单立方晶体绕［001］轴
旋转 28.1°后产生的 CSL 点阵

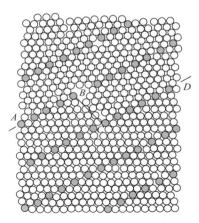

图 1-17 体心立方晶体
中的重合位置点阵图

表 1-1 不同结构晶体中的重合位置点阵

晶体结构	旋转轴	转动角度/(°)	重合位置密度 1/Σ
体心立方	<100>	36.9	1/5
	<110>	70.5	1/3
	<110>	38.9	1/9
	<110>	50.5	1/11
	<111>	60.0	1/3
	<111>	38.2	1/7
面心立方	<100>	36.9	1/5
	<110>	38.9	1/9
	<111>	60.0	1/7
	<111>	38.2	1/7
密排六方	<001>	21.8	1/7
	<210>	78.5	1/10
	<001>	86.6	1/17
	<001>	27.8	1/13

　　重合点阵模型认为大角界面是由重合点阵的密排面所组成，界面上有较多的重合位置，两边晶体的原子在该处吻合良好，因而畸变程度小，界面能较低。当界面位置与密排面重合，界面全部由密排面组成，若界面位置不与密排面重合，则大部分分段与密排面重合；中间以小台阶相连（图 1-17 中的 BC 段即为连接密排小面 AB、CD 的台阶），界面与重合点阵密排面相差越大，台阶也越多。如前所述，两个相邻晶粒要形成重合位置点阵，必须具有特定的相对位向，稍微偏离这些特定位向，就会破坏重合位置点阵。为使出现重

合点阵的特定位向有所扩展，有人提出在重合位置点阵密排面上引入一列重合位置点阵的刃型位错，使该密排面既是两个相邻晶粒的晶界，又是重合位置点阵的小角倾侧晶界，如图 1-18 所示。如小角晶界两侧晶粒位向差为 8°，则原来产生重合位置点阵的特定位向可扩展在小于 8° 的各种角度。

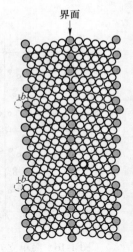

界面

图 1-18　重合位置
点阵的小角晶界

通过调整重合点阵位错密度，以改变二晶粒的特定位向，可使大部分任意位向的大角晶界以重合点阵模型描述。继重合点阵模型之后，有人又提出新的改进模型，叫结构单元或重复部分模型。认为界面上的原子成群存在，这些原子群中包含少量原子，其排列规则，类似于晶体内部原子的排列，界面中的原子群周期性重复排列，故叫作结构单元，或重复部分，不同类型的重复部分对应不同的特定位向，由不同类型重复部分组成的晶界可使特定位向差有所扩展。在重复部分的基础上，引入晶界位错，可使其位向差进一步增大，如图 1-19 和图 1-20 所示。

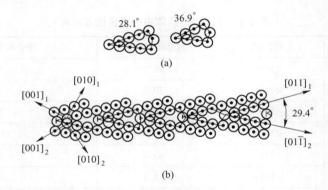

图 1-19　晶界的重复部分模型
（a）不同位向的重复部分；（b）由不同类型重复部分组成的界面

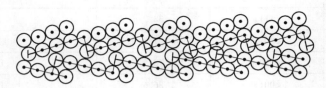

图 1-20　重复部分界面引入晶界位错

在研究不同晶体材料之间的界面时，CSL 模型也是一个十分有用的方法，例如用于研究晶体的外延生长。这时基体的表面是固定的，而择优生长的取向则是能量最低的方向。从以上的论点可见，我们应当得到界面重位点密度最高的方向。

尽管有上述优点，CSL 模型也还存在严重的不足，如它还不能完全解决寻求两个点阵最佳匹配位置的问题。首先，重位点的位置并没有提供关于该点周围情况的信息，而只是说明了重位点图形的周期性。当然，上述结果的逆定理并不成立，图形的周期性不一定意味着存在重位点。其次，在比较复杂的图形中，实际上很难辨认出重位点的。其原因在于重位概念并未给出位置偏差的定量度量。两阵点是完全精确重合还是偏差了 0.0001Å，这在数学上有着原则性的差异，而在物理上是没有实际意义的。重位点密度很高的两个点阵的无穷小的相对位移，在数学上会完全破坏 CSL，也就是说，CSL 特性随取向角的变化是极为不连续的。而从物理上看，最小应变点是 θ 角的连续函数。

1.2.2.3　晶体界面几何理论的普遍模型——O 点阵

博尔曼提出的 O 点阵是 CSL 模型的进一步普遍化。为了将 CSL 概念普遍化，我们用数学方法来描述点阵。考虑具有任意结构的两个晶体，它们之间的相互取向可以是任意的。为此，与在 CSL 模型中一样，我们用相互贯穿的两套点阵来对晶体作几何上的描述。设晶体只有一种原子组成，我们就可以将这两套相互贯穿的点阵描述为一组原子的两套位置。如果所有的原子都坐落在点阵 1 上，则得到晶体 1；如果都坐落在点阵 2 上，则得到点阵 2。如果在其中引入界面，则在界面的一侧为晶体 1，在另一侧为晶体 2。如果晶体 1 和晶体 2 为相同的物质和点阵，则得到晶界。反之，则得到相界面。

根据 CSL 模型的概念，如果点阵 2 的格点和点阵 1 的格点在空间里重合，则此点为重合位置格点。如果界面上的原子位于重合位置格点上，则该原子将处于无应力状态，其能量较低。因此，将这类重位格点称为最佳匹配点。显然，界面只有通过尽可能多的重位格点，才能处于能量最低状态。

上面所述的两套相互贯穿的点阵，都可以用三个线性独立的基矢构成的平移群来表征。我们可以用一非异化的齐次线性变换 $\boldsymbol{A}$ 来建立点阵 2 和点阵 1 格点间的对应关系

$$\boldsymbol{X}^{(2L)} = \boldsymbol{A}\boldsymbol{x}^{(1L)} \tag{1-13}$$

式中，$\boldsymbol{X}^{(2L)}$ 和 $\boldsymbol{x}^{(1L)}$ 为点阵 2 和点阵 1 中对应格点的矢量坐标；L 意指格点。所谓齐次变换，是指没有平移而只有旋转的变换，但是这一限制也仅仅是为了简化问题。实际上，$\boldsymbol{A}$ 也可以是一般的仿射变换，包括旋转、膨胀、剪切等。变换 $\boldsymbol{A}$ 必须是非异化的要求，意味着其行列式 $|\boldsymbol{A}|$ 不为零，即

$$|\boldsymbol{A}| \neq 0 \tag{1-14}$$

这表明两个点阵都将在同一空间里被确定，且其维数不变。式（1-14）保证了 $\boldsymbol{A}$ 的逆变换 $\boldsymbol{A}^{-1}$ 的存在可能性，因此，点阵 1 和点阵 2 之间可以通过 $\boldsymbol{A}$［即通过式（1-13）］和 $\boldsymbol{A}^{-1}$ 建立其格点的一一对应关系，这样得到的对应点称为配偶点。

CSL 模型只研究了格点的配偶关系。然而，晶体的整个空间并不只是由格点构成，还应当包括格点间的空间。用数学语言来表达，晶体空间不仅由平移群构成，而且也包含其所有的陪集。如果我们用点阵 1 的基矢作为坐标的单位，则所有的格点都具有整数坐标。对于格点以外的任意点，其坐标则是由整数和小数两部分组成。前者给出该点所在单胞的位置，称为外坐标。后者给出该点在单胞中的位置，称为内坐标。所有的内坐标 x_i 都满足条件 $0 \leqslant x_i \leqslant 1$。

点阵格点的整个集合可以称为一个等价类型（简称类型）。因此，两个点阵就是格点的两个相关类型，每个格点是两类型之一的一个元素。点阵的重合位置是两个相关类型的元素的重合。

在晶体坐标系中，一个陪集的所有的点具有相同的内坐标。每个陪集在每个单胞内都用这个内坐标表征出来（见图 1-21），无穷多的陪集和具有内坐标（0，0，0）的格点的

平移群一起，把整个空间划分为等价模型，即形成分配。

晶体 1 中的任意点可以通过方程

$$x^{(2)} = Ax^{(1)} \tag{1-15}$$

和晶体 2 的配偶点相关联，因而使晶体 1 中的每个等价类型都和晶体 2 中的一个等价类型相关联。晶体 2 中的相关类型，在晶体 2 的坐标系中具有和晶体 1 中原始类型相同的内坐标。在式（1-15）中，A 同样也应满足式（1-13）。式（1-15）和式（1-13）的区别在于前者包括了空间里所有的点，而后者仅限于格点。这样，两个相互贯穿的不相同的点阵代表了同一空间里的两个不同的分配。

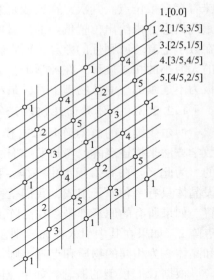

1.[0.0]
2.[1/5,3/5]
3.[2/5,1/5]
4.[3/5,4/5]
5.[4/5,2/5]

图 1-21　等价模型

我们把相关等价类型的元素的重合定义为 O 点，即广义的点阵重合位置，因此，O 点是两个晶体中内坐标相同并且在空间位置上相重合的点，即两个晶体中等价位置点的重合。

在上述定义的基础上，我们来推导 O 点的方程。设 $x^{(1)}$ 为晶体 1 中具有任意的外坐标和内坐标的任意点，若 $C^{(1)}$ 为 $x^{(1)}$ 的等价类型，则相关类型 $C^{(2)}$ 的相应点 $x^{(2)}$ 由下式给出

$$x^{(2)}(C^{(2)}) = A[x^{(1)}(C^{(1)})] \tag{1-16}$$

我们也可以由 $x^{(1)}(C^{(1)})$ 开始，加上点阵 1 的平移矢量 $t^{(1)}$，以求出类型 $C^{(1)}$ 的其他元素

$$e(C^{(1)}) = x^{(1)}(C^{(1)}) + t^{(1)} \tag{1-17}$$

如果 $x^{(2)}$ 和 e 重合，我们将它记作 $x^{(0)}$，则有

$$x^{(2)}(C^{(2)}) = x^{(1)}(C^{(1)}) + t^{(1)} = e(C^{(1)}) = x^{(0)}(C) \tag{1-18}$$

式中，C 表示 $x^{(0)}$ 同时属于 $C^{(1)}$ 和 $C^{(2)}$ 两个相关类型。考虑到式（1-15），得到

$$x^{(0)} = A^{(1)}x^{(0)} + t^{(1)} \tag{1-19}$$

或

$$(I - A^{-1})x^{(0)} = t^{(1)} \tag{1-20}$$

式中，A^{-1} 为 A 的逆变换；I 为和 A 同阶的单位变换，也称恒等变换，其矩阵为

$$I = \begin{bmatrix} 1 & 0 & 0 \\ 0 & 1 & 0 \\ 0 & 0 & 1 \end{bmatrix} \tag{1-21}$$

我们把点阵 1 的平移矢量称为 $b^{(L)}$ 矢量，并将由点阵 1 所有可能的平移矢量构成的点阵称为 b 点阵（见图 1-22）。因此，$b^{(L)}$ 是 b 点阵的点阵矢量。根据以上定义，点阵 1 的平移矢量 $t^{(1)}$ 形成 b 点阵，且

$$t^{(1)} = b^{(L)} \tag{1-22}$$

故式（1-20）可写成

$$(I - A^{-1})x^{(0)} = b^{(L)} \tag{1-23}$$

式（1-23）是晶体界面几何理论的基本方程，所有的 O 点都是这个方程的解。

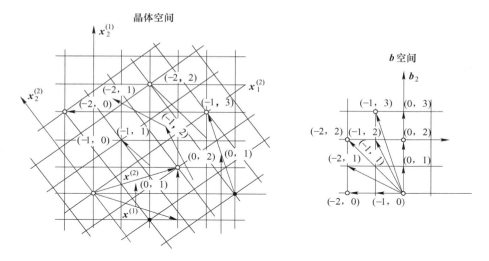

图 1-22　由点阵 1 所有可能的平移矢量构成的 b 点阵

求解方程（1-23）的一般程序为：

（1）选择坐标系；

（2）做出关联两个点阵的变换 A；

（3）通过矩阵运算列出基本方程（1-23）。

如果行列式

$$|I - A^{-1}| \neq 0 \tag{1-24}$$

则方程的解为

$$x^{(0)} = (I - A^{(-1)})^{-1} b^{(L)} \tag{1-25}$$

下面举例说明求解过程。选择晶体 1 的垂直坐标系作为基本坐标系。为了简化问题，现只考虑二维情况（见图 1-23）。这时，变换 A 为旋转 R

$$A = R = \begin{pmatrix} \cos\theta & -\sin\theta \\ \sin\theta & \cos\theta \end{pmatrix} \tag{1-26}$$

其逆变换为

$$A^{-1} = \begin{pmatrix} \cos\theta & \sin\theta \\ -\sin\theta & \cos\theta \end{pmatrix} \tag{1-27}$$

于是

$$(I - A^{-1}) = \begin{pmatrix} 1 - \cos\theta & -\sin\theta \\ \sin\theta & 1 - \cos\theta \end{pmatrix} \tag{1-28}$$

其行列式为

$$|I - A^{-1}| = 2(1 - \cos\theta) \tag{1-29}$$

如果式（1-24）成立，则可由式（1-25）求出基本方程（1-23）的解。这时，$(I - A^{-1})$ 的逆矩阵为

$$(\boldsymbol{I} - \boldsymbol{A}^{-1})^{-1} = \begin{bmatrix} \dfrac{1}{2} & \dfrac{1}{2}\cot\dfrac{\theta}{2} \\[3mm] -\dfrac{1}{2}\cot\dfrac{\theta}{2} & \dfrac{1}{2} \end{bmatrix} \tag{1-30}$$

由于在晶体坐标系中两个基本平移矢量由坐标（1，0）和（0，1）给出，故 O 点阵中的单位矢量为式（1-30）矩阵的列矢量

$$\boldsymbol{u}_1^{(0)} = \left(\dfrac{1}{2}, \ -\dfrac{1}{2}\cot\dfrac{\theta}{2} \right) \tag{1-31}$$

$$\boldsymbol{u}_2^{(0)} = \left(\dfrac{1}{2}\cot\dfrac{\theta}{2}, \ \dfrac{1}{2} \right) \tag{1-32}$$

图 1-24 给出了上述结果的几何描述。在图 1-23 的特定 CSL 中，$\cot(\theta/2) = 3$，且有

$$\begin{bmatrix} \boldsymbol{x}_1^{(0)} \\[2mm] \boldsymbol{x}_2^{(0)} \end{bmatrix} = \begin{bmatrix} \dfrac{1}{2} & \dfrac{3}{2} \\[3mm] -\dfrac{3}{2} & \dfrac{1}{2} \end{bmatrix} \tag{1-33}$$

在以上讨论的基础上，可以进一步给出 O 点阵的定义。前面已提到，O 点是两个晶体中等价位置元素的重合，这些 O 点构成的点阵即为 O 点阵。然而，等价位置元素并不限于 O 点（零维 O 元素），还有 O 线（一维 O 元素）、O 面（二维 O 元素）和三维 O 空间。所有的 O 元素都可作为变换 A 的原点。二维转动变换时的 O 元素为 O 点，三维转动的 O 元素为线，切变为面。

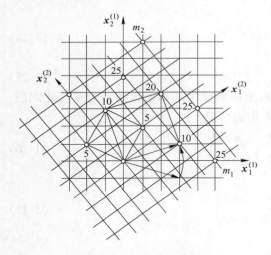

图 1-23　二维重位点阵

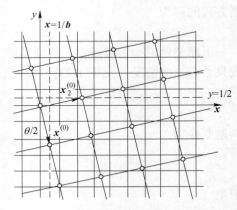

图 1-24　求解 O 点阵结果的几何描述

为了研究点阵 1 和点阵 2 之间的最邻近关系，把每一个阵点都相对于它最近的 O 原点是必要的。从这个最近的原点出发，就能求出点阵 1 中任一点的点阵 2 中的最近邻配偶点。为此，我们引入一些胞壁把所有的 O 点分割开来。在两个相邻的 O 点之间连线上做垂直平分线，即可构成胞壁。由于 O 元素不仅有点，还有 O 线、O 面和 O 空间，因此胞壁的形状有网格、管、平行的平面和多面体等，有这些胞壁包围的空间，称为 O 单胞。

从能量的观点看，O 元素是两个晶体匹配最佳的位置，因而是能量最低的位置，所以界面应趋向通过尽可能多的 O 元素，例如，二维晶格的倾转晶界是 O 线，三维晶体的孪生晶界是 O 面，胞壁是匹配最差的区域，当界面从一个 O 元素转向另一个 O 元素，并在途中和胞壁相交时，该处即出现位错。因此，界面可以看作是叠加有位错的最佳匹配结构，在最佳匹配处，应变和应力最小，界面能最低。

还应指出的是，从点阵 1 出发，可以用不同的变换（A，A'，A''，…）得出相同的点阵 2，每个变换给出自己的 O 点阵，具有最大的 O 单胞的 O 点阵，对应于最近邻的配对，因而最为重要。这个 O 点阵描述了两个点阵的最佳匹配。

下面，我们讨论 O 点阵基本方程（1-23）和小角度晶界位错模型福兰克公式 $\boldsymbol{B} = (\boldsymbol{ux})\theta$ 的关系，福兰克公式可改写成坐标形式

$$b_1 = -\theta\boldsymbol{x}_2$$
$$b_2 = \theta\boldsymbol{x}_1 \tag{1-34}$$
$$b_3 = 0$$

式中，$b(b_1, b_2, b_3)$ 表示 b 网格的分离的点，且 z 轴位于 θ 角的平面中，式（1-34）的矩阵形式为

$$\begin{bmatrix} b_1 \\ b_2 \\ b_3 \end{bmatrix} = \begin{bmatrix} 0 & -\theta & 0 \\ \theta & 0 & 0 \\ 0 & 0 & 0 \end{bmatrix} \begin{bmatrix} x_1 \\ x_2 \\ x_3 \end{bmatrix} \tag{1-35}$$

另一方面，对于围绕 z 轴的旋转，其变换为

$$\boldsymbol{A} = \begin{bmatrix} \cos\theta & -\sin\theta & 0 \\ \sin\theta & \cos\theta & 0 \\ 0 & 0 & 0 \end{bmatrix} \tag{1-36}$$

而基本方程（1-23）可写成

$$\begin{bmatrix} b_1^{(L)} \\ b_2^{(L)} \\ b_3^{(L)} \end{bmatrix} = \begin{bmatrix} 1-\cos\theta & -\sin\theta & 0 \\ \sin\theta & 1-\cos\theta & 0 \\ 0 & 0 & 0 \end{bmatrix} \begin{bmatrix} x_1^{(0)} \\ x_2^{(0)} \\ x_3^{(0)} \end{bmatrix} \tag{1-37}$$

当 θ 很小时，$\cos\theta \approx 1$，而 $\sin\theta \approx \theta$，于是式（1-37）转变为式（1-34），从而证明了位错模型是 O 点阵模型的特殊情况。

关于 O 点阵和 CSL 模型的关系，可做进一步说明。最初，福里德尔是从孪生结构的研究中提出 CSL 概念的。然而，进一步的研究表明，在非孪生结构中 CSL 也是存在的。CSL 的一个特点是，当 θ 角变化时 CSL 结构不连续的出现。随着晶体对称性的减少，CSL 也减少。此外在一些点阵之间，也可以不存在 CSL 结构。但在所有的讨论中 CSL 仅限于格点的重合，而 O 点阵理论则将重合点概念推广到两个晶体中内坐标相同的一切等价位置点，因此，CSL 是 O 点阵的特殊情况。O 点阵理论还进一步指出，调节对于理想点阵的偏离是原位错，调节对于 O 点的偏离称为二次位错，这样，O 点阵理论把大角度晶界中的位错分成了原位错和二次位错网格两种类型。

1.2.3　界面的现代原子结构理论

界面结构问题的实质在于求出一种合适的界面原子结构，使整个体系的能量具有极小

值，界面的几何理论实际上也考虑了这个问题，但是在具体做法上用的是简化了的几何方法，即只考虑了位错或重位点的组合。

随着各种现代实验方法和高速电子计算机的发展，界面原子结构的计算机模拟和用现代实验观察直接验证计算结果都已成为可能。这种研究途径要求在大量实验事实的基础上，假设界面原子结构和原子交互作用，使这种结构发生弛豫，以求出体系界面能最低的结构，最后用各种方法对得到的结果进行实验验证。

知道原子间的交互作用是进行任何原子计算的第一步。理想的办法是利用所研究的原子集合的薛定谔方程的解，求出作用在每个原子上的力，然而目前还做不到这一点，为了解决这个问题，常常不得不采用近似方法。在各种原子计算中，用得最多的是所谓双中心近似方法，并且用势来描述作用力随距离的变化。这种势的特性与材料类型有关，最常用的有连纳德—琼斯势、莫尔斯势及弗里德尔振荡三种类型（见图 1-25）。在离子晶体中，静电交互作用是决定性的，同时还存在着短程排斥势。而弥散力的作用可以忽略不计。总的交互作用势可表示为

$$V(r) = ar^{-12} \pm br^{-1} \tag{1-38}$$

式中，r 为离子间距；a 和 b 为常数；ar^{-12} 为排斥势；br^{-1} 为库仑静电作用势。

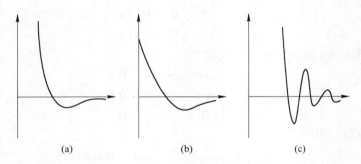

图 1-25   原子交互作用势

（a）连纳德—琼斯势；（b）莫尔斯势；（c）弗里德尔振荡

在不带电的原子晶体中，弥散力起着重要的作用，交互作用可用连纳德—琼斯势

$$V(r) = V_0\big[(r/r_0)^{-12} - 2(r/r_0)^{-6}\big] \tag{1-39}$$

或较易处理的莫尔斯势来描述

$$V(r) = V_0\{\exp[-2a(r - r_0)] - 2\exp[-a(r - r_0)]\} \tag{1-40}$$

式中，V_0 为 $V(r)$ 在平衡距离 r_0 处的极小值。

在金属中，被价电子屏蔽的离子实之间的交互作用是主要的。如果体积恒定，则双体交互作用势有简单的屏蔽库仑作用形式

$$V(r) = Ar^{-1}\exp(-ar) \tag{1-41}$$

对于屏蔽作用的精细处理表明，费米面上电子浓度的剧变会产生所谓的弗里德尔振荡，它依赖于电子的集体作用。

上面讨论的中心势近似仅当多体作用不显著时才是正确的。对于共价键材料，多体作用常常是不能忽略的。

在已知交互作用势后，就可得出 N 个原子集合的中心作用力的能量 E 的表达式

$$E \approx NU(\Omega) + \frac{1}{2} \sum_{\substack{ij=1 \\ i \neq j}}^{n} V(r) \qquad (1\text{-}42)$$

式中，Ω 为每个原子的平均体积；U 为依赖于原子平均体积的那部分能量；i 和 j 表示各个最近邻原子。在量子力学中，如果微扰的展开到二次项就足够，则系统的能量即可用式（1-42）表示，且展开的 0 次项和一次项给出了 $U(\Omega)$，二次项给出了求和项，n 为求和时涉及的最近邻原子数。

在进行原子计算时，通常将 N 个原子的系统分为内外两个区域，在内区中存在缺陷，原子单个的弛豫；外区是边界区，其作用在于保证内区中缺陷的存在。外区中的原子不单独考虑其弛豫，而是保持相对固定，但可以做集体的平移。

计算机模拟的结果必须用实验观察来验证。场离子显微镜可以提供定性的结果，而透射电镜、高分辨晶格象和 X 射线衍射则能提供定量的信息，这对于验证计算结果尤为重要。

大多数弛豫的结果，都给出两个晶粒的相对平移。然而，靠近界面的原子也发生单个的位移，这对于平移有直接的影响。上述两个过程的结果是，在计算得出的大多数界面结构中，并没有重位原子，这是计算机模拟对于 CSL 和 O 点阵模型提出的重大修正。计算机模拟的另一重要结果是，对于给定的一种界面，通常存在多种结构，以对应不同的相对平移量。

图 1-26 给出未弛豫的 CSL 界面。图 1-27 给出了铝中 $\Sigma = 5$，$(\bar{1}30)$，$36.87/[001]$ 界面的四种弛豫结构。其中，a 为 α_1 低能结构；b 为 α_2 低能结构；垂直于界面的错配线标出了相对刚性平移；c 为低能结构 β_1，其平行倾转轴方向的平移分量不等于零，其晶界较窄；d 为 δ 高能结构，其晶界较宽。

在界面研究中发现，界面的一个重要特性是，弛豫总是导致在界面上形成各种密堆多面体（见图 1-28），这些多面体是原子密堆的集合体，其原子间距大于晶体中的原子第一近邻。

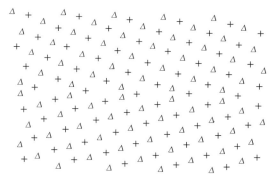

图 1-26　未弛豫的 $\Sigma = 5$，$(\bar{1}30)$，
$36.87/[001]$ CSL 界面

（+ 和 Δ 表示垂直于倾转轴的原子平面的 $\cdots ABAB$ 堆积序列）

研究中还发现，具有均匀应力场的界面芯部结构由一种独特的结构单元组成，所谓结构单元是指形成特征结构的小的原子集团。这种晶界称为限位晶界，它由一种结构单元的连续分布组成，而具有不均匀应力场的界面则称为非限位界面，它一般不是只包括一种结构单元，而是由其相邻接的两个限位界面的结构单元的混合物构成。

最后，有必要指出，以深入研究原子结构为特点的现代界面结构研究，尽管已积累了大量的实验结果，但其系统理论至今尚未真正建立起来。

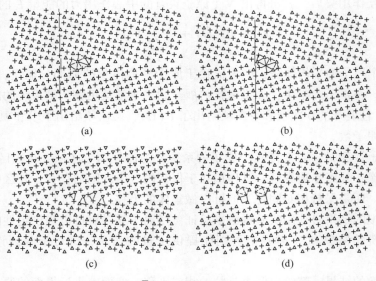

图 1-27 铝的 $\Sigma=5$，$(\bar{1}30)$，$36.87/[011]$ 界面的四种弛豫结构

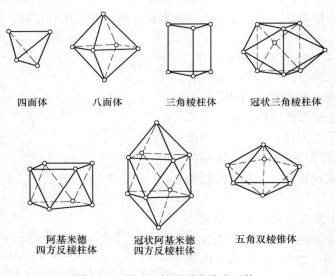

四面体   八面体   三角棱柱体   冠状三角棱柱体

阿基米德
四方反棱柱体　　冠状阿基米德
四方反棱柱体　　五角双棱锥体

图 1-28 界面上的原子密堆多面体

1.2.4 单晶界面缺陷

1.2.4.1 堆垛层错

密排六方结构和面心立方分别是由密排面（0001）和（111）堆积而成，堆垛顺序前者为 ABAB······，后者为 ABCABC······（见图 1-29）。为了简单，常用符号"△"表示 AB、BC、CA 的堆垛顺序，用符号"▽"表示 BA、AC、CB 的堆垛顺序。因此上述两种结构的堆垛方式可以分别写为△▽△▽······和△△△△······。

如果面心立方结构的某个区域中（111）面的堆垛顺序出现了差错，成为 ABCBCA……，其堆垛顺序△△▽△△……。

则在"▽"处少了一层 A，形成了晶面错排的面缺陷，这种缺陷叫作堆垛层错。堆垛层错的存在已被实验所证实。

面心立方晶体中的堆垛层错，可通过以下方式形成：

（1）沿图 1-30（a）中的 A 层（111）面把晶体分成前后两部分，令前面的晶体（即 A、B、C 等层）相对于后面（即 C 层以后）进行 $\frac{1}{6}\left[11\bar{2}\right]$ 的滑移，则 A 层原子正好移到 B 层原子的位置上，A 层前面的 B、C……各层也依次移到 C、A……各层的原子位置上，于是（111）面的堆垛顺序变成

$$A \ B \ C \ B \ C \ A \ B \ C$$
$$△ \ △ \ ▽ \ △ \ △ \ △ \ △$$

在"▽"处出现 BCBC 排列的密排六方结构，这层错排结构就是堆垛层错。也可以认为"▽"处出现了两个孪晶面，即 BCB 中的 C 面和 CBC 中的 B 面，不过这里的孪晶只有一层原子厚。

（2）如果在图 1-29（b）的正常堆垛顺序中抽去 A 层晶面，则 A 以上的各层晶面将垂直落下一层的距离，这就相当于各层晶面发生 $\frac{a}{3}$<111>的滑移，结果堆垛顺序变为

$$A \ B \ C \ B \ C \ A \ B \ C$$

也可以看成是在 C、A 之间同时插进 B、C 两层（111）晶面，则堆垛顺序也成为

$$A \ B \ C \ B \ C \ A \ B \ C$$

以上两种情况与上述滑移所产生的堆垛层错完全一样，称为抽出型层错。

（3）如果在图 1-29（b）的 C、A 两层之间插入一层 B 面，则堆垛顺序变为

$$A \ B \ C \ B \ A \ B \ C$$
$$△ \ △ \ ▽ \ ▽ \ △ \ △$$

此时 B 与相邻的 C、A 两层均形成堆垛层错，可见一个插入型层错相当于两个抽出型层错。另外，也可以把 BCB 中的 C 面和 BAB 中的 A 面看成两个孪晶面。显然，这里的孪晶具有两个原子层的厚度。

如果抽出相间的两层（111）晶面，例如抽去 B 两侧的 A、C 两层，则堆垛顺序也成为

$$A \ B \ C \ B \ A \ B \ C$$

同样，在 HCP 晶体中，密排面的正常堆垛次序是 ABAB……，若在某个 A 层或相邻的 B 层之间插入一个 C 层，则堆垛次序变为 ABABACBABA……，于是在 A - C 和 B - C 出现两层层错。

由以上所述可知，堆垛层错几乎不引起点阵畸变，但却破坏了晶体的完整性和周期性，因此也会使晶体的能量升高，这部分增加的能量称为堆垛层错能，常以单位面积的层错能 γ 表示，其量纲与界面能相同。由于堆垛层错只破坏了原子间的次近邻关系，也就是从连续三层晶面才能看出堆垛顺序的差错，因此层错能比最近邻原子关系被破坏的界面能要低，目前还只能用实验方法测量和估计层错能。

在层错能高的金属（如铝）中，层错出现的概率很小；而在层错能低的金属（如奥氏体不锈钢和 α 黄铜）中，可能形成大量的堆垛层错。

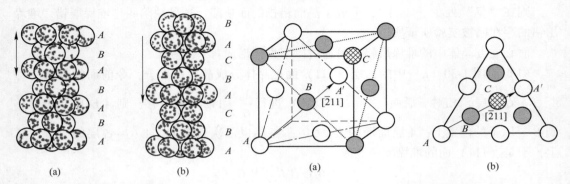

图 1-29　球体的两种紧密堆积方式

（a）六方紧密堆积；（b）面心立方紧密堆积

图 1-30　（111）晶面上的原子位置

（a）空间位置；（b）（111）晶面上的投影位置

1.2.4.2　孪晶界面

在一些单晶体中存在着一些对称面，使得单晶的一部分与另一部分互相对称，类似于平面镜中物与像的关系，这个对称面称为孪晶界面（twin boundary），又称孪生晶界。孪晶内部是连续的堆垛层错结构，从物理过程看，孪生过程可以看成是孪生面一侧的晶体相对于另一侧晶体连续滑动的结果，但滑移面依次为孪生面的一侧的第一层、第二层、第三层……，每次的滑移量均为 $\frac{1}{6}[1\bar{1}\bar{2}]$。

在形成孪晶界面时，两边的晶格常数一样，称共格孪晶，如图 1-31 所示。沿面心立方 [111] 可以形成一种共格孪晶，为 ……$ABCAB\,|\,C\,|\,BACBAC$……，用符号表示为 ……△△△|▽▽▽……，还有一种孪晶界面，两边的晶格常数不等，其中安插着一系列的位错来匹配（见图 1-32），称非共格孪晶。

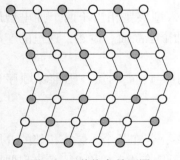

图 1-31　共格孪晶面图

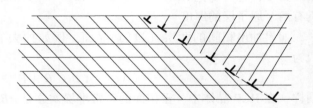

图 1-32　非共格孪晶面

容易看出，沿着共格孪晶界面，孪晶的两部分完全密合，最近邻关系不发生任何改变，只有次近邻关系才有变化，引入的原子错排很小。不管是抽出型还是插入型层错，都相当于有两个紧密相邻、仅一个面间距的反应孪晶界面。如果这两个孪晶界面所引起的电子扰动和弹性畸变很小，因而可以不考虑它们的相互作用时，孪晶界面的能量约为层错能之半。

从另一角度看，反应孪晶自孪晶界面开始的逆顺序堆垛，使其相对于完整晶体而言，每堆垛一层都沿晶面作一非点阵平移 R，整个孪晶则是通过一个均匀的正比平移，即切变来获得，其切变量为 $S = R/d$，d 为面间距。在晶体的塑性形变中，除了由位错的运动、增殖来完成外，通过正比切变产生孪晶来实现塑性形变，在许多晶体中是又一种重要途径。在实际过程中，这种以正比切变方式形成的孪晶称为机械孪晶。由于机械孪晶与切变相联系，因而由弹性相容性条件所决定，孪晶界面必须是切变时晶体中的不变面，而切变产生的孪晶其点阵与母晶体点阵相同，孪晶界面应包含连接两个孪晶晶体的对称元素，因而孪晶界面（即通常所说的组合面）不能是任意的。面心立方为 $\{111\}$ 面，体心立方为 $\{112\}$ 面，而密排六方晶体则为 $\{10\bar{1}2\}$ 面。

以上这些孪晶界面并非相应晶体中固有的反映面，但通过机械切变使该面两侧晶体构成反映对称关系，遂成孪晶。这种晶体中原本并不存在，而在晶体学上又允许对称操作，在某些物理过程中在晶内两部分晶块间出现，被称作孪晶化。孪晶可以在不同过程中产生，在形变中产生的称机械孪晶；晶体生长时产生的称生长孪晶；在退火中产生的称退火孪晶。晶体在沿孪晶面生长时，如果新晶体的结构不同于原先的晶体，称为是外延生长的；如果新晶体的结构与原先晶体相同，仅取向不同，则说是一个孪晶。

必须指出的是，面心立方结构的反应孪晶是最简单的。化合物的孪晶界面原子排列比较复杂，图 1-33 是 NaCl 或 MgO 中 36.8°倾斜晶界（310）孪晶。可以很明显地看出，这时的晶界区由好几层原子（离子）组成。

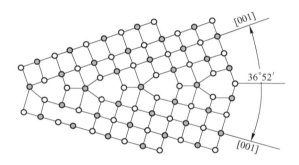

图 1-33　NaCl 或 MgO 中 36.8°倾斜晶界（310）孪晶

不同晶面对光线或电子束的反射特性不同，腐蚀速度也不一样。经过一定的腐蚀之后，有的孪晶面可以用肉眼观察到。一般是用光学显微镜、电子显微镜和 X 射线衍射仪等来观测和研究孪晶的。

1.3　界 面 能 量

界面处原子不同程度偏离平衡位置，引起能量升高，此部分能量叫界面能。如没有界面时系统吉布斯自由能为 G_0，引入面积为 A 的界面后，系统吉布斯自由能 $G_s = G_0 + A\gamma$，式中，γ 为单位面积吉布斯自由能或比界面能。

$$\gamma = \frac{G_s - G_0}{A} = \frac{\Delta G}{A}$$

(1-43)

一般，界面能量即以 γ 表示。界面能大小取决于界面结构，其来源有因表面原子键合变化引起的化学能项和表面原子变形引起的应变能项两类。

1.3.1　表面能

表面能通常也被称为表面张力，尽管张力的单位（力/长度）与表面能的单位（能量/面积）等价，但两者的物理意义不同。表面能的基本定义是由于物体表面积改变而引起的内能改变，即 $\delta W = \lambda dA$。表面可以通过改变其面积或表面能来改变其能量。后者意味着表面原子的改变或表面的重构，并可能被认为表面的拉伸或表面应变。对于固体而言，还包括表面应力，对于液体则不存在表面应力，因为液体不能承受应变。表面键长的缩短以及体键向表面键的有效转化导致液体成球形，在这一过程中，面积 A 减小。将不再对表面能和表面张力做进一步的区分。

当物质形成凝聚相时，其原子间的相互作用促使这些原子团聚，结合成块体相，从而使体系的能量降低。如果在此过程中还伴随有化学反应，则其能量的降低将会更加显著。这种能量的降低，归根结底是由于原子间相互作用造成的。而在块体表面上，这种作用明显地削弱了，因此，表面上的原子处于较高能态。在凝聚相之间的界面上，原子从分界面两边受到的作用通常是不对称的。在许多情况下，本相内的作用仍然较强，因此界面上的原子同样也处于高能态。表（界）面能的大小决定于表（界）面上原子间的交互作用，也就是决定于表（界）面上的原子排列，在晶体中，原子排列的情况是随晶面而异的，这就决定了表（界）面能的各向异性。

1.3.1.1　表面能的理论计算

单位面积表面能（比表面能），即单位面积表面吉布斯自由能，由表面内能和表面熵两部分组成。

$$\gamma = (\Delta E - T\Delta S)/A \tag{1-44}$$

式中，ΔE 为表面内能差；T 为温度；ΔS 为表面熵的变化量。

表面内能是表面原子近邻原子键数变化所引起，近邻原子键数减少、断键数增加，表面内能增加。要产生新的表面，需要断开其上的原子键。$0K$ 时 $T\Delta S$ 为零，形成一个表面原子所需断开的键数 z_0，原子间距为 a，每个键的键能为 $\varepsilon/2$，则有：

$$a^2\gamma = z_0(\varepsilon/2) \tag{1-45}$$

键能 ε 可由摩尔升华热 L_s 来确定。采用简单的键合模型（只考虑最近邻的作用），晶体的配位数为 z，阿伏伽德罗数为 N_A，则升华热：

$$L_s = N_A z(\varepsilon/2) \tag{1-46}$$

则根据式（1-45）和式（1-46）得出：

$$\gamma = \frac{z_0}{z}\frac{L_s}{N_A a^2} \tag{1-47}$$

当温度较低时，可忽略表面熵，则上式导出的表面内能即为比表面能 γ。在较高温度考虑表面熵时，因熵值为正，故表面吉布斯自由能低于表面内能 $\gamma < \Delta E_A$。

1.3.1.2　表面能与取向关系

由于表（界）面能的各向异性，不同晶面上原子的密度、配位数及键合角等的不同，将使其作为晶体表面时表面能系数也将有所不同。若表面不是密排面，与最密面有一位向差角，可把任意位向的表面分解为平行密排面的许多小台阶以降低能量，图 1-34 为一简单立方晶体的表面，与最密面成 θ 角。

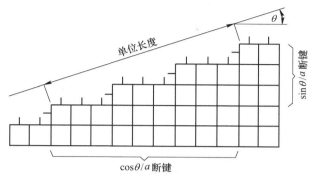

图 1-34　表面能的断键模型

单位面积表面中沿单位长度方向的断键数可由图示几何关系求出，在垂直方向断键数 $m = \sin\theta/a$，水平方向断键数为 $n = \cos\theta/a$，沿单位宽度方向的断键数为 $1/a$，则单位面积表面的断键数为 $(\sin\theta/a + \cos\theta/a) \times \dfrac{1}{a}$。每个断键提供 $\varepsilon/2$ 键能，故引起表面内能增加

$$\Delta E_A = \frac{(\cos\theta + \sin\theta)\varepsilon}{2a^2} \tag{1-48}$$

说明表面内能与位向角 θ 有关，同样 γ 与 θ 也有类似关系（见图 1-35）。图中看出，当表面与密排面重合时，表面能最低，在图中出现尖点。

在最低点（尖峰）处，界面能的微商不连续，数学上将这种点称为奇异点。因此，在界面研究中，将对应于奇异点的界面能最低的晶面称为奇异面。一般来说，奇异面是低指数面，也是密排面，例如，简单立方晶体的 {100} 面和 {110} 面，面心立方晶体的 {111} 面，体心立方晶体的 {110} 面。奇异面的特点是具有原子尺度的光滑性，对可见光具有良好的镜

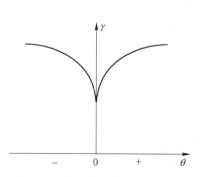

图 1-35　表面能与位向差角关系

面反射特性。由于其界面自由能低，它在热力学上比较稳定。理论分析表明，奇异面对于台阶化直到熔点都是稳定的。

取向和奇异面接近的面，称为邻位面（θ 为邻位面与奇异面之间的夹角）。如果邻位面上的原子全部准确地坐落在由该面晶体学指数所规定的几何平面上，则由此引起的晶格畸变很大，使体系的界面能和体系总能量提高。反之，如果界面由与该邻位面相近的奇异面的平台和低指数晶面台阶构成，则避免了过分的晶格畸变，虽然界面的总面积增加了，但界面能和体系的总能量反而减少。因此，邻位面通常是台阶化的。低能电子衍射（LEED）研究证明了这一点。

尽管邻位面并不是理想光滑的，但它仍然具有镜面反射能力。除台阶外，邻位面粗糙

化的因素还有扭折。式（1-1）表明，在绝对零度下，扭折间距 λ_0 趋于无穷大，即台阶变成光滑的。随着温度的升高，在台阶上生成凸出或凹进的扭折，形成较为复杂的结构，并随时间的起伏遵守统计分配律。

与奇异面交角 θ 足够大的界面称为非奇异面，其特点是 h 与台阶长度 l 相近，因而台阶的密度很高。实际上这类界面的界面自由能保持常量。

当晶体具有各向异性时，界面能的最小值并不对应于界面总面积的最小值。如果对于相应的表面重构分子作用机制，界面的温度足够高，则在晶体任意切面的界面上，应当布满各种台阶。对于非奇异面，这个临界转变温度比熔点低得多，这一点对于各种物理和化学作用是非常重要的。在实际三维晶体上，非奇异面的起伏单元为菱形台阶或锥型突起，形成具有天然粗糙度的表面。

1.3.1.3 三维晶体外形

在平衡状态下生长晶体时，在体自由能保持恒定的情况下，自由能极小条件可以归结为表面能极小。若 γ 是各向同性的，表面能极小可以约化为表面积的极小，其平衡形态便是球形。这就是液滴在忽略其他外力，如重力的情况下所取的外形。近年来对纳米颗粒所做的研究表明，一些处于结构不稳定状态下的纳米颗粒也是球形或近球形的形态。

对于三维晶体，界面能和其晶面指数有关，这种关系常用三维极坐标图来描述。由原点到曲面上任意点的矢量半径长度和垂直该矢量半径的界面能成正比，这样得到的 $\gamma(n)$ 轨迹是三维空间中的封闭曲面，称为 γ 图，γ 图的二维截面称为 γ 曲线［见图 1-36（a）］，我们利用 γ 曲线可以将界面能和晶体学取向的关系直观地表示出来。对于晶体，如何选择晶面，使其总界面自由能最低，这个问题的解答是由沃尔夫（Wulff）首先得到的，故称之为沃尔夫定理。它可以表述为：对于具有对称中心的晶体，在其 γ 图能量曲面的每个点上做垂直于其矢量半径的平面，这些平面的内包络面给出晶体的平衡形状

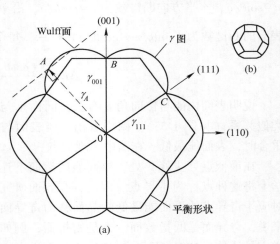

图 1-36 面心立方晶体 γ 图

（a）（1$\bar{1}$0）截面；（b）三维平衡形貌

［见图 1-36（b）］。沃尔夫定理的分析表述为：当外力作用可以忽略不计，致使晶体具有平衡形状时，则存在一点，由该点到晶体所有界面的垂直距离，与这些界面的比界面自由能成比例，即

$$\frac{\gamma_i}{h_i} = \text{const} \qquad (1-49)$$

式中，h_i 为晶体平衡形状的恒等晶面的垂直距离；γ_i 为该晶面的比界面自由能。

下面，我们来证明 Wulff 定理，这里限于均匀介质。在 j 方向上形成的面积为 A_j 的比界面能为

$$\gamma_j = \left(\frac{\partial G}{\partial A_j}\right)_{T, P, n, A_i}$$

式中，下标 A_i 表示除 A_j 以外的所有表面都保持常量，这里假设 γ_j 和 A_j 无关。对于有若干表面 A_j 构成的凸多面体，由其中任意一点向各面作垂线，得到距离 h_j。在晶体生长中，将一个分子由其蒸发源转移到晶体上的化学势 $\Delta\mu$ 变化为

$$\Delta\mu = KT\ln\frac{p}{p_\infty}$$

式中，p 为蒸汽压；p_∞ 为蒸发源的饱和蒸汽压；T 为温度；K 为常数。若有 n 个分子转移到晶体上，则此过程的能量平衡关系式为

$$\Delta G(n) = -n\Delta\mu + \sum_1^j \gamma_j A_j$$

晶体多面体可划分为以 A_j 为底、h_j 为高的许多小棱锥体，其体积 V 为这些小棱锥体体积之和

$$V = \frac{1}{3}\sum_1^j h_j A_j$$

当晶体体积增长时，h 正比于 $A^{1/2}$ 增长。故晶体体积的微分为

$$\mathrm{d}V = \frac{1}{2}\sum_1^j h_j \mathrm{d}A_j$$

若分子体积为 v，$n = V/v$，则

$$\mathrm{d}\Delta G = -\frac{\Delta\mu}{2v}\sum_1^j h_j \mathrm{d}A_j + \sum_1^j \gamma_j \mathrm{d}A_j$$

在热力学平衡条件下，应有

$$\left(\frac{\partial\Delta G}{\partial A_j}\right)_{A_i, \cdots,} \quad \cdots, \quad T, \quad \Delta\mu = 0$$

由以上两式可得

$$\frac{\gamma_1}{h_1} = \frac{\gamma_2}{h_2} = \cdots = \frac{\gamma_i}{h_i} = \cdots = \frac{\Delta\mu}{2v} \tag{1-50}$$

　　此即式（1-49）给出的 Wulff 定理。已知各个方向上的 γ_j，就可以利用 Wulff 定理求出晶体的平衡形状。图 1-37 给出了用 Wulff 定理求晶体平衡的实际办法，即只需选择界面能曲面上的最低点作矢径垂线，把这些垂线交联起来，就给出和晶体平衡相似的图形。反之，我们也可以采用和以上程序相反的途径，即测量晶体平衡形状上所有界面的 h_i 值，就能得到 γ 图。

　　应当强调指出的是，平衡形状仅仅只对小晶粒才有实际意义。对于大的晶粒，表面自由能的影响和其他因素比起来就不是很显著了。此外，在实际上得到平衡形状的晶体不受任何外力的影响，也是

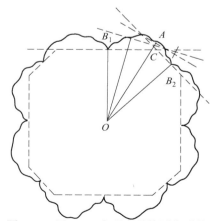

图 1-37　用 Wulff 定理求晶体平衡形状

—表面自由能极图；---平衡多角形

十分困难的事，例如小晶粒的形状必然会在某种程度上受到支持物的影响。在没有支持物条件下得到平衡形状，也许可以在宇宙空间实验中得到。

1.3.2　界面能

1.3.2.1　小角界面能

由刃型位错组成的倾侧界面，界面能由位错应变能引起，已知位错间距为 D，可计算出单位面积的位错数为 $\dfrac{1}{D}$，位错引起的熵变可以忽略，则小角晶界界面能为

$$\gamma = \frac{1}{D} \cdot \left[\frac{Gb^2}{4\pi(1-\nu)}\ln\frac{D}{b} + E_C \right] \tag{1-51}$$

式中，E_C 为位错中心部分因错排引起的核心能；b 为伯氏矢量；G 为剪切模量；ν 为泊松比。根据 $D = b/\theta$，代入式（1-51）得到

$$\gamma = \frac{Gb\theta}{4\pi(1-\nu)}\left[\frac{E_C 4\pi(1-\nu)}{Gb^2} - \ln\theta \right] = \gamma_0 \cdot \theta(A - \ln\theta) \tag{1-52}$$

式中，

$$\gamma_0 = \frac{Gb}{4\pi(1-\nu)}, \quad A = \frac{E_C \cdot 4\pi(1-\nu)}{Gb^2}$$

因此，小角界面能是位向差角 θ 的函数，随 θ 增大 γ 增加。以 Cu 为例，有图 1-38 所示关系，但上述关系只能在 10°以内符合，超出 10°，计算值以虚线示出，与实验值（实线）不再相符合了。

以上公式对扭转晶界也可适用，但系数 γ_0 与 A 数值不同。

对共格孪晶界，化学键能很低，应变能基本没有，界面能大约 $20\,\mathrm{mJ/m^2}$；非共格孪晶界也有较高的化学键能，界面能在 $100 \sim 500\,\mathrm{mJ/m^2}$。

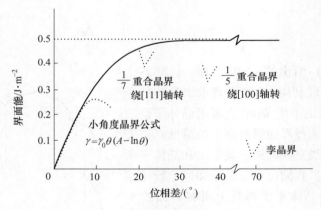

图 1-38　界面能与位向差关系

1.3.2.2　一般大角界面

一般大角界面，包括非共格相界面，原子排列混乱，界面原子键合受到很大破坏，具有高的化学键能，并且不随位向差改变，大约在 $500 \sim 600\,\mathrm{mJ/m^2}$ 范围。如图 1-38 中大角界

面能为一水平线。对某些特殊位向的大角晶界，由于形成了重合位置点阵，大角界面上有高密度的重合位置原子，因而使界面能有所下降，如图中所示 1/5 和 1/7 重合位置晶界，界面能下降至 $300\sim400mJ/m^2$ 的范围。

1.3.2.3　共格和半共格界面

共格界面因界面处二相原子匹配良好，化学键能不高，但界面原子发生弹性变形以维持共格，故有高的共格应变能，共格界面能主要由共格应变能引起，大约在 $50\sim200mJ/m^2$ 范围。半共格界面由共格区和位错区组成，界面能包括共格应变能、位错应变能和非共格区的化学键能，大约在 $200\sim500mJ/m^2$ 的范围。

1.4　界面与组织形貌

界面结构和能量决定了单相晶粒和复相合金中第二相的组织形貌。无论单相或复相合金，组织的平衡形貌都必须满足界面能最低的热力学条件。

1.4.1　单相组织形貌

1.4.1.1　界面的平直化与转动

对于两个晶粒以任意曲率接触的大角界面，若比界面能 γ 为常数，则界面能 γ_A 取决于界面面积 A，平衡时界面能应达到最小，只有减小界面积 A 才能达到，因此，两个晶粒间的曲界面有平直化以减少面积的趋向。

如界面能与界面的位向有关，则界面还要转到界面能更低的位向去，这种转动实际是靠原子的逐个迁移来完成的。设有图 1-39 所示长度为 l、单位宽度的平直晶界 OP（P 为与其他晶界相交的结点）。

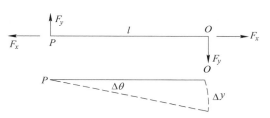

在结点 O，P 处有作用力 F_x 和 F_y 以维持平衡。F_x 即界面张力 γ，F_y 可求得如下。如 P 点不动，O 点移动一小距离 Δy。

图 1-39　晶界 OP 上力的平衡

由于界面转动一个角度 $\Delta\theta$，界面位向发生变化，界面能的变化为 $l \cdot \dfrac{\mathrm{d}\gamma}{\mathrm{d}\theta} \cdot \Delta\theta$，界面能的变化与 F_y 力作功应相等，即

$$F_y \cdot \Delta y = l \cdot \frac{\mathrm{d}\gamma}{\mathrm{d}\theta} \cdot \Delta\theta \qquad (1\text{-}53)$$

因为 $\Delta y = l \cdot \Delta\theta$，故

$$F_y = \frac{\mathrm{d}\gamma}{\mathrm{d}\theta} \qquad (1\text{-}54)$$

当界面处于低界面能位向，界面不发生转动，当界面在其他较高界面能位向，F_y 驱使界面转动。包含的 $\dfrac{\mathrm{d}\gamma}{\mathrm{d}\theta}$ 项称为扭矩项。

1.4.1.2　界面平衡的热力学条件

设图 1-40 所示三个晶粒相交于三叉晶界，图中给出晶界的垂直截面。

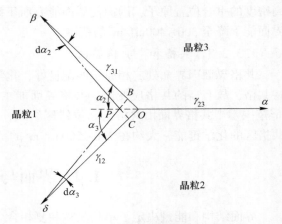

图 1-40　三晶粒交界截面示意图

三晶粒交于公共结点 O（O 点是垂直于纸面的晶棱），三晶粒的界面张力分别为：γ_{12}、γ_{23}、γ_{31}，设 O 点垂直纸面的晶棱为一单位长，则三晶间界面能为

$$\Sigma\gamma A_{(O)} = \gamma_{23} \cdot O\alpha + \gamma_{31} \cdot O\beta + \gamma_{12} \cdot O\delta \tag{1-55}$$

当棱从 O 点移动一微小距离到 P 点，晶粒 1 与 2 和晶粒 1 与 3 之间的界面发生转动，γ_{12} 和 γ_{31} 发生如 $\dfrac{\mathrm{d}\gamma}{\mathrm{d}\theta} \cdot \Delta\theta$ 变化，于是结点 P 的界面能为

$$\Sigma\gamma A_{(P)} = \gamma_{23} \cdot P\alpha + \left(\gamma_{31} + \frac{\partial\gamma_{31}}{\partial\alpha_2}\mathrm{d}\alpha_2\right) \cdot P\beta + \left(\gamma_{12} + \frac{\partial\gamma_{12}}{\partial\alpha_3}\mathrm{d}\alpha_3\right) \cdot P\delta \tag{1-56}$$

根据热力学平衡条件，当界面能差为 0 时，过程达到平衡，因此，

$$\Sigma\gamma A_{(P)} - \Sigma\gamma A_{(O)} = 0 \tag{1-57}$$

即为三叉界棱处的平衡条件，即

$$\gamma_{23} \cdot PO + \gamma_{31} \cdot (P\beta - O\beta) + \frac{\partial\gamma_{31}}{\partial\alpha_2}\mathrm{d}\alpha_2 \cdot P\beta + \gamma_{12} \cdot (P\delta - O\delta) + \frac{\partial\gamma_{12}}{\partial\alpha_3}\mathrm{d}\alpha_3 \cdot P\delta = 0 \tag{1-58}$$

因为 OP 为无穷小量，故近似有

$$P\beta - O\beta = -OP \cdot \cos\alpha_2 ; \quad P\delta - O\delta = -OP \cdot \cos\alpha_3$$

$$P\beta \cdot \mathrm{d}\alpha_2 = OP \cdot \sin\alpha_2 ; \quad P\delta \cdot \mathrm{d}\alpha_3 = OP \cdot \sin\alpha_3$$

故

$$\gamma_{23} - \gamma_{31}\cos\alpha_2 - \gamma_{12}\cos\alpha_3 + \frac{\partial\gamma_{31}}{\partial\alpha_2}\sin\alpha_2 + \frac{\partial\gamma_{12}}{\partial\alpha_3}\sin\alpha_3 = 0 \tag{1-59}$$

上式是晶界平衡的热力学条件。其中 $\partial\gamma/\partial\alpha$ 称扭矩项，表示界面能随取向的变化，当 γ 各向同性，$\gamma_{12} = \gamma_{23} = \gamma_{31} = \gamma$，不随取向变化，则扭矩项为零。令 $\alpha_2 = \alpha_3 = \theta$，平衡条件为

$$\gamma - \gamma\cos\theta - \gamma\cos\theta = 0 \tag{1-60}$$

得到

$$2\cos\theta = 1, \quad \cos\theta = 1/2, \quad \theta = 60°$$

故晶粒的平衡形态应是晶粒间互成 120°角。对二维晶粒，要保持 120°角平衡形态，六边形晶粒为平直界面，小于六边形晶粒具有外凸界面，大于六边形晶粒具有内凹界面，如图 1-41 所示。

但具有曲率的界面是很不稳定的，在界面曲率驱动力作用下界面迁移小于六边形的晶粒缩小，大于六边形的晶粒长大，六边形晶粒的平直界面稳定不动。

当 4 个晶粒相遇时，一般有 6 个界面、4 条界棱，4 条界棱相交于一点 O，如图 1-42 所示。达到平衡时，4 个界面张力也应当平衡，各界棱之间的夹角应为 $109°28'$。如果棱向右移动小段距离，变为 2 个三叉界棱时。界面能由 γ（$OC+OD$）变为 γ（$OP+PC+PD$），因 OP 很小，近似 $CE=CP$，$DF=DP$，则界面能差为

$$\Delta E = \gamma \cdot OP(1 - 2\cos\theta) \tag{1-61}$$

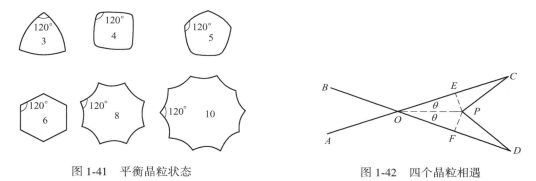

图 1-41　平衡晶粒状态　　　　　　　　　　图 1-42　四个晶粒相遇

当 $\theta<60°$，$\Delta E<0$。则分解为两个三叉界棱可使总的界面能降低，故实际显微组织中观察不到四叉界棱的存在。

1.4.2　复相组织平衡形貌

由基体和第二相组成的复相组织中第二相在基体中可能存在的位置主要有 4 种类型，即晶粒内部、晶界、晶棱和晶角。现在我们来探讨第二相位于这 4 种不同位置时的平衡形状。

1.4.2.1　晶粒内部的第二相

当在晶粒内部形成第二相（如从过饱和固溶体的晶粒内部析出第二相）时，设第二相与基体的总界面能为 $\Sigma A_i\gamma_i$，引起的弹性应变能为 ΔG_S，平衡条件为

$$\Sigma A_i\gamma_i + \Delta G_S = 最小 \tag{1-62}$$

析出物的形状是由两个互相竞争着的因素所决定的，即表面能和弹性应变能各自都要趋向其最小值。由于表面能要趋向其最小值，所以有形成等轴析出物的趋势，并且出现小平面，在其所有面上比表面能都最小；薄片状（盘状）的弹性应变能最低。因此，析出物的形状倾向于等轴状或者是薄片状，要看上述两个因素哪一个占优势而定。

在完全共格和半共格析出物中，弹性应变保证共格界面处晶格之间的平滑匹配，并且从该界面处传播到基体和析出物的深处，如图 1-43 所示。在这些晶格之间差异较大的地方，基体和析出物晶格的弹性应变能也较大。因共格析出物中常含 $50\% \sim 100\%$ 的溶质原子，若设这些区域由纯溶质组成，可以由原子半径计算错配度。当固溶体中各组元的原子直径之差不超过 3% 时，共格析出物的形状由表面能最小的趋势来决定，从而接近于球状。当各组元直径之差大于等于 5% 时，决定因素是弹性应变能，因此，薄片状析出物优先形成（通常呈盘状）。共格析出物有时呈针状，其弹性应变能高于等轴析出物，而低于盘状析出物。

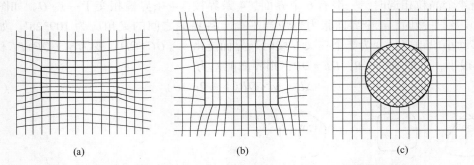

图 1-43　具有共格、部分共格和非共格的析出物的界面结构示意图

(a) 共格；(b) 部分共格；(c) 非共格

大多数金属是弹性各向异性的，例如，大多数立方金属（除 Mo 以外）的弹性模数沿 <100> 方向有最小值，而在 <111> 方向有最大值。因此，薄片状的共格析出物常沿着基体的 {100} 平面分布。在这种情况下，平行于 {100} 的薄片状析出物具有最小的应变能，因为在垂直于薄片的软方向上容纳了大部分的错配。

在非共格析出物形成时，切向应力是不存在的，没有共格应变，但是正应力经常出现，因为基体和析出物的比容不同，不可避免地要引起三维的流体静压力或张力。设想放置一个尺寸过大的刚性杂质于易屈服的弹性基体中，容易想象，这时在围绕这个析出物的基体中必然出现一个三维压缩区，即引起错配应变。定义 $\Delta = \Delta V/V$ 为体积错配度，其中 V 是基体中不受胁的空洞的体积，ΔV 是不受胁的析出物与基体体积之差。现在考虑一个半轴分别为 a 和 c 的椭球状非共格析出物，并且假定弹性变形完全集中在各向同性的基体内。纳巴罗（Nabarro，F. R. N）给出在这种情况下的弹性应变能为

$$\Delta G_S = \frac{2}{3} G \Delta^2 V \cdot f(c/\alpha) \tag{1-63}$$

这样，弹性应变能正比于体积错配度的平方 Δ^2。$f(c/a)$ 函数是一个考虑形状影响的因子，与析出物的长度 c 和半径 a 之比有图 1-44 所示的关系。从图中可看出，对一给定的体积，球状 ($c/a=1$) 的应变能最高，圆盘状 ($c/a \to 0$) 的应变能很低，而针状 ($c/a \to \infty$) 的应变能在二者之间。若考虑弹性各向异性，$f(c/a)$ 函数关系的一般形式仍能保留下来。所以，若一个非共格析出物的平衡形状是椭球，则作用相反的界面能和应变能之间的平衡决定了椭球的 c/a 值。当 Δ 很小时，界面能起主要作用，析出物将近似为球状。

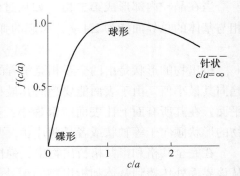

图 1-44　$f(c/a)$ 与 c/a 的关系

1.4.2.2　界面、界棱和界角上的第二相

A　α 和 β 相间形成非共格相界面

当 β 存在于 α 相界面上，其形貌取决于二 α 晶粒间的夹角（两面角、接触角），在界面张力间存在图 1-45 所示的平衡关系

$$\gamma_{\alpha\alpha} = 2\gamma_{\alpha\beta}\cos\frac{\theta}{2} \tag{1-64}$$

式中，$\gamma_{\alpha\alpha}$ 为 α 相的界面张力；$\gamma_{\alpha\beta}$ 为两相间的界面张力；θ 为两面角，决定于界面张力的比值 $\gamma_{\alpha\alpha}/\gamma_{\alpha\beta}$。当 $\gamma_{\alpha\alpha}\ll\gamma_{\alpha\beta}$，$\theta=180°$，$\beta$ 相接近于球形；当 $\gamma_{\alpha\alpha}\approx\gamma_{\alpha\beta}$，$\theta=120°$，$\beta$ 相呈双球冠形；当 $\gamma_{\alpha\alpha}=2\gamma_{\alpha\beta}$，$\theta=0°$，$\beta$ 相在晶界上铺展开来。图 1-46 为界面和界棱中二面角与第二相的形状关系。

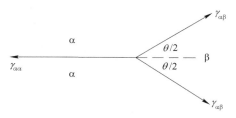

图 1-45　晶界上析出第二相的界面张力平衡关系

当第二相存在于界角上时，可以由图 1-47 所示几何关系进行分析。此时呈四面体形的 β 相的 4 个顶角处都是 3 个 α 晶粒与 1 个 β 晶粒的界角，在 4 根界棱上各有 1 个界棱张力，互相平衡，由于 3 个界面张力 $\gamma_{\alpha\alpha\beta}$ 相等，所以 3 个 X 角也相等，角 X、Y 和二面角 δ 的关系可由立体几何求得，为

$$\cos\frac{X}{2} = \frac{1}{2}\sin\frac{\delta}{2} \tag{1-65}$$

$$\cos(180° - Y) = 1\bigg/\left(\sqrt{3}\tan\frac{\delta}{2}\right) \tag{1-66}$$

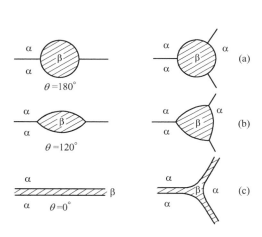

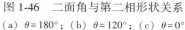

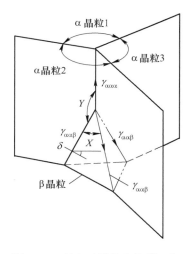

图 1-46　二面角与第二相形状关系

（a）$\theta=180°$；（b）$\theta=120°$；（c）$\theta=0°$

图 1-47　存在于界角上的第二相

当 $\delta=180°$ 时，$X=120°$，$Y=90°$，相成为存在于界角上的球形。当 $\delta=120°$，$x=\bar{y}=109°28'$，β 相成为曲面四面体，而 α 相的 4 根界棱从 β 相曲面四面体的 4 个顶点放射出

来［见图 1-48（a）］；当 $\delta = 60°$，$X = 0°$，$\overline{Y} = 180°$，这时 β 相沿界棱伸展，形成网络状骨架［见图 1-48（b）］；当 $\delta = 0°$，β 相为沿 α 相的晶界铺展，其截面形状与图 1-46（c）形貌相同。

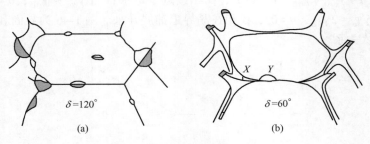

$\delta = 120°$ （a）　　　　　$\delta = 60°$ （b）

图 1-48　界角上的第二相形状

（a）$\delta = 120°$；（b）$\delta = 60°$

B　α 与 β 间形成共格或半共格界面

当 α 与 β 间形成共格或半共格界面时，则因界面两侧的 α 晶粒有不同的位向，所以 β 相如果能与第一个 α 相形成共格或半共格界面，则与第二个晶粒就不能共格。常见的情况是在一个 α 晶粒中形成平直的共格或半共格界面，而在另一个 α 晶粒中形成光滑弯曲的非共格界面，如图 1-49 所示。

图 1-49　具有部分共格和部分非共格界面的第二相

2 材料表面的电子结构

2.1 固态电子理论

2.1.1 从原子轨道分裂能级到固体能带

人们已能用严格的原子论来描述孤立原子的电子结构。按照经典的 Bohr 模型，原子是由原子核及绕核做运动的电子所组成。这些电子分别处于能量不等的 s、p、d 等轨道，即处于不同的分裂能级，如图 2-1 右侧所示。但是，随着众多原子相互接近、原子间距接近到晶格常数而形成固体时，每个原子的外壳层电子轨道相互重叠而形成能带，来自各原子相同轨道上的电子混合而形成"公有化"，并形成特定的电子状态密度分布。与孤立原子的原子实（满充内壳层）相联系的能带中的电子，在一定程度上是定域于各个特定原子的，在讨论固体的能带结构时可以不予考虑。在讨论固体的电子性质时，通常讨论价电子所占有的、与最高原子壳层对应的能带。这个最高能带如未被完全填满，则称为导带，如果完全填满，则称为价带，而将价带上方的空带称为导带。图 2-1 左侧图表示的是由大量共价元素原子（如 Si、Ge 等）的 s、p 轨道杂化形成的能带结构。其中价带填满电子；导带则是空的，即在通常条件下不含电子。价带和导带之间有一大小等于 E_g 的能量间隔，称为带（能）隙，它表示把价电子激发到导带所需要的最低能量。上述是对固体能带形成的定性理解，下面将以量子力学方式对能带形成做进一步说明。

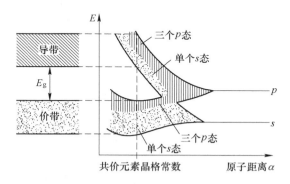

图 2-1　共价结合元素原子间距缩短导致分裂能级展宽形成能带

2.1.2 三维晶体电子结构和 Bloch 波函数

在讨论固体表面电子结构前，首先有必要对三维完备晶体的电子结构特点进行简单介绍。一个三维无限晶体，其中原子按一定的空间点阵排布，形成三维周期结构。在这样的结构中，任何一个物理量，包括原子周围的电位都具有周期性特点，在这种周期势中运动

的电子波函数及其相应的能量本征值通过解薛定谔方程

$$\left[-\nabla^2 + V(\boldsymbol{r}) \right] \Psi_{nk}(\boldsymbol{r}) = E_{nk}(\boldsymbol{r}) \Psi_{nk}(\boldsymbol{r}) \tag{2-1}$$

求得。

式中，∇^2 为电子动能项；$V(\boldsymbol{r})$ 为电子势能；$\Psi_{nk}(\boldsymbol{r})$ 为电子波函数；$E_{nk}(\boldsymbol{r})$ 为本征值。作为无限的晶体，$V(\boldsymbol{r})$ 是周期势，满足平移对称操作

$$V(\boldsymbol{r}) = V(\boldsymbol{T} + \boldsymbol{r}) \tag{2-2}$$

$$\boldsymbol{T} = n_1 \boldsymbol{a}_1 + n_2 \boldsymbol{a}_2 + n_3 \boldsymbol{a}_3 \tag{2-3}$$

式中，n_1、n_2、n_3 为任意整数；$\boldsymbol{a}_1$、$\boldsymbol{a}_2$、$\boldsymbol{a}_3$ 为原胞基矢。基于无限周期势这一特定条件，Bloch 证明式（2-1）的解有如下的特殊形式

$$\Psi_{nk}(\boldsymbol{r}) = \exp(i\boldsymbol{k} \cdot \boldsymbol{r}) u_{nk}(\boldsymbol{r}) \tag{2-4}$$

式中，$\boldsymbol{k}$ 为波矢；$\boldsymbol{r}$ 为坐标矢量；n 为能带指标；$u_{nk}(\boldsymbol{r})$ 为晶格的周期函数。这个波函数称为 Bloch 波函数，等号右边第一项 $\exp(i\boldsymbol{k} \cdot \boldsymbol{r})$ 是平面波。Bloch 波函数表明，描述周期势中电子运动的波动方程，其特征波函数为一个平面波 $\exp(i\boldsymbol{k} \cdot \boldsymbol{r})$ 乘上周期函数 $u_{nk}(\boldsymbol{r})$，故又称为被周期函数调制的平面波。这个方程描述了振幅随 $\boldsymbol{r}$ 做周期变化的平面波，其变化周期与晶格周期相同。总之，晶格中电子运动可以用被调幅的平面波描述，这个结论通常又称为 Bloch 定理。

上述方程中的电子波矢 $\boldsymbol{k}$，它是由边界条件决定的。对于无限晶体，$\boldsymbol{k}$ 只能取实数以使波函数有限。求解方程时发现，对于特定的 $\boldsymbol{k}$ 值，即当 $k = n\pi/a$ 时（其中 $n = \pm1$，±2，±3，…；a 为原子间距），没有行波解。电子的能量 ε 为波矢 $\boldsymbol{k}$ 的周期函数，其周期为 $2\pi/a$，从而形成了图 2-2 所示的能谱图。

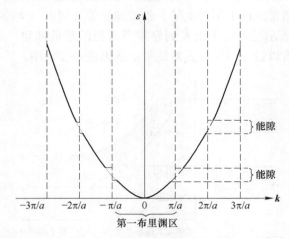

图 2-2　自由电子（虚线）与近自由电子的 $\varepsilon\text{-}k$ 曲线

在分析 $\varepsilon - k$ 曲线时，常引入布里渊区的概念。所谓布里渊区是指在 $\boldsymbol{k}$ 空间中以倒格矢作倒格点，选取一个格点为原点，作由原点到各倒格点的垂直平分面，这些面相交所围成的多面体区域。包含原点的多面体称为第一布里渊区。往外还有第二、第三、……、布里渊区。在每一布里渊区所包含的波矢量数目等于晶体的原胞数，亦即包含了每一能带中的全部电子态。这样就可以用位于布里渊区内和周界上的 $\boldsymbol{k}$ 矢量来表征周期势场中的全部

的电子态。当 k 的变化限制在布里渊区内时，能量做连续变化，在布里渊区的周界上，才出现能量的不连续变化。因此，第一布里渊区与 $-\dfrac{\pi}{a} \sim \dfrac{\pi}{a}$ 之间的 k 值对应，在 $-\dfrac{2\pi}{a} \sim$ $-\dfrac{\pi}{a}$ 和 $\dfrac{\pi}{a} \sim \dfrac{2\pi}{a}$ 之间的 k 值对应于第二布里渊区等。

分析表明，在布里渊区内，电子的速度是变化的，在能带顶和能带底，电子的速度都等于零，在能带的中间区域，电子的速度很接近于自由电子的速度，布里渊区间能量不连续的产生与电子在点阵中运动时受到类似于电磁波在点阵中的布拉格条件的散射有关。在晶体中由于内部的势是周期性的，电子可被势谷强烈地散射，所形成的次级电子不仅相互干涉而且还与初级电子相关，导致价电子能量不可避免地要做出修正，电子不能通过点阵。如果要过渡到更高的波矢，能量将有陡增，于是就产生了能隙。

在布里渊区的边界，能量是不连续的。对于三维晶体，k 空间是三维的。在 k 的不同方向上，布里渊区的边界具有不同的 k 值及相应的能量。两个相邻布里渊区之间的能量关系可以出现两种情况：如果第一布里渊区的所有方向的能态的最高能量均低于第二布里渊区的所有方向的能态的最低能量，则存在禁带，电子在 k 空间先填满第一布里渊区，再填充第二布里渊区。其能态密度曲线具有图 2-3（a）所示的形状。由图 2-2 可见，在接近布里渊区的边界，能量 E 增加变慢，因此能态密度增高较快。当电子填充到最低能量的布里渊区边界时，能态密度达到最高值。此后，只有部分方向的 k 位于布里渊区内，因此状态密度降低，直至布里渊区完全填满，能态密度降为零。然后电子再填充第二布里渊区，并伴随着电子能量由第一布里渊区最高能量到第二布里渊区最低能量的跳跃。如果在不同 k 方向的布里渊区的边界值中，出现第一布里渊区的某些最高能量高于第二布里渊区的最低能量，则发生布里渊区的重叠。其能态密度如图 2-3（b）所示。电子在填充到第一布里渊区的最高能量之前，就进入第二布里渊区，继续填充第一布里渊区的剩余能态和第二布里渊区的低能状态。

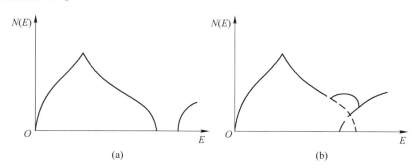

图 2-3　布里渊区的电子能态密度
（a）相邻布里渊区之间存在禁带；（b）相邻布里渊区产生重叠

2.1.3　能带结构

对于

$$\Psi_{nk}(\boldsymbol{r}) = \exp(i\boldsymbol{k} \cdot \boldsymbol{r}) U_{nk}(\boldsymbol{r})$$

相应地有

$$\varepsilon_n(\boldsymbol{k} + \boldsymbol{G}_h) = \varepsilon_n(\boldsymbol{k})$$

上式说明，对确定的 n 值，$\varepsilon_n(\boldsymbol{k})$ 是 $\boldsymbol{k}$ 的周期函数，只能在一定的范围内变化，有能量的上、下界，从而构成一能带，不同的 n 代表不同的能带，量子数 n 称为带指标，$\varepsilon_n(\boldsymbol{k})$ 的总体称为晶体的能带结构。

固体能带论获得成功的重要原因之一，是它为固体的显著不同的电学性质提供了简单的解释。根据能带理论，金属的能带结构如图 2-4（a）所示。其特征为：最高占有带，即价带，仅部分充满。在图中，占有能级以阴影示出。在能带的费米能级附近的某些电子，在热激发下，或外电场的作用下，能够获得附加的能量，而过渡到该能带内的许多邻近的空能态中的任何一个，而不违背不相容原理。因此具有这种能带结构的物质，是电的良导体也是热的良导体。在独立地占有费米能级附近的状态上的电子可以运动，是这类最高的占有能带未被完全填充的固体成为电或热的良导体的原因。形成部分填充的能带有两种途径：电子数目不足以填满布里渊区，或布里渊区发生重叠，以至于在一个区还未填满时就开始填充下一个区。在金属晶体中，许多都存在布里渊区重叠的情形。

对于图 2-4（b）所示的能带结构，一个布里渊区（价带）是填满的，并且不与下一个全空的布里渊区（导带）重叠，由于价带的所有能级全部被占有，电子的能量被"冻结"，即电子不能改变它们在能带中的态而不违背不相容原理，在价带中只有很少的电子具有足够的热能被激发到上面的空带中去。在一般的外加电场下，不能加速价带中的电子，因而不能产生净电流。因此电导率很小，可以忽略。这种能带结构构成绝缘体的特征。

对于半导体，其能带结构与绝缘体相似，但在原子的平衡间距处，价带和导带间的能隙要小得多，使得把价带中最上面的电子激发到导带中去要容易得多［见图 2-4（c）］。因此，半导体可看作是这样的一些绝缘体，它们的价带和导带之间的能隙约为 1eV 或更小，因而比较容易实现把电子从价带中激发到导带中去，其能态密度如图 2-5（a）所示。如果半导体存在掺杂，则在填满的价带和空的导带之间的能隙中有一杂质能级，如图 2-5（b）所示。当温度升高时，电子由于热激发，可以从杂质能级进入导带，或者从价带顶部进入杂质能级，分别形成 N 型或 P 型半导体。值得注意，介于金属与半导体之间，还可能存在半金属：由于价带与导带在 $\boldsymbol{k}$ 空间的某些方向相互重叠，因而产生金属型的小口袋，导致了载流子浓度甚低的金属型导体，如 As、Sb、Bi 及石墨等。

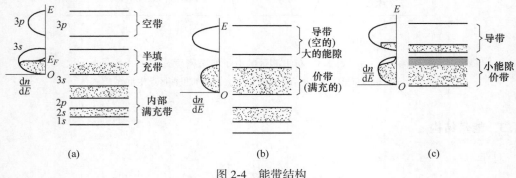

图 2-4 能带结构

（a）金属；（b）绝缘体；（c）半导体

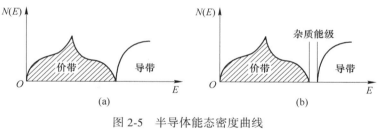

图 2-5 半导体能态密度曲线

（a）本征半导体；（b）杂质半导体

2.1.4 费米能 E_F 及费米分布函数 $F(E)$

在讨论与材料电子结构相关问题时，经常会遇到费米能及费米分布函数这些概念。

$T=0$ 时 N 个电子对许可态地占据，简单地由泡利不相容原理决定，即每个单电子态上最多可由一个电子占据。单电子态由波矢 k 和电子自旋沿任意方向的投影标记。由于自旋投影只能取两个值，$\hbar/2$ 或 $-\hbar/2$，每个许可的 k 态上，可有两个电子占据。N 个电子的基态，可从能量最低的 $k=0$ 态开始，按能量从低到高，每个 k 态两个电子，依次填充而得到。由于单电子能级的能量比例于波矢的平方，N 的数目又很大，在 k 空间中，占据区最后成为一个球，一般称为费米球（Fermi sphere），其半径称为费米波矢，记为 k_F，在 k 空间中把占据态和未占据态分开的界面叫作费米面，费米面上单电子态的能量称为费米能量。

对于三维金属晶体，无数个原子外壳层轨道电子（平均每 cm^3 中至少含有 10^{22} 个电子）发生"公有化"，电子由原子状态下的分裂能级演变成固体的能带结构。处于能带中的电子具有非定域特性，有一个按能级或状态的密度分布，且满足费米分布函数。图 2-6 中标出了费米能 E_F 的位置。E_F 是讨论电子能带结构的一个最重要的参数，材料的电子特性与能带中费米能 E_F 的位置密切相关。

对大量粒子（这里是能带中的电子）的能量分布及其随温度的变化，一般用统计力学方法计算。按照 Fermi-Dirac 统计，能带中某一能级被电子占据的概率可用费米分布函数表示

$$F(E) = \frac{1}{\exp\left[\dfrac{E-E_F}{k_B T}\right]+1} \qquad (2-5)$$

式中，E 为电子能量；E_F 为费米能，它被定义为热力学零度时带中电子的最高能级；k_B 为 Boltzmann 常数；T 为热力学温度（K）。式（2-5）的物理意义是：如一个能级 E 完全被电子占据，则费米分布函数值为 1.0，而对于一个空着的能级，$F(E)=0$。式（2-5）的意义可以用图 2-6 直观地加以说明。图 2-6（a）表明，$T=0K$ 时，所有能量低于费米能 E_F 的能级完全被电子所填满，所有高于 E_F 的能量状态则完全是空的。由式（2-5）不难看出，$E=E_F$ 时分布函数 $F(E)$ 的值为 1/2，它通常被用来定义费米能 E_F。实践中，在测得费米能级附近电子状态密度分布函数后，一般取过渡区的 1/2 峰值所对应的能量作为费米能 E_F。

问题是当 $T \neq 0K$ 时，费米能级附近电子状态密度分布会出现怎样的变化。同样，可以用图 2-6（b）予以说明。由该图不难看出，在较高温度下，函数 $F(E)$ 从 1 降到 0 时的变化已不像 $T = 0K$ 时那样清楚地突变，即被拉长了一个能量距离 $2\Delta E$。需要注意的是，这个能量区间在图中已经被夸大了许多，以便看得更清楚一些，实际上室温条件下 ΔE 数值约为 E_F 值的 1%。在 $E > E_F$ 的高能量区间内，费米分布函数上端可以用经典的 Boltzmann 分布函数近似表示。实际上，由式（2-5）可见，当 E 很大时，方程分母中指数项要比 1 大许多，这样式（2-5）分布函数可近似为

$$F(E) \approx \exp\left[-\left(\frac{E - E_F}{k_B T}\right)\right] \tag{2-6}$$

该式表示一定能量状态被电子占有的概率，并称为 Boltzmann 因子。

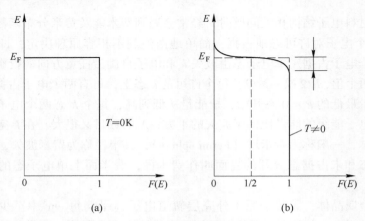

图 2-6   费米分布函数特征与温度的关系
(a) $T = 0K$；(b) $T \neq 0K$

2.1.5   状态密度

在讨论固体表面的电子结构时，还经常遇到另一个重要概念—状态密度（DOS）。这里借用三维状态下所引出的结论。在此，仅限于讨论价带较低部分，因为这里的电子和原子核仅有很弱的键合作用，基本上可视为是自由的。假设这些自由电子（或电子气）被限定在方势阱中，即不能由此逃逸，其势阱尺度和所讨论的晶体尺度相同。如取势阱尺度为晶格常数 a 时，利用适当的边界条件，解薛定谔方程便得到电子能量 E_n

$$E_n = \frac{\pi^2 \hbar^2}{2ma^2} n^2 = \frac{\pi^2 \hbar^2}{2ma^2} (n_x^2 + n_y^2 + n_z^2) \tag{2-7}$$

式中，n 为主量子数，n_x、n_y 和 n_z 分别为 n 在 x、y、z 三坐标轴上的分量；a 为晶格常数；m 为电子质量；$\hbar$ 为约化普朗克常数。n 三个分量 n_x、n_y 和 n_z 的任意组合就有一个特定的对应能级 E_n，称为能态。因此能级可用量子数组成的空间的点来表示，如图 2-7 所示。在这个空间内，n 可视为由体系的原点到（n_x，n_y，n_z）点的半径。

$$n^2 = n_x^2 + n_y^2 + n_z^2 \tag{2-8}$$

在半径等于 n 的球面上，能量 E_n 值相同。这样，球面内所有的点就代表能量小于 E_n 的量

子态，因此能量小于或等于 E_n 的量子态数就同球体积成比例。因量子数是正整数，所以 n 只能限定在 n 空间正的半角位。半径为 n 的球的 $1/8$ 体积内，能量状态数 η 为

$$\eta = \frac{1}{8} \times \frac{4}{3}\pi n^3 = \frac{\pi}{6}\left(\frac{2ma^2}{\pi^2\hbar^2}\right)^{3/2} E^{3/2} \quad (2\text{-}9)$$

将该式对能量微分：$\dfrac{\mathrm{d}\eta}{\mathrm{d}E} = D(E)$，便得到在 $\mathrm{d}E$ 能量区间内、单位能量的能量状态数，定义为能量状态密度，简称状态密度，习惯用 DOS 表示

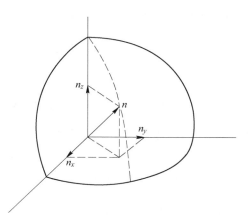

图 2-7　能量状态在量子数空间的表示

$$\frac{\mathrm{d}\eta}{\mathrm{d}E} = D(E) = \frac{\pi}{4}\left(\frac{2ma^2}{\pi^2\hbar^2}\right)^{3/2} E^{1/2} = \frac{V}{4\pi^2}\left(\frac{2m}{\hbar^2}\right)^{3/2} E^{1/2}$$

$$(2\text{-}10)$$

式中，$V = a^3$ 为电子所占有的体积。将 $D(E)$ 对能量 E 作图可得到图 2-8 所示的抛物线。

图 2-8 表明，能量越低，每单位能量的能级数越少，即状态密度越低。相反，在能量高端，每单位能量将有更多的能级被电子占据，即有更高的状态密度 $D(E)$。

这样，有了状态密度 $D(E)$，有了每个能级被电子占有的概率 $F(E)$，便可求得在 $\mathrm{d}E$ 能量区间单位能量的电子数 $N(E)$。这里必须考虑 Pauli 原理，即每个能量状态可被自旋方向相反的两个电子所占据，所以

$$N(E) = 2D(E)F(E) \qquad (2\text{-}11)$$

将式（2-5）和式（2-10）代入，可得到

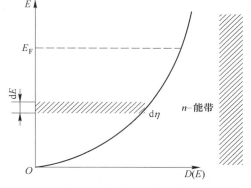

图 2-8　能带中的状态密度

$$N(E) = \frac{V}{2\pi^2}\left(\frac{2m}{\hbar^2}\right)^{3/2} E^{1/2} \frac{1}{\exp\left[\dfrac{E - E_F}{k_B T}\right] + 1} \qquad (2\text{-}12)$$

$N(E)$ 称为电子分布密度，俗称能谱（spectrum）。由该式不难看出：当 $T \to 0\mathrm{K}$ 和 $E < E_F$ 时，函数 $N(E) = 2D(E)$，因为这种情况下 $F(E) = 1$。当 $T \neq 0\mathrm{K}$ 和 $E \approx E_F$ 时，因费米分布函数有图 2-5（b）所示的特征，因此 $N(E)$ 随能量分布表现出图 2-9 所示的特点。

图 2-9 中曲线下的面积代表能量等于或小于 E_n 的电子数 N^*。在 E 到 $E + \mathrm{d}E$ 能量区间内，其电子数 $\mathrm{d}N^*$ 可表示为

$$\mathrm{d}N^* = N(E)\,\mathrm{d}E \qquad (2\text{-}13)$$

可以利用式（2-12）和式（2-13）计算最简单情况下的费米能。设 $T \to 0\mathrm{K}$，$E < E_F$，这时 $F(E) = 1$，代入式（2-12），然后对式（2-13）积分

$$N^* = \int_0^{E_F} N(E)\,\mathrm{d}E = \int_0^{E_F} \frac{V}{2\pi}\left(\frac{2m}{\hbar^2}\right)^{3/2} E^{1/2}\,\mathrm{d}E = \frac{V}{3\pi^2}\left(\frac{2m}{\hbar^2}\right)^{3/2} E_F^{3/2} \qquad (2\text{-}14)$$

将式（2-14）式重排，可得到

$$E_F = \left(3\pi^2 \frac{N^*}{V}\right)^{3/2} \frac{\hbar^2}{2m} = (3\pi^2 n^*)^{3/2} \frac{\hbar^2}{2m}$$

$$(2-15)$$

令式（2-15）中 $\frac{N^*}{V} = n^*$，定义为单位体积内的电子数，也称为平均电子密度。

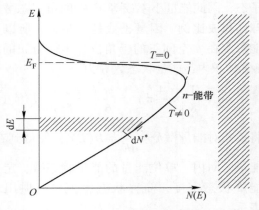

图 2-9 能带中自由电子分布密度函数

需要指出的是，上式中的 N^* 是对 $T \rightarrow$ 0K 和 $E < E_F$ 的条件下求得。但这并不限制式（2-15）的实用价值，因为温度的升高并不能改变体系的电子总数。换言之，对于 $T \neq 0K$，但当温度在 $0 \rightarrow \infty$ 温度范围内，对式（2-14）积分也能得到类似式（2-15）的结果。实践中，人们常常采用紫外光电子谱（UPS）等方法测得电子数按能量分布的曲线，即能谱，并以此研究材料表面电子状态密度分布、费米能级和其他电子结构特征变化。需要说明的是，上述讨论仅限于三维块体，由此引出能量状态数、状态密度的定量表达式，它们分别是式（2-9）和式（2-10），由这两式不难看出，对于三维块体，它的状态数与能量关系为 $N(E) \propto E^{3/2}$；而状态密度 $D(E)$ 与能量二次方根成正比，即有关系 $D(E) \propto E^{1/2}$。

2.2 表 面 态

2.2.1 表面电子态

对于三维无限晶体，价电子在能带中按能级分布，称为状态密度（DOS）。既然在带隙中间没有行波解，也就没有对应能级的电子存在。问题是对于晶体表面，恰好有行波解，在带隙中间有对应能级的电子存在，形成了特殊的电子状态，称为表面态。显然，这种表面电子结构与三维晶体电子结构不同，其特点是：

（1）表面态中的电子只能作平行于表面的运动；

（2）对应的电子能量位置处于带隙中。

处于表面上这种特殊的电子结构与外界环境相互作用时，存在特殊的物理化学现象及规律，它是讨论所有表面问题的最重要的基础。值得强调的是，表面态概念的提出与发现直接导致了半导体的发现，因此它是表面物理一个重要的研究内容。

表面和界面的存在，破坏了晶体的三维对称性。这时，在平行于固体表面的平面内，仍存在二维对称性。而在垂直于表面的方向（z 轴）上，对称性不复存在。电子波函数在 z 方向存在衰减。这种波描述的电子在表面出现的概率最大，称为表面电子态，它是由于表面的存在而造成的附加能态。波矢 k 可能取复数，因而表面电子态对应的能级可能处于体内能带的禁带中。处于这种状态的电子波函数可表示为

$$|\psi(z + na_z)|^2 = |\psi(z)|^2 e^{-2n\xi a_z} \tag{2-16}$$

而波矢的复数形式为 $k = k_r + i\xi$。

　　式（2-16）描述了这种具有复数波矢的布洛赫波的衰减特性，即在真空和体内两个方向上的衰减，处于这些能态的电子被局限在固体表面区。

　　关于固体表面态的研究，已有近百年的历史。1932年，Tamm通过解周期势终止于表面的波动方程时，发现并首先从理论上证明了表面态的存在。Tamm指出，晶体表面因周期势突然中断而出现了新的电子结构—表面态。他建立了图2-10所示的模型，并进行了适当的简化，采用Kronig-Penny［克罗宁-彭尼（K-P）］模型进行了量子力学计算。他证明同一维无限晶体K-P模型计算结果不同的是，这里在$x=0$处出现表面电子态。

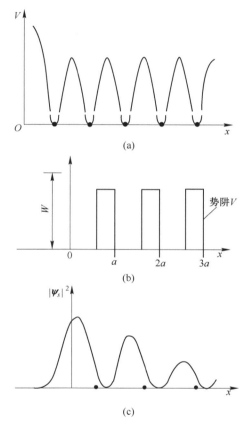

图 2-10　Tamm对表面态的证明及理论处理过程简示图
（a）晶体表面势阱；（b）简化的K-P势阱；（c）表面附近电子概率密度

　　Tamm假设周期势在表面终止，并假设：

　　1）$x=0$处有一个恒定的势阱高度W。

　　2）在$x>0$的区域内，势场仍然保持三维无限晶体的特点，随x作周期性变化，其周期就是晶格常数a。

　　Tamm用Kronig-Penny（见图2-11）来解薛定谔方程，求出电子的波函数和允许能量。计算结果表明，表面电子的波函数是一个随距离作指数衰减的函数，且在禁带中出现了一个允许能级，这个能级能够接受一个电子，他的结论是，矩形势阱阵列的终止是产生表面态的来源。通常把这个表面态称为Tamm能级或Tamm态（见图2-12）。

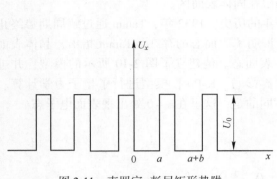

图 2-11　克罗宁–彭尼矩形势阱

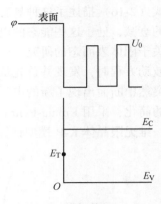

图 2-12　塔姆能级（ET）

1939 年肖克莱研究了更一般的晶体势模型的一维有界晶格，证明在一定条件下能够产生两个表面能级，这种条件可以用电子能量和点阵常数的关系曲线来描述（见图 2-13）。由图可见，随着点阵常数的减少，能带变宽，当点阵常数少到某个特殊值时，两个能带相邻的能级相交（图中虚线）。当点阵常数进一步缩小时，有两个能级从上下两个能带中分裂出来，定域在禁带中。这个条件在共价晶体的表面上能够实现，由此形成的能级，称为肖克莱表面态，如硅和锗晶体表面的悬挂键，即为肖克莱表面态。

以上两种表面态都是在未重构的清洁表面上，由于原子排列周期的中断而形成的，称为本征表面态。然而，其他改变晶体势能的因素，如弛豫、重构、各种结构缺

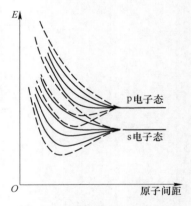

图 2-13　有限晶体电子能级和
原子间距的关系

陷（如位错露头、空位、表面台阶和扭折等）和各种表面杂质（如表面杂质原子、吸附物、氧化膜等），也都能产生表面态，称为外诱表面态。如果给出的表面能级特别容易吸引电子，则称为电子陷阱表面态能级；反之，如果容易吸附空穴，则称为空穴陷阱表面态能级。

当有氧化膜存在时，它和块体之间的界面能级称为内表面能级，而氧化膜表面上的能级称为外表面能级。电子从块体进入外表面能级要穿过氧化层，因而其弛豫时间较长，故将外表面能级称为慢态，而内表面能级与块体交换电子快，弛豫时间短，故称为快态。对于 $Si\text{-}SiO_2$ 体系，慢弛豫时间为 $10^{-3} \sim 10^2 s$，而快态为 $10^{-7} \sim 10^{-5} s$。

表面态的局域密度大约和表面原子的密度为相同的数量级，例如，Ge（100）面的表面态密度约为 $6.3 \times 10^{14} cm^{-3}$，Ge（110）面为 $8.92 \times 10^{14} cm^{-3}$，Ge（111）面为 $7.3 \times 10^{14} cm^{-3}$。

下面我们介绍 Si 表面的研究结果。图 2-14 为 Si 原子结构的立体图。图中块体 Si 和真空间的界面为 Si（111），它垂直于 Si（110）面，图中 Si（111）为未弛豫和未重构的理想表面，其中球代表 Si 原子，棒代表化学键，从图中可以看到深入真空的悬挂键。虽然这种

理想表面仅在 800℃ 以上才是稳定的，然而，它却为从理论上认识 Si 及其他半导体表面特性，提供了十分有用的模型。

图 2-15 给出了 Si（111）面内的总价电荷分布，其范围从真空直到表面以下 4.5 个原子层，而作为 Si 表面的（111）面则与（110）面相垂直。由图 2-15 可以看出来弛豫 Si（111）面上的价电子密度分布。由图可以看到，切断的悬挂键伸出表面，还能看到由表面伸入块体的沟道，后者有可能成为杂质进入晶体的通道。在这个总价电荷密度分布图中，表面态看起

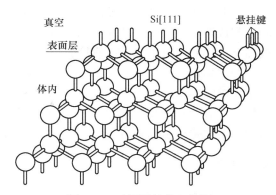

图 2-14 硅原子结构立体图

来不明显，因为它在整个块体总价电荷中的权重较小。这个问题可以较好地从 LDOS 分布图（见图 2-16）得到解决。图中给出了表面层以下六个原子层的 LDOS，从表面下第六层（图中为 1 层）开始，LDOS 就和体内没有明显的差别。对于最表面的 Si（111）原子层，图 2-16 给予了大约 1/3Å（1Å = 0.1nm）的弛豫量，这和实际测量给出的结果是相符的。在能带间隙区，可以看到悬挂键表面态给出的 LDOS 峰。而其余 3 个峰分别由 p 电子、s+p 电子和 s 电子给出。

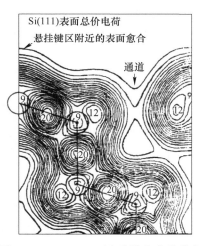

图 2-15 Si(111) 面内总电荷的分布

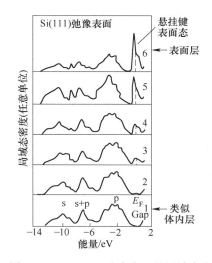

图 2-16 Si(111) 弛豫表面的局域态密度

图 2-17 给出了悬挂键表面态的电荷密度。由图可以看出其空间位置，集中在最表层的 Si 离子实附近并突出到真空里，这就是它称为悬挂键表面态的原因。它很容易受到表面覆盖层的影响。在研究界面作用时，悬挂键具有重要意义，伊斯门（Eastman）和瓦格纳（Wagner）等从实验上观察和研究了悬挂键表面态。

实际上，Si（111）面远不是理想的表面，而是存在（2×1）重构。在理想情况下，每个表面单胞中只有一个原子，而实际上有两个原子，其中一个推向外，另一个拉向里，

是表面弯曲、重构的结果，使图 2-17 中的悬挂键表面态峰分裂成两个。推向外的 Si 原子具有被占据的悬挂键表面态，而拉向里的 Si 原子具有空的悬挂键表面态。在理想情况下，所有的表面 Si 原子都是等价的，从而给出单峰和一个半充满的能带。这时 Si 表面具有金属特性。表面重构使其能带分裂成间隙很小的一个满带和一个空带，从而使 Si 表面具有半导体特性。

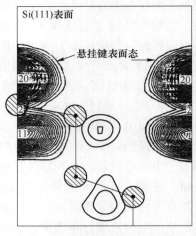

图 2-17　悬键态的电荷密度分布度

2.2.2　表面势

为了计算表面电子态，就要求解表面区域的薛定谔方程，并在适当的边界条件下求出电子的波函数和能级。固体物理计算中所采用的准自由电子近似法、紧束缚法（原子轨道线性组合，即 LCAO）、赝势法、格林函数法和缔合平面波法（APW），均可用于表面电子态的计算，而进行上述计算的前提则是要知道表面区域中价电子所受到的相互作用。能级给出了能带结构，而波函数则给出了电子电荷密度和键的性质。这些结果都可直接在实验上验证。用上述方法可以研究 Si、Ge、GaAs 和 ZnSe 的表面电子结构，还可以研究金属–半导体、金属–绝缘体、半导体–半导体、半导体–绝缘体等类型的界面电子态。

价电子在表面区域所受到的相互作用势 $V(\boldsymbol{x})$ 通常由三部分组成，即

$$V(\boldsymbol{x}) = V_{\text{core}}(\boldsymbol{x}) + V_{\text{es}}(\boldsymbol{x}) + V_{\text{xc}}(\boldsymbol{x}) \tag{2-17}$$

式中，$V_{\text{core}}(\boldsymbol{x})$ 为芯电子和价电子的交换关联势；$V_{\text{es}}(\boldsymbol{x})$ 为离子实和价电子的总静电势；$V_{\text{xc}}(\boldsymbol{x})$ 为价电子产生的交换关联势。

$V_{\text{core}}(\boldsymbol{x})$ 是一种多体效应，因而无法精确写出。固体中的 $V_{\text{core}}(\boldsymbol{x})$ 具有高度的局域性，它对周围的环境不敏感，因此，可以假定其值在表面和体内相同。常用一个模型赝势来表示 $V_{\text{core}}(\boldsymbol{x})$，最简单的是阿西克罗夫特（Ashcroft）模型赝势（见图 2-18），它可表示为

$$V_{\text{core}}(\boldsymbol{x}) = \begin{cases} -\dfrac{Ze^2}{r}, & |x| \geqslant r_{\text{c}} \\ 0, & |x| \geqslant r_{\text{c}} \end{cases} \tag{2-18}$$

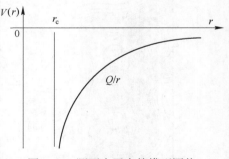

图 2-18　阿西克罗夫特模型赝势

其次，我们来考虑静电势 $V_{\text{es}}(\boldsymbol{x})$，它由离子芯和价电子的总电荷密度 $\rho_{\text{T}}(\boldsymbol{x})$ 通过泊松方程来决定，有

$$\nabla^2 V_{\text{es}}(\boldsymbol{x}) = -4\pi\rho_{\text{T}}(\boldsymbol{x}) \tag{2-19}$$

式中，离子芯和价电子的总电荷密度可分解成

$$\rho_{\text{T}}(\boldsymbol{x}) = \sum_n \rho_{\text{ic}}(\boldsymbol{x} - \boldsymbol{R}_n) + \rho_{\text{V}}(\boldsymbol{x}) \tag{2-20}$$

式中，$\rho_{\text{V}}(\boldsymbol{x})$ 为价电子的电荷密度；$\sum\limits_n \rho_{\text{ic}}(\boldsymbol{x} - \boldsymbol{R}_n)$ 为中心在 $\boldsymbol{R}_n$ 处的原子核和芯电子的总电荷密度。由于我们主要考虑的是完善有序的单晶表面，势和电荷可以用平面波展开法

处理

$$V_{es}(\boldsymbol{x}) = \sum_{G_{//}} V_{G_{//}}(z) \, e^{iG_{//} \cdot x_{//}} \tag{2-21}$$

$$\rho_{T}(\boldsymbol{x}) = \sum_{G_{//}} \rho_{G_{//}}(z) \, e^{iG_{//} \cdot x_{//}} \tag{2-22}$$

式中，z 为表面的法矢；$x_{//}$ 为 x 在表面上的投影（其坐标原点位于最高表面原子平面附近）；$\{G_{//}\}$ 为二维倒易点阵矢量集合，它描述了表面的平移对称性。一般说来，集合 $\{G_{//}\}$ 必须和块体倒易点阵矢量 G_B 在表面平面上的投影相对应，但并不必须与其相等。当两者相等时，表面为未重构的，多数金属和相当多的半导体属于此类。而当两者不等时，我们得到重构表面。C、Si、Ge 等半导体和 Au、Pt 等金属属于此类。

2.2.3　表面态的定性理解

通常情况下，可以根据材料表面原子结构的特点，对表面的电子结构做出定性的认识与判断。

2.2.3.1　共价化合物表面 Shockley 表面态

历史上，表面态概念的引入直接导致 1947 年晶体管的发明。Bill Shockley 所领导的贝尔实验室在研究金属–半导体（Ge）二极管整流特性时，遇到不能用 Schottey 势垒理论解释的现象。理论物理学家 Bardeen 提出了在半导体 Ge 表面存在表面态和空间电荷层的概念。他提出在带隙中间存在能级（表面态），这种表面态俘获了大多数载流子并形成了势垒，构成空间电荷层。表面空间电荷层的尺度能延伸至体内几个微米，这样从理论上圆满地解释了所遇到的矛盾。问题是：人们如何从实验证明表面态存在呢？William Shockley 发挥了他聪明的才智，发明了场效应实验。他用这个方法，不仅证明了表面态的存在，而且能够定量地测出表面态在带隙中间的位置以及半导体表面态密度。这一发明，对早期固态电子学的发展做出了巨大的贡献。

Ge 是共价键结合的材料，对于一个共价半导体，由于三维晶格周期势在表面突然终止，造成表面上的原子价不饱和，而留下未配对电子形成悬挂键，人们把它视为表面态的起源，并将这类表面态以 Shockley 名字命名，称为 Shockley 表面态。具有一个未配对电子的表面原子，可能成为潜在的电子陷阱或可能提供成键的电子源。由此人们很自然地提出一些与表面态相关的问题，例如：

（1）外来物在表面上的物理吸附、化学吸附甚至形成化合物是如何影响表面态；反之，表面态的变化又将如何影响表面吸附及催化反应。

（2）表面上的吸附物或自身的氧化膜，是否会诱导并产生它们自己的表面或界面态。

（3）由表面电子所产生的空间电荷层，具有什么样的结构特点。

（4）不同材料，其表面电子结构会有什么样的差别，掺杂对表面电子结构会有什么样的影响。

这些问题关系到工程学科中材料的许多技术特性，也是研究、理解表面现象的基础。

2.2.3.2　离子型化合物表面 Tamm 表面态

对于离子特性较强的化合物半导体或绝缘体，其解理后的清洁表面也存在"离子表面态"，人们将其笼统地称为 Tamm 表面态。如对于金属氧化物 MO_x，以适当方式解理后，可以定性地看到不同表面态的存在。如果在解理后的晶面裸露的主要是金属阳离子，这些金属阳离子因失去解理前的电中性环境，因而具有接收电子的能力，这样所形成的表面态称为受主型表面态。相反，如果解理后的表面裸露的主要是氧负离子，同样由于电中性要求，这些表面氧负离子则有给出电子的能力，这样所形成的表面态称为施主型表面态。如SnO_2、TiO_2等金属氧化物易丢失表面氧离子而具有 N 型半导体特性。

2.2.3.3　本征和非本征表面态

上述讨论清楚地表明，不论是共价型半导体还是离子型金属氧化物，真空解理后其裸露的金属表面都会形成特定形式的表面电子结构。这种纯粹由于三维周期势突然终止而形成的表面态称为本征表面态。事实上，解理后的晶面存在各种缺陷，晶面上的原子要发生重构，还可能发生元素偏析，表面上存在外来物的物理或化学吸附物等，对于这类非本征表面，是否会形成新的电子结构呢？下面，以一些简单的例子给予肯定的回答。

以Ⅲ－Ⅴ族半导体化合物 GaAs 为例，刚刚解理后的新鲜表面，在体带隙中间分别存在由 As 和 Ga 两者所产生的表面态。但同时，因为 As 和 Ga 离子在表面法线方向上发生尺度不等的弛豫，出现了 As、Ga 两种表面态的分裂，结果导致的表面态能级位置移到更靠近导带底，而 Ga 的表面态能级则更靠近价带顶。人们将这种现象称为 Frank-Condon 分裂，并将弛豫后的表面态称为非本征表面态。

另一值得注意的现象是离子束辐照损伤。对于具有多个价态的金属，如 Ti、Cr、Mo、Sn、Re 等，它们的氧化物经离子束辐照往往会产生非本征表面态。这是由于这些金属氧化物中的氧离子易于被解析而出现"择优溅射效应"，由此引起表面态。

对于一个实际的晶体表面，还会因各环境影响（如摩擦）而产生的新的非本征表面态，从而影响表面物理化学性质。

2.2.4　金属表面电子结构的特点

首先讨论金属表面电子结构的特点。概念上，可将价电子或传导电子与内壳层电子分开，前者在金属中可自由运动，后者则被离子实紧紧地束缚住。为讨论方便起见，这里必须再次强调两个概念：一是以式（2-15）所表示的费米能量，二是价电子作用的"有效半径"r_s，其定义式为

$$\frac{4\pi r_s^3}{3} = \frac{1}{n^*} \tag{2-23}$$

由式（2-23）可见，单位体积内价电子密度越低，则价电子的有效半径 r_s 越大。r_s 的典型值在 0.1nm 数量级。

2.2.4.1　表面附近电荷密度分布

金属表面附近的电荷密度分布比较复杂。对于有关理论模型及其处理的结果，在此不进行讨论。实际上，从真空向着体内，已经观测到在表面附近电荷密度分布存在图 2-19所示的振荡，其振荡范围可用费米波长表示。费米波长的定义式为

$$\lambda_F = \pi^{3/2} \left(\frac{32}{9}\right)^{1/3} r_s \tag{2-24}$$

λ_F 的典型值为 0.5nm。从图 2-19 和费米波长数值可以看出，电子被束缚在表面附近而朝

向体内。但是，电子可以通过隧道作用而进入真空一侧，外伸出表面的尺度 Δx 可用"测不准关系"式估算。如将费米能级 E_F（约 4eV）等参数代入公式，得 $\Delta x = \dfrac{\hbar}{\Delta p} = \dfrac{\hbar}{2m_e E_F^{1/2}} = 0.1\text{nm}$。通常，金属表面电子经隧道作用外溢到真空一侧 0.1 ～ 0.3nm 范围，外溢的电荷形成垂直于表面的正、负电荷瞬间分离，从而产生偶极矩，这是金属表面电子结构的最显著特点。

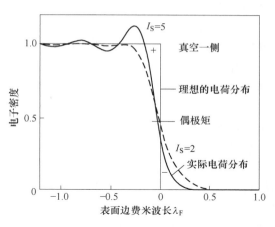

图 2-19 金属−真空界面处电荷密度分布

2.2.4.2 逸出功

由图 2-19 不难看出，由隧道效应所引起的电荷密度分布，在外伸出表面一侧以指数方式迅速衰减到零，同时在相对体内大约 2 倍尺度范围，存在电荷密度波动。总之，这种电子隧道效应使得表面外真空一侧出现负电荷过剩，在表面内侧则有等量的正电荷，这样在表面附近便出现了正、负电荷的分离，形成了偶极子，如图 2-20 所示。表面附近偶极子的强度（通常用符号 D 表示）是讨论金属表面逸出功（work function）及其变化的重要依据。

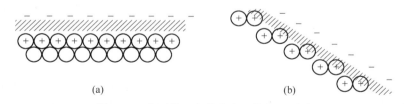

图 2-20 表面附近电荷密度及偶极层形成

（a）原子密堆积表面，存在大量的偶极子，产生较高的偶极矩 D；

（b）非原子密堆积表面，存在较少量的偶极子和较低的偶极矩 D

由图 2-20 不难看出，电子要能逃离固体表面必须具有一定的能量，克服由偶极层所形成的表面势垒。通常，将电子逃离固体表面时所必须具有的最低能量定义为逸出功，习惯用希腊字母 ϕ 表示。在表面科学中，逸出功是一个易于理解但难于准确测定的物理参数，它是讨论许多表面现象时十分有用的概念，因此有必要对它进行比较详细的讨论。

由上述定义可以认为，逸出功是电子逃离表面时所必须克服的最低能量势垒。作为更接近实际的假设，金属表面势垒的高度是有限的，这个势垒高度就用逸出功表示。这样，逸出功的理论定义关系式为

$$\phi = -e_V - \mu \tag{2-25}$$

式中，e_V 代表电子正好处于表面外的电位；μ 在热力学上被定义为固体内电子的电化学位。该式说明：逸出功 ϕ 是电子恰好位于金属表面之外的位能 e_V 和电子恰好位于表面之内的电化学位 μ 之差。因为电化学位 μ 是温度的函数，因此它也被定义为 $T = 0\text{K}$ 时金属填满电子状态的最高能量。所以在许多书籍中，将电化学位称为绝对零度时的费米能，它是一

个体相参数。

在讨论表面科学问题时，通常选择电子正好位于表面外真空一侧的电位作为能量参考零点，即令真空能级 $E_V = 0$，所以有 $e_V = E_V = 0$。可将上述各参数之间的关系用图2-21表示。在对能量参考零点做出这样选择之后，式（2-25）可简化为

$$\phi = -\mu \qquad (2\text{-}26)$$

即材料的逸出功在数值上就等于该材料的体电化学位。在图 2-21 中还分别标出了 E_b^F 和 E_b^V 的位置，它们分

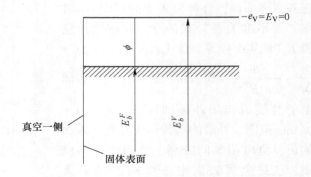

图 2-21　逸出功与相关能量关系图示

别代表以费米能级和真空能级为参考零点时内层轨道的结合能，因为在用 X 射线光电子谱测量原子内层轨道结合能，并与理论值进行比较时，必须清楚地区分 E_b^F 和 E_b^V 的差别。并由图 2-21 写出 $\phi = E_b^V - E_b^F$，引出逸出功的另一定义式。但这种定义公式只是能量上的相互关系，而不能反映表面结构状态和逸出功之间的内在联系。同样，式（2-25）中电化学位和费米能也都不能直接反映表面状况对逸出功的影响，最典型的例子就是这些定义公式，都不能解释同一晶体不同晶面逸出功大小的差别。

实际上，逸出功是一个对表面状况非常敏感的物理量，因此在实践中提出了一个能反映受表面状况影响的逸出功表示式

$$\phi = D - \mu \qquad (2\text{-}27)$$

式中，D 为图 2-20 中所表达的表面偶极矩；为材料的体相特征参数，对每种金属它是一个常数。显然，这个方程中的 D 至少包含了表面偶极层内电子结构状况对逸出功的影响，这正是不同单晶表面的逸出功不同的物理起源。然而通常材料表面很难具有原子水平的平整，这样带正电的离子实就有可能外延进入偶极层，从而降低了偶极矩，导致较低的逸出功。因此，对于式（2-26）的理解应当是，当不存在表面偶极矩时，逸出功就等于体系的电化学位或等于绝对零度时的费米能。

2.2.5　半导体表面电子结构

除表面态问题外，还有一个能带弯曲问题。一般来说，固体物理中把固体最外一个原子层上下两侧各 10~15Å（1Å = 0.1nm）范围的区域称为表面区（简称表面），这大致是紫外光电子能谱和低能电子衍射所探测的范围，同时，对于金属来说，在表面以下处，势场已和块体中无显著区别，电子性能也已完全不受表面存在的影响。然而，半导体和绝缘体的情况却大不相同，这种表面电荷密度表现为长程势场扰动，它能扩展到固体内部达数千埃的深度。这种扰动通常用能带弯曲来表征，它依赖于杂质浓度和温度。这种扰动在固体电子学中十分重要。

半导体表面之所以具有非同寻常的电子结构和性质，主要是由于存在表面态。半导体表面态的形成主要有两个方面，即对于清洁表面，来自表面的悬挂键；对于吸附物覆盖的表面，是由于吸附质和半导体表面原子间的成键作用。处于体价带最高能级（即费米能）

之上的表面态都可能带有电荷，根据表面电中性的要求则必然存在一个从表面进入半导体内的空间电荷层。

一个理想的半导体表面，其悬挂键所含的电子数是有关价电子数的1/4，表面上的增原子或二聚体一般会降低断键密度，从而降低表面的总能量。若表面态是空的或被两个电子所占据，还会进一步降低表面的总能量。吸附物通过与半导体表面原子形成化学键，而使悬挂键饱和，这种化学成键作用通常只改变原表面原子排列的键角，但键长几乎保持不变，因而可能使表面产生应变，其结果又提高了表面的总能量。

本节将只讨论半导体表面电子结构的主要特点，说明如各种能量关系、空间电荷层结构及能带弯曲现象，不涉及半导体表面电子结构的理论计算，因为后者是一个复杂的理论问题。

2.2.5.1　表面附近电子的能级关系

半导体表面电子结构的最大特点是，它的能带由体内向着表面逐步发生弯曲，如图 2-22 所示。由于表面态会形成一定高度的表面电位，因此相关的能量参数和体内有所不同。图 2-22 是一张典型的 N 型半导体表面附近的各种能量关系图，其中，"O" 为坐标原点，同时也代表半导体表面；E_V 为真空能级，它是通常进行理论计算时的能量参考点；χ 为 N 型半导体的电子亲和势；I 为 N 型半导体的电离能。与体内相比，χ 和 I 这两参数因能带弯曲而出现与平带结构不同的数值。E_{CB} 为导带底最低能级，而 E_{VB} 为价带顶的最高能级。E_F 为费米能级，对于 N 型半导体它靠近导带底，通常规定 E_F 值恒定。ϕ 为逸出功，$e_0|V_S|$ 为表面电位。表面

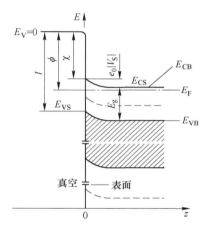

图 2-22　N 型掺杂半导体表面
附近的能带结构及相关参数

最重要的电子特性之一是逸出功，它被定义为刚好位于表面外真空处静止时的电子能量和刚好位于表面内费米能级处的电子能量之差。与 2.2.1 节所讨论的金属情况相似，逸出功可表述为

$$\phi = E_V - E_F \qquad (2-28)$$

对于金属，费米能级是电子占有能级和空能级的分界线，因此可认为金属的逸出功就等于金属的电子亲和势 χ 或它的电离能 I 与 E_F 之差。但是，对于半导体的情况则不同，完全填满电子的价带和完全未被电子占据的导带之间被禁带隔开，带隙的能量为 E_g。这时半导体的亲和势 $\chi = E_V - E_{CS}$，而电离能 $I = E_V - E_{VS}$，它们分别是导带底和价带顶相对于真空能级的能量差。因此半导体的电离能与亲和势两者之差，可用带隙宽度 $E_g = E_{CS} - E_{VS}$ 表示，这样半导体的逸出功可表示为

$$\phi = I - (E_F - E_{VS}) \qquad (2-29)$$

参数下脚标 S 表示对应的量必须取表面处的数值。从图 2-22 所示的 N 型半导体表面电子能量关系分析，可以看出半导体表面电子结构的基本特点：

（1）与金属电子能带结构相比，半导体表面的能带不再是平的，而出现了向上或向下弯曲的现象，表面上形成了一个高度为 eV_S 的势垒。习惯上将能带由表面过渡到体内平

带的整个区域称为空间电荷区或空间电荷层，这是 Bardeen 1947 年提出的一个重要概念。

（2）作为能量参照的基准，费米能级通常仍取体相数值。在讨论半导体表面态时，因表面态中的电子和体内不同，也有一个分布，并服从费米统计。表面态中的费米能级 E_{Fs} 表征的是半导体表面态中电子的填充的能级水平。在不发生与体内电子交换时，表面态的费米能级 E_{Fs} 可视为已填充电子和未填充电子的表面态能级的分界线。对于讨论能带弯曲和空间电荷层结构，这是一个非常有用的概念。

有了对半导体表面电子结构状态的初步认识，很自然地要提出并回答以下一些问题：空间电荷区是怎样形成的？什么因素决定了能带向上或向下弯曲？如何估计能带弯曲程度及空间电荷层的尺度范围？这种能带弯曲对半导体表面的电子传输特性会产生什么样的影响等。下面将这些问题逐一进行讨论。

2.2.5.2　逸出功和费米能

按照严格的理论，固体材料的逸出功 ϕ 是电子从费米能级到真空能级之间的能量差，即 $\phi = E_V - E_F$。对于清洁的金属表面，它的费米能级 E_F 为定值，因此它的逸出功也是一定的。对于半导体，情况就复杂了。对于未掺杂的半导体称本征半导体，其本征费米能级可表示为

$$E_F = \frac{E_{CB} + E_{VB}}{2} + \frac{kT}{2}\ln\left(\frac{N_V}{N_C}\right) \qquad (2-30)$$

式中，E_{CB} 和 E_{VB} 分别为导带底和价带顶的能量；N_V 和 N_C 分别代表价带顶和导带底的有效态密度；k 为 Boltzmann 常数；T 为热力学温度。室温下，GaAs 半导体的 N_V 为 $7.0 \times 10^{18}\,cm^{-3}$，$N_C = 4.7 \times 10^{17}\,cm^{-3}$。将有关数值代入式（2-30），会发现方程中的第一项远大于第二项，因此本征半导体的费米能级位于禁带中间。

实用半导体都要进行掺杂，如广泛应用的半导体材料 Si，其本征费米能级位于带隙中间，但是当掺入 As 元素后则形成 N 型半导体，其费米能级上移靠近导带底。如掺入 B 元素则形成 P 型半导体，它的费米能级则下移接近价带顶。这样，不同类型的掺杂物种和不同掺杂量，会分别形成 N 型和 P 型两种半导体，它们的费米能级则处于带隙中的不同位置。室温下，对于只有浅施主掺杂能级 E_D、施主掺杂浓度为 N_D 的 N 型非简并半导体，设掺杂物全部电离，这样导带中的电子浓度就等于掺杂物浓度 N_D。在这种条件下其费米能级为

$$E_{CB} - E_F = kT\ln\left(\frac{N_C}{N_D}\right) \qquad (2-31)$$

而对于 P 型掺杂半导体，当受主掺杂物浓度为 N_A 并全部电离，室温下 P 型非简并半导体的费米能级可表示为

$$E_F - E_{VB} = kT\ln\left(\frac{N_V}{N_A}\right) \qquad (2-32)$$

既然费米能级会因不同掺杂物种、不同掺杂量在改变，而真空能级是不变的，其结果是半导体的逸出功的大小会因掺杂物种不同而改变。如对 Si 而言，它的 P 型半导体的逸出功必定大于 N 型半导体。注意，通常的实验测定值反映的是表面逸出功，这里必须考虑受主掺杂和施主掺杂引起能带分别向下和向上弯曲的影响。

2.2.6 金属氧化物表面电子结构

以陶瓷为代表的金属氧化物是一类新型材料。与金属及半导体相比，金属氧化物具有非常宽的电子结构特性：从具有最宽带隙结构的绝缘体 Al_2O_3、MgO 到很窄带隙宽度的半导体 TiO_2 和 Ti_2O_3；从具有金属特性的 V_2O_3、Na_xWO_3 和 ReO_3 到具有超导体特征的 $SrTiO_3$ 和 $YBa_2Cu_3O_{7-x}$ 等。有些金属氧化物，如 $BaTiO_3$ 是铁电体，有些如 WO_3 等则是反铁电体。有些金属氧化物，如 V_2O、VO_2、Ti_2O_3 随着温度的变化，它们的电子特性会发生金属-非金属的过渡。有些金属氧化物，如掺 Cr 的 V_2O_3，随掺杂量的改变，也出现金属—非金属的过渡。金属氧化物如此多变的电子特性，在技术上有很高的利用价值，因此它已成为一类新型电子材料。这样大范围内电子特性的变化，当然是讨论表面电子性质的重要对象。

值得强调的是，金属氧化物电子结构对表面性质的影响要比几何结构的影响大得多。因为电子结构的变化范围太大，故将其分为非过渡金属氧化物和过渡金属氧化物，分别进行讨论是比较方便的，前者阳离子价轨道是由 s、p 轨道组成，而后者阳离子价轨道具有 d 轨道的对称性。非过渡金属氧化物又分为过渡金属前和过渡金属后两类。下面对它们的表面电子结构特点进行介绍。

2.2.6.1 过渡金属前金属化合物

过渡金属前氧化物（pre-transition metal compounds）主要指碱金属氧化物和 Al_2O_3，它们属于宽带隙结构的绝缘体。通常，从概念和理论上讨论它们的电子结构时，有定域分子轨道方法和非定域能带理论两种方法。以 MgO 为例，图 2-23 是按照离子模型表示的价带和导带结构。按照离子模型，对于 MgO，填满电子的最高能级是 O^{2-} 上填满电子的 $O\ 2p$ 轨道，最低未占有轨道则是 Mg^{2+} 离子的 $Mg\ 3s$ 轨道。

从能带理论考虑，按照与晶格平移对称性一致，其占有轨道和非占有轨道都看成是充分扩展的 Bloch 态。这种离子型能带结构是以 $O\ 2p$ 和深层 $2s$ 组合并填满电子的价带，而空的导带则由金属轨道如 $Mg\ 3s$ 和 $3p$ 组合而成。然而，就定域模型而言，能带模型也可引入能带之间不同程度的混合或杂化（hybridization），这样价带通常就是金属-氧成键轨道的组合，导带则是它们的反键轨道组合。

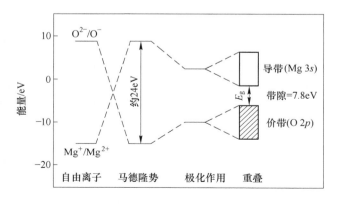

图 2-23　由离子模型推演出的 MgO 价带和导带电子结构

需要注意的是，固体物理学家用"杂化"这个词是指不同原子轨道之间的混合或杂化（如 ZnO 中基于 O 和 Zn 成键轨道）；而化学家通常讲的"杂化"是指同一原子上不同轨道的混合，如金刚石中碳原子的 sp^3 杂化分别产生成键和反键轨道。对于不同原子轨道间的混合，化学家将其称为共价结合（covalency）。在下面讨论有关问题时，将更多地采用物理学上广义的"杂化"概念。实际上在处理具体问题时，在许多方面这两个模型是等价和互补的。

以 MgO 为例，可以用图 2-23 来说明如何用离子模型得到价带和导带能级。先看图 2-23，它代表自由离子的电子能级。图中 O^{2-}/O^{-} 能级为 9eV，相对于真空能级为正，因为中 O^{2-} 离子作为孤立的实体是很不稳定的。另一个 Mg^{+}/Mg^{2+} 能级，取 Mg 二级电离能的负值。为使正常离子结构稳定，必须把离子置于晶格中。当把这两种正、负离子放到一起，由于彼此间的 Coulomb 静电作用便形成了离子晶体。格点上的正、负离子彼此间存在静电作用，通称为马德隆势，这个势能的大小与计算晶格能时所用的马德隆常数成比例。在拥有近邻 Mg^{2+} 离子的 O 位置，其位能值为正；在 Mg 处的位能值为负。如果仅考虑离子间的马德隆势作用，那么计算得到的 MgO 带隙宽度高达 24eV，但实验测得的带隙宽度 E_g 仅为 7.8eV。理论值和实验值相差如此之大，其原因是什么？仔细分析不难发现，用简单的库伦静电作用来计算这种离子型化合物的能带结构时，忽略了以下两个重要的因素。

（1）静电极化作用。静电极化作用是由于电场中的电荷分布变形而引起的。对于任何一个固体，移走或加入一个电子，对极化的影响都是重要的，因为它能使体系中电子结构发生弛豫，这有利于体系的稳定。极化作用的结果降低了电子加入时的能量；同样，极化作用使得从体系中拿走电子也比较容易些。极化项可以用不同的理论模型进行计算。

（2）宽带影响。宽带影响是由于相邻离子轨道的重叠而引起的。宽带影响的大小不能单独用定域离子模型来计算，而必须用能带理论，同时还要结合实验进行测定。已有的大多数计算结果表明，O 2p 价带宽为 6eV，而比较扩散的 Mg 3s 轨道其带宽要略大于 6eV。

综合上述分析，同时考虑到极化作用和带宽影响这两个因素，最后得到 MgO 的带隙宽度为 7.8eV，如图 2-23 所示。这是综合运用两种模型，成功理解 MgO 能带结构的范例。

上述分析步骤对于研究缺陷和表面的影响是十分重要的。如果把离子晶格中作为氧的正常状态，并依靠马德隆势作用才能稳定，显然表面上的马德隆势是比较小的。可以预料，MgO 表面将有比 7.8eV 更窄些的带隙，甚至会有像 O^{-} 离子这种较低电荷的稳定状态。上述离子模型至少是半经验性的，所以用一级原理来计算能级应当更适合一些。有人用非连续变分法（DV-X_α 法）对 MgO 原子簇进行了理论计算，得到图 2-24 所示的结果。图 2-24 大致显示了体相能带结构与表面各有关分子轨道电子能级的对比，图 2-24 的左边代表体相轨道能级计算结果，图的右边是对应于 MgO(100) 表面计算的对应轨道能级，其中标记为 $6a_{1g}$ 和 $6t_{1u}$ 的空轨道，基本上分别代表与 O 2p 有很小混合的 Mg 3s 和 Mg 3p 轨道，在 $-5\sim-8$eV 之间的各个能级为占有轨道，主要是 O 2p，但也有一些来自 Mg 成键轨道的贡献。

这个计算结果显示，MgO 的体带隙宽度等于 $3e_g$ 和 $6a_{1g}$ 两轨道的能量差，等于 9.7eV，比实测值高出 2eV。这个差别在原子簇计算中并不是个别情况，是可以接受的。但是很清楚，如果把体相与表面计算的结果进行比较，不难看出表面上的带隙宽度降低了许多，因

为表面带隙为 $4b_1$ 和 $11a_1$ 两轨道的能量差等于 7.2eV，比体相理论值低了 2.5eV。其原因主要是由于最低未填充电子能级（基本是 Mg 3s）降低的缘故。这种表面带隙变窄的现象，是由于表面附近马德隆势降低、表面与体相阴－阳离子电荷传递的不同，以及由于表面电位梯度所产生的表面离子波函数的极化作用，这三个因素的综合作用结果。

应当注意的另一点是，MgO 这类金属氧化物往往存在体缺陷，这些缺陷会在体带隙中产生电子能级；而它们的表面缺陷浓度通常要比体缺陷浓度高得多，因为形成表面缺陷所需的能量较低，所以热平衡条件下表面缺陷浓度较高。对于体相，缺陷浓度与温度及其他如氧分压等参数有关；而到了表面，缺陷浓度还与制备方法有关。各种表面缺陷必然对表面电子结构产生不同的影响。以 MgO（100）表面为例，其缺陷主要与晶面、缺陷类型以及它们的配位数有关，如图

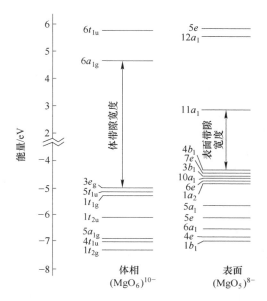

图 2-24　对 MgO 原子簇用
DV-Xα 法计算的轨道能量
（左图代表体相，右图代表 MgO（100）面）

2-25 所示。其中每个小的立方体代表一个离子，因此相邻的小立方体带有相反的电荷。对 MgO（100）晶面不同位置进行计算，其马德隆常数也各不相同。对于经退火处理的弛豫表面，因为缺陷大大减少，因此它的马德隆常数会比较接近体相值。

应予注意的是，这些表面缺陷对材料电子结构的影响方式将取决于缺陷能级相对于带边的能量以及缺陷能级电子占有状况。这种表面电子结构特点可用 XPS 和 UPS 等方法进行实验研究。

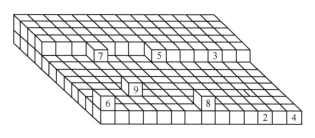

图 2-25　MgO（100）晶面平台和台阶处不同缺陷位置

Al_2O_3 是另一种重要的过渡金属前金属氧化物，它在陶瓷、催化、集成电路制造等方面都是极为重要的材料，它的电子结构与 MgO 情况基本相似。Al_2O_3 具有六角密堆积晶体结构，有人用自洽扩展的 Hückell 紧束缚近似，对 α-Al_2O_3（0001）晶面的电子结构进行了计算，其结果很有意义，如图 2-26 所示，其中横坐标上 τ、m、k 为布里渊区边界。图中左侧是未经弛豫的 α-Al_2O_3 表面能带结构及其体能带在表面上的投影（画有斜线部分）；

右侧为总的状态密度（DOS），如曲线包围的部分。由这个计算结果，不难看出 α-Al_2O_3（0001）晶面电子结构的某些特点：

- 表面上 Al-O 键的离子特性要低于体相，特别是刚刚解理后的新鲜表面。

- 在价带顶之上 3eV 处，存在几乎没有色散的空表面带 S_d，它主要是由表面 Al 离子的 Al 3s 和 $3p_z$ 悬挂键所组成，也混入少量的 O 2p 轨道。这种表面态的能量强烈地依赖于表面 Al 离子的有效电荷。另外还存在一个与体带重叠的表面态 S_p。

- 对 α-Al_2O_3，其（0001）晶面暴露的是 Al 离子；而（10$\bar{1}$0）晶面暴露的是氧离子。这两个晶面上的离子在解理后都要发生尺度约 0.05nm 的弛豫，弛豫的结果使表面上的 Al-O 键部分地恢复离子特性，如在（0001）晶面上实际存在空的表面态 S_d。

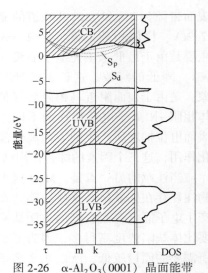

图 2-26　α-Al_2O_3(0001) 晶面能带
结构和状态密度（DOS）

（S_p 和 S_d 为表面态，CB、UVB 和 LVB 分别为体导带、上价带和下价带的投影）

- 对 α-Al_2O_3 其（0001）晶面，当出现氧离子空位时会产生三种不同的表面态，其能量位置分别位于导带底之下 1.3eV、2.7eV 和 8.1eV 处，这三个表面态是由围绕氧离子空位周围的 Al 离子电荷重新分布产生的，应当说 O 2p 电子对 8.1eV 处的表面态有相当大的贡献。对于表面 Al 离子空位缺陷，计算结果表明，在体带隙中不会产生定域表面态。

2.2.6.2　过渡金属后金属化合物

作为过渡金属后金属氧化物（post-transition metal compounds）的最重要的代表是 ZnO 和 SnO_2，它们的电子结构得到了最广泛的研究。这方面的理论计算和实验数据颇多，因为它们是一类重要的光电、化学传感器及工业催化材料。这类金属氧化物的共同特点是，表面容易失去氧离子而具有 N 型半导体性质，也易于对它们实行掺杂，得到 N 型或 P 型半导体。这里只讨论它们表面电子结构的特点。

与过渡金属前氧化物相比，过渡金属后氧化物电子结构的一个明显特点，是它们的带隙宽度相对较窄，见表 2-1。这个结果表明，ZnO 和 SnO_2 具有较低的离子特性，因为它们价轨道在能量上和 O 2p 轨道相近，彼此能产生有效的杂化。Zn 3d 和 Sn 4d 轨道都填满电子，因此都是用它们的非 d 电子与 O 成键。SnO_2 还存在低价稳定的氧化态 SnO。

表 2-1　非过渡金属氧化物带隙宽度对比

化合物	带宽 E_g/E_v	化合物	带宽 E_g/E_v
MgO	7.8	BaO	4.4
CaO	6.9	ZnO	3.4
SrO	5.3	SnO_2	3.6

A　ZnO 表面电子结构

图 2-27 是 ZnO 不同晶面价电子的分布图，这是用紫外光电子谱测得的结果，显示了

近于理想的 ZnO 表面电子结构的一般特点，其中 $(10\bar{1}0)$ 和 $(11\bar{2}0)$ 是非极化晶面，(0001) – Zn 和 $(000\bar{1})$ –O 面则是极化晶面。结合能在 10eV 的最强谱对应填满电子的 Zn $3d$ 能带，价带从 3eV 扩展到 8eV；理论预计 3~5eV 的发射峰来自非成键 O $2p$ 轨道电子，而 3~5eV 的谱峰则是 O $2p$ 和 Zn $4s$ 轨道的成键组合。尽管 Zn $3d$ 能级接近于价带，但是 O $2p$ 与 Zn $4s$ 成键时它们不是简单地杂化。实际上，通过改变激发源的能量，完全可以把与 Zn $4s$ 对价带发射谱的贡献分开，因为改变激发源能量可以改变这两个轨道相对电离截面，从而改变它们发射谱的相对强度。不难看出，不同晶面电子发射谱，特别是价带形状差别很大，因为极化和非极化 ZnO 表面的价电子数分布，即状态密度是不同的；另一方面解理后的不同晶面，其表面电子态的影响也是不一样的，所以才有图 2-27 所示的复杂情况。

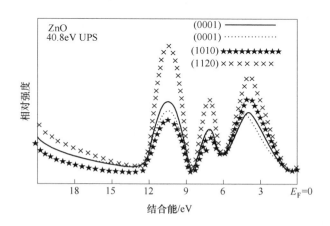

图 2-27　ZnO 不同晶面价电子分布

(图中 $(10\bar{1}0)$ 和 $(11\bar{2}0)$ 为非极化晶面，(0001)–Zn 和 $(000\bar{1})$–O 为极化晶面)

　　由于解理后各个晶面的极化程度不同，因此反映 ZnO 表面电子结构特点的另一个参数—逸出功，对不同晶面也有一定的差别。尽管逸出功测量对于许多实验变量都很灵敏，但是对于 ZnO 晶面，采用不同技术所测得的逸出功大小与晶面关系则是完全一致的，表现为实测 ZnO 不同晶面逸出功大小的顺序 $\phi(000\bar{1}) > \phi(10\bar{1}0) > \phi(0001)$ 完全一致，同时随着退火温度的提高，不同晶面的逸出功也一致下降。

　　实验结果还表明，ZnO 表面的离子特性要低于体相，这是由于 ZnO 表面易形成缺陷，表面缺陷浓度要比体内高得多，因为表面缺陷形成所需能量较低。但是缺陷形成的条件和体内相似，缺陷浓度主要取决于温度和其他变量如氧分压。如 ZnO $(10\bar{1}0)$ 表面，氧空位点缺陷浓度与温度及氧分压的函数关系如图 2-28 所示。其中，纵坐标外侧标注的是每平方厘米表面氧空位浓度，内侧标注的是氧空位浓度的对数。如果对图示实验结果进行拟合，可得到如下经验方程：

$$N_{DS}^+ = A p_{O_2}^{-\alpha}\left(\frac{-E_a}{RT}\right) \tag{2-33}$$

式中，A 为常数；p_{O_2} 为环境氧分压；α 是一个同缺陷平衡细节有关的参数；E_a 为形成缺陷所需要的活化能；R 为气体常数；T 为热力学温度。实践表明，Zn（$10\bar{1}0$）表面的氧缺陷浓度很高，在表面上的覆盖率达 0.03。而实际表面的缺陷浓度还要高于平衡态的计算值。要强调的是，对于金属氧化物表面的逸出功，实践中关心的不在于逸出功的绝对值，而是它的变化 $\Delta\phi$。因为对于金属氧化物，实际费米能级的位置是很难确定的，逸出功的绝对值也无法确定。作为 N 型半导体的 ZnO，表面也同样存在能带弯曲现象。

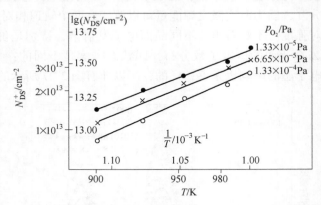

图 2-28   ZnO（$10\bar{1}0$）表面氧空位浓度 N_{DS}^{+} 与温度 T 及氧分压 p_{O_2} 的函数关系

B SnO$_2$ 表面电子结构

SnO$_2$ 是得到广泛研究的另一种过渡金属后氧化物，因为通过掺杂它能形成透明的导电层，是制备平板显示器的重要材料，SnO$_2$ 又是制造气体化学传感器、重整催化剂的重要材料。有关 SnO$_2$ 的研究工作，主要集中在它的表面缺陷以及由此产生的对表面电导率和化学吸附性能的影响。实际上，这种影响的本质是表面的电子结构状态变化的结果。以 SnO$_2$(110) 晶面为例，热力学上它具有稳定的金红石结构，是研究比较多的一个晶面，它的主要特点如下：

a SnO$_2$(110) 晶面的稳定性

完备 SnO$_2$(110) 晶面上的桥接氧离子，很容易通过加热或用离子轰击被除掉。事实上，SnO$_2$(110) 晶面经处理后，可以完全脱除氧离子并形成所谓密实的（1×1）结构。在这种表面上，Sn 有两个稳定的氧化态；Sn^{4+} 和 Sn^{2+}，它们分别对应于稳定的 SnO$_2$ 和 SnO 两种。

b SnO$_2$(110) 晶面的电导率

一个完备的 SnO$_2$(110) 表面，所有的阳离子都应当是 Sn^{4+}；但是当晶面上氧负离子 O^{2-} 失掉后，后留下的两个电子 e^{-} 就进入 Sn 5s 和 Sn 5p 的混合空轨道中，从而会出现 Sn^{4+} 向 Sn^{2+} 的转变。晶面上氧离子的减少自然改变了表面上 O/Sn 原子比例。有人用离子散射谱（ISS）比较准确地表征了 SnO$_2$（110）晶面上 O/Sn 原子比随着加热温度的变化，结果如图 2-29 所示。图中左侧纵坐标代表用 ISS 测得的 O/Sn 原子比，右侧纵坐标为表面电导率 σ，横坐标为热力学温度 $T(K)$。由图 2-29 可见，随着温度升高和表面氧离子的逐步脱除，O/Sn 原子比逐步下降至恒定值。与此同时，表面上因失去 O^{2-} 而产生较多的多余电子引起电导率 σ 缓慢上升。当温度在 700~1000K 范围，其电导率有很大提高，这主要归结为 Sn-O 表面及近表面层有更多氧离子的脱除，并留下更多的自由电子。

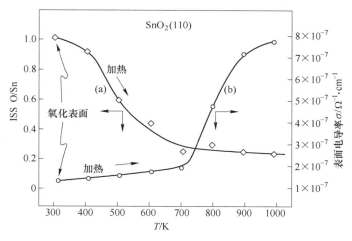

图 2-29 用 ISS 测定的 SnO_2（110）晶面 O/Sn 原子比（a）
及表面电导率（b）随退火温度变化的函数关系

c SnO_2(110) 晶面上 Sn 的化学态转变

实践中即可以通过加热，也可用粒子束轰击的方法使晶面上桥接氧脱除，造成"缺陷表面"，人们自然要问，伴随氧离子的丢失、O/Sn 原子比的改变，那么 Sn 的化学状态是否也伴随这一过程发生了变化？是否有部分 Sn^{4+} 向 Sn^{2+} 转化，乃至向 Sn^0 转化的实验证明？

对此，Egdell 等的实验研究结果做了明确的回答，如图 2-30 所示。他们首先用电子束轰击 SnO_2(110) 晶面，然后原位地用 XPS 对 O $1s$ 和 Sn $3d$ 特征峰进行分析，得到图 2-30 左侧方框中所示的一组 XPS 谱，它清楚地表明，随着电子束轰击剂量的加大，越来越多的氧离子被脱除，表现为 O $1s$ 谱峰强度快速减弱，与此同时 Sn $3d_{3/2}$ 和 Sn $3d_{5/2}$ 两个简并轨道谱峰由各自单一的峰变成两个以上的分裂峰，即在低结合能一侧出现了至少两个新的特征峰。且随着电子束辐照剂量的加大，更多的表面氧离子被脱除，Sn $3d_{3/2}$ 和 Sn $3d_{5/2}$ 轨道低结合能谱峰的相对强度逐步增强，并超过了原始高结合能的谱峰强度。通过分峰拟合可以显示，对应原始高结合能的谱峰是 SnO_2(Sn^{4+})；对应低结合能新的谱峰则是 SnO(Sn^{2+}) 和 Sn(Sn^0) 结构。对 Sn^{4+}、Sn^{2+} 和 Sn^0 的谱峰强度（谱峰面积）随轰击剂量的变化进行定量处理，得到随电子束轰击剂量的增加，试样表面上 Sn 三种化学态相对比例的变化以及它们各自占有的百分比，如图 2-30 右侧方框所示。这些实验结果进一步表明，在电子束轰击下，表面发生了从 $Sn^{4+} \rightarrow Sn^{2+} \rightarrow Sn^0$ 的连续还原反应。值得注意的是，在对这类金属氧化物做表面分析时，必须考虑氧离子的脱附所引起的这种化学计量比变化的影响。

d SnO_2(110) 表面价带结构

对于完备的和有氧离子缺位的 SnO_2(110) 表面，它们的电子结构在费米能级附近也有不同的表现，这是因为随着氧离子的丢失和自由电子数量的增加，在表面上必然形成新的电子结构，改变了原有状态密度分布，图 2-31 是一个实验证明。图 2-31（a）是 SnO_2(110)

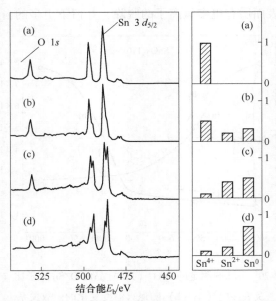

图 2-30　$SnO_2(110)$ 表面随电子束轰击剂量增加表面 Sn 3d XPS 变化

完备晶面的 UPS 谱，图 2-31（b）则是经 Ar+束轰击后 $SnO_2(110)$ 缺陷表面的 UPS 谱。由此不难发现，轰击后的表面在费米能级附近的（图中能量零点）UPS 谱上，出现一个如阴影线所标示的峰面积叠加在原谱上，显然这是来自氧离子空位所留下的自由电子，即表面态的贡献。

通过对 $SnO_2(110)$ 晶面加热，也能脱除表面上的氧离子，在 UPS 谱图上显示在带隙中出现了缺陷表面态，如图 2-32 所示。图中 CBM 和 VBM 分别代表导带的最小值和价带最大值，即代表导带底和价带顶。这是一组以未处理 $SnO_2(110)$ 表面 UPS 为参照的"差谱"，因此纵坐标标注的是 $\Delta N(E)$。不难看出，在导带和价带之间的体带隙中，有许多缺陷表面态存在，它们是由于脱除氧离子留下的电子流入 Sn 5s 和 5p 轨道所产生的结果。这样在费米能级附近就存在可测量的电子占据状态密度，并随着加热温度的升高而提高。这是伴随温度的升高，$SnO_2(110)$ 晶面电导率大大提高的主要原因。

e　吸附对 $SnO_2(110)$ 表面电子结构的影响

在前面讨论中，曾指出 SnO_2 是制备气体化学传感器的首选材料，这是由于 SnO_2 表面电子结构对化学气体十分敏感。如上所述，SnO_2 表面易失去氧离子而产生施主电子，因此能提高表面电导率。但是，当 SnO_2 暴露大气环境时，它会向吸附的氧分子提供自由电子而在表面上形成氧负离子吸附层。出现典型的耗尽型吸附；SnO_2 本身因供出电子而导致表面电导率下降、电阻值升高。当这种已吸附了氧离子的表面遇到如 H_2、CH_4、C_2H_6 这类还原性气体时，在适当的温度下将发生表面催化燃烧反应，结果将原先从 SnO_2 表面获取的电子又释放回到带隙表面态中，这样 SnO_2 表面电导率又回到原先状况。上述 SnO_2 表面的吸附、催化过程以及伴随 SnO_2 表面电导率的变化，正是气敏化学传感器的工作基础。Semancik 和 Fryberger 仔细研究并测定整个过程的电导率变化，结果如图 2-33 所示。这组实验是分别对清洁 $SnO_2(110)$ 晶面和预沉积三个单原子层金属 Pd 的 $SnO_2(110)$ 表面上进行测量的。沉积金属 Pd 的目的，一方面是有利于气体的吸附与催化，另一方面，Pd 可作为传感器的电极。实测结果表明，如对还原后高电导表面释放氧，其表面电导率明显下降；而对氧化状态下的 $SnO_2(110)$ 表面释放氢气，表面电导率又立刻上升。这组循环实验结果完全符合上述理论分析。

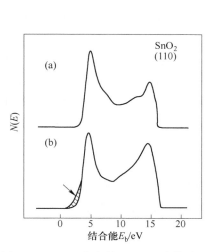

图 2-31　（a）完备的和（b）有缺陷的 $SnO_2(110)$ 表面 UPS 谱

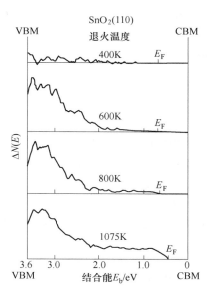

图 2-32　UPS 差谱，表示 $SnO_2(110)$ 缺陷表面态在体带隙中占有率随温度升高的变化

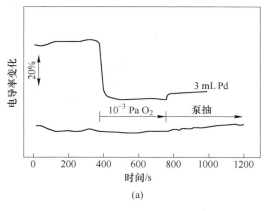

(a)

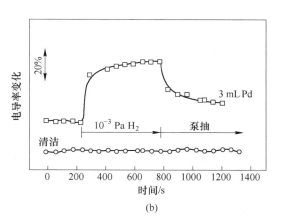

(b)

图 2-33　400K 时清洁和氧化的 $SnO_2(110)$ 晶面释放 O_2 和 H_2 时电导率的变化

（a）吸附氧后；（b）吸附氢后

f　掺杂对 SnO_2 电子结构的影响

Cox 等的研究表明，在 SnO_2 中掺入相邻族的元素 In 或 Sb 会明显影响其本征电子结构。我们对掺杂 SnO_2 薄膜的电子结构进行了比较系统的研究，这里仅就掺杂对 SnO_2 电子结构的影响细节做进一步分析。

首先采用溶胶-凝胶（Sol-Gel）法，分别制得不同掺杂物种、不同掺杂物浓度的

SnO_2。经热处理得到多晶 SnO_2 薄膜。用 XPS 谱仪取得不同掺杂物对 Sn $M_5N_{4.5}N_{4.5}$ 俄歇线型的影响，得到图 2-34 所示的 X-AES 分析结果。Sn $M_5N_{4.5}N_{4.5}$ 属 CVV 俄歇跃迁，这样的俄歇谱能反映价带电子结构特征。试样 SnO_2 分别掺入 In、Pb 和 Sb，它们对 Sn 原子比都为 0.01。图中的纵坐标为 Sn $M_5N_{4.5}N_{4.5}$ 俄歇峰的强度，代表相应能级的电子数，即状态密度（DOS）；横坐标为轨道结合能。这里采用对称符号标注了各个分子轨道所对应的结合能位置。显然，谱图上的峰形变化直接反映了各轨道上电子占有概率的相对变化。仔细分析掺杂和未掺杂的 Sn $M_5N_{4.5}N_{4.5}$ 俄歇峰线型，不难发现掺杂对电子状态密度影响的细节。

用曲线拟合对图 2-34 所示的俄歇谱进行分峰处理和定量计算，最后得到图 2-35 所示的结果。图中以未掺杂 SnO_2 的 Sn $M_5N_{4.5}N_{4.5}$ 各轨道对应谱峰强度作为参照，绘出掺杂后各分子轨道谱峰强度的相对值的变化。由图 2-35 不难看出：掺杂改变了不同轨道上电子占有概率；不同掺杂物对各轨道的电子占有状况的影响明显不同。掺 In 和 Pd 的影响非常相似，但与掺 Sb 的作用明显不同。掺 Sb 明显降低由 $^1G_4$ 到 $^3P_1$ 高结合能轨道上的电子占有概率，而大大提高了从 $^3F_2$ 到 $^3F_4$ 低结合能轨道的电子密度。掺 In、Pd 对高结合能轨道电子数增加的影响不大，但使低结合能轨道的电子数量却明显减少。由此可见，掺杂改变了 SnO_2 价带电子状态密度分布，所以必然要影响它的气敏特性和催化性能。

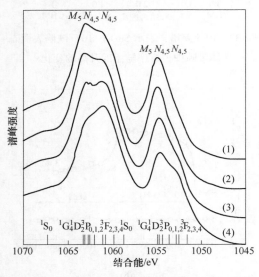

图 2-34   0.01 掺杂量和未掺杂 $SnO_2(110)$ 薄膜
Sn $M_5N_{4.5}N_{4.5}$ 俄歇峰线型对比

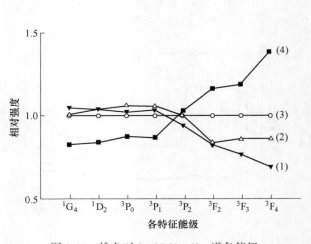

图 2-35   掺杂对 Sn $M_5N_{4.5}N_{4.5}$ 谱各能级
谱线强度的影响

2.2.6.3   过渡金属氧化物表面电子结构

过渡金属氧化物种类繁多，它具有更为丰富的电子结构及物理化学特性。目前的科学技术水平已能初步做到根据特定的应用背景和具体的技术指标，合成不同的氧化物结构。有关这方面的研究工作已渗透到不同的技术学科，它们的共同基础是固体物理与表面化学。因此，对其表面电子结构的重要特点做一些必要分析是有实际意义的。

A 过渡金属氧化物的奇异性（peculiarities of transition metal oxides）

首先要注意，过渡金属在成键时主要靠 d 轨道，因此对 d 电子分析将占有相当的篇幅，因为它与非过渡金属成键的 s、p 价轨道对称性完全不同。过渡金属氧化物许多复杂性皆源于这一本质的差别，因为 d 轨道的成键特点及由此所产生的有关性质，会表现在以下许多方面。

a 有可变的氧化态

非过渡金属氧化物中，除 Sn 有两个稳定化学状态 SnO_2 和 SnO 外，其余的都只有一种稳定的氧化状态，其他化学态是不可能的，这是因为对于非过渡金属氧化物，要想从和 O^{2-} 已配位的阳离子中取走或加入一个电子所需要的能量太大。

但是，对于过渡金属，以多种氧化物状态存在是很普通的现象，这是因为过渡金属氧化物中的阳离子 d^n 构型和 d^{n+1} 或 d^{n-1} 构型之间的能量差很小，这样过渡金属元素能与氧形成不同化学计量比的几种稳定氧化物就很常见。表 2-2 给出一些典型的过渡金属氧化物种类及其相结构，它们都是稳态氧化物。

b d 电子构型与结构缺陷

对于过渡金属氧化物，制造具有不同电子构型缺陷要比非过渡金属氧化物容易得多。过渡金属氧化物的复杂性，不论是体相还是表面，往往都是因为过渡金属氧化物中存在很高的缺陷密度。表面和体相都容易产生很高的缺陷浓度，是过渡金属氧化物光电特性和化学反应性能多变的主要原因，也是引起表面复杂物理化学现象的根源之一。

c d 电子构型与非计量比中间化合物

表 2-2 给出的明确信息是，过渡金属能以多种稳定氧化态存在。如钒有 VO、V_2O_3、VO_2、V_2O_5，其中 V 离子的形式电荷分别为 2+、3+、4+和 5+。实际上，这几个整数电荷并没有包括所有可能的离子态，还可能存在许多中间的相结构，包括其中的氧原子数还可能是分数值，如 VO_x 式中的 x 为分数。许多过渡金属氧化物具有不同的相结构组成并以非计量比存在，其关键因素还是 d 电子构型。非计量化合物的存在又是造成高缺陷浓度的直接原因。

表 2-2 数据也清楚地说明，$3d$ 过渡金属氧化物可按 d 电子构形和晶体结构进行分类，为系统的研究带来方便。因为在某些情况下，通过比较同一族中不同金属氧化物的性质，或者通过研究相同阳离子的不同氧化物，在实验上就有可能把影响材料催化性能的几何效应与电子效应分开。

表 2-2 $3d$ 过渡金属氧化物的 d 电子构型与晶体结构

d 电子构型	方铁锰矿	金红石	刚玉	岩盐	尖晶石	其他
$3d^0$	Sc_2O_3	TiO_2				TiO_2 （锐钛矿和金红石） V_2O_5（正交） CrO_3（正交）
$3d^1$	V_2O_5（$T \geqslant 340K$）	Ti_2O_3				
$3d^2$	CrO_2	V_2O_5	TiO_x $0.6 \leqslant x \leqslant 1.28$			

d 电子构型	方铁锰矿	金红石	刚玉	岩盐	尖晶石	其他
$3d^3$		$\beta\text{-}MnO_2$	Cr_2O_3	VO_x $0.85 \leqslant x \leqslant 1.3$		
$3d^4$	Mn_2O_3				Mn_3O_4	
$3d^5$			$\alpha\text{-}Fe_2O_3$	MnO	Fe_3O_4	
$3d^6$				FeO	Co_3O_4	
$3d^7$				CoO		
$3d^8$				NiO		
$3d^9$						CuO（单斜）
$3d^{10}$						Cu_2O（立方） ZnO（纤锌矿）

d　关于 d 电子构型（d-electron configuration）

与不同氧化状态有关的是 d 电子构型，如表 2-2 中的左列所示。过渡金属阳离子的价轨道具有 d 对称性。电子构型通常是按照形式离子电荷确定的。显然它不能给出实际电荷分布的真正表示。共价键合的相互作用，将 O $2p$ 轨道和金属 d 轨道组合成具有混合原子特征的成键和反键轨道。所谓 d 电子构型真正含义是当所有金属–氧化键能级填满电子时所剩余的电子数，显然它对于理解过渡金属氧化物电子性质是一个重要概念。

e　不同氧化状态的稳定性

既然过渡金属可以有多种氧化态存在，那么它们的稳定性趋势就是很重要的，因为它们控制可能形成的缺陷类型，以及在表面可能发生的化学吸附类型。d^0 代表可能达到的最高氧化态，如 TiO_2、V_2O_5，两者可以能失去氧离子形成缺陷或形成其他的相结构，但不能获取更多的氧。

另一方面，对 $n \geqslant 1$ 的 d^n 金属氧化物，可能对氧化和还原反应都很敏感。随着周期表内原子序数的增加，高氧化态的稳定性下降。如 Ti、Fe 和 Ni 的氧化物，它们在空气中的稳定结构分别是 TiO_2、Fe_2O_3 和 NiO。但在某种程度上，NiO 还可以进一步被氧化形成缺 Ni 的半导体氧化物 $Ni_{1-\delta}O$。三元化合物，如 $LiNiO_2$ 中，Ni 也存在较高的氧化态 Ni^{3+}。相反，当有氧存在时 TiO 即可会被氧化。如将 $3d$ 金属与其他周期中 $4d$、$5d$ 过渡金属相比，不难发现另一个趋向，即后两者较高的氧化态一般比较稳定，因此对 $4d$ 和 $5d$ 金属氧化物是很难还原的。如 TiO_2 比 ZrO_2 容易还原，Ru 的正常稳定氧化物是 RuO_2，而位于 Ru 之上的 $3d$ 金属 Fe，它的稳定化合物是 Fe_2O_3。

B　能带结构特点

可以用处理 MgO 能带结构类似的方法，分析过渡金属氧化物的能带结构。可以预计，填满电子的价带主要是基于 O $2p$ 轨道，金属 d 电子则构成导带，两者被带隙分开。但是它的能带结构与非过渡金属氧化物相比，存在一些明显的差别：

1）过渡金属氧化物的导带是由 d 电子而不是 s 或 p 电子形成的。

2）只有 d^0 金属氧化物的导带是空的，可以预料，其他金属氧化物导带都会有数量不等的自由电子。

3）固体的能带宽度是由轨道重叠引起的。与 s、p 价轨道相比，d 轨道的一个重要性质是尺寸十分紧缩，造成它和周围原子的 d 轨道重叠很差（对稀土元素 $4f$ 轨道情况更差，几乎完全不能重叠），因此，d 金属导带特别是 $3d$ 金属的导带都很窄。绝大多数 $3d$ 过渡金属氧化物，d 能带宽度是通过金属–氧–金属联系所产生的间接相互作用所形成。总体讲，带宽比较窄，如 TiO_2 带宽约 3eV，从 Fe 到 Cu 的氧化物，其带宽只有 1eV。对于具体过渡金属氧化物的构型，在讨论它们的能带结构时，还应考虑载流子的极化以及原子运动引起的极化对带宽的影响。

C 　晶体场分裂对电子结构的影响

对于过渡金属元素，d 电子存在一个特殊的现象—晶体场分裂（crystal-field splitting）。通常过渡金属自由离子的 d 轨道有五重简并度，然而由于轨道的方向不同，往往会导致与相邻配位原子有不同的成键作用，这样由于配位体势场会使 5 个 d 轨道的能量发生不同程度的变化，产生分裂，这个现象称为晶体场或配位场分裂，如图 2-36 所示。对于所有过渡金属氧化物，这一现象都是十分重要的。

图 2-36（a）显示 5 个 d 轨道相对于 6 个配位体氧的取向。根据对称性可将轨道分为两组，其中两个二重简并的 e_g 轨道与配位体处于迎头相碰状态，在这些轨道上的电子受带负电的氧离子的排斥，因此能量较高；而 3 个 t_{2g} 轨道的电子云正好插在氧离子配位体中间，所以它们的能量较低。图 2-36（b）显示这两组轨道间的能量分裂，称为晶体场分裂，其分裂程度用希腊字母 Δ 表示。氧化物中 $3d$ 系列离子，其典型的 Δ 值在 1~2eV 范围内。应当说明的是，早期以为晶体场分裂是因为静电排斥作用，现代解释更强调轨道重叠与成键相互作用。其中 e_g 轨道与适当取向的 O $2p$ 轨道形成 σ

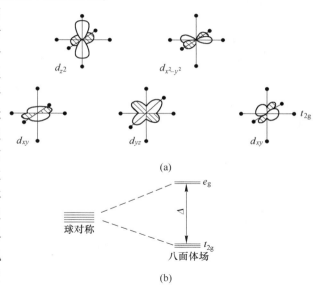

图 2-36　八面体配位中 d 轨道晶体场分裂图示
（a）d 轨道相对于周围氧的取向；（b）轨道能量

键，而 t_{2g} 轨道与 O $2p$ 则形成 π 键。晶体场分裂的产生是因为 σ 成键要比 π 成键有更强的轨道重叠，所以 σ 反键轨道比 π 反键轨道有更高的能量。

D 　电子结构特性分类

过渡金属氧化物之所以具有很宽的电子性质，是由于体系内存在各种相互作用，所以用简单的方法将它们的特性分类是很困难的，但是，按照它们的 d 电子结构，认识材料表面一些特性仍然是十分有益的。

a 　d^0 与 d^{10} 金属氧化物

这类过渡金属氧化物具有非过渡金属氧化物的某些相似性质。如二元氧化物 TiO_2、

V_2O_5、WO_3以及三元氧化物 $SrTiO_3$、$LiNiO_3$等，它们均属 d^0 构型。这类过渡金属氧化物的能带特点是 d^0 轨道构成空的导带。O $2p$ 轨道构成满的价带，带隙为 $3\sim4eV$，因此它们是很好的绝缘体，并具有抗磁性，在这方面具有类似非过渡金属氧化物的特点。

与非过渡金属氧化物不同的是，构成导带底部的是 d 轨道而不是 s、p 轨道。过渡金属氧化物比较容易被还原成半导体乃至金属，非过渡金属氧化物则很难被还原。需要指出的是过渡金属后金属氧化物 ZnO 和 SnO_2，其阳离子具有 d^{10} 构型。

b　d^n 类金属氧化物

显然，这里的 n 值是在 $0<n<10$ 范围内可变。对于这类 d 带部分填充电子的过渡金属氧化物，能带理论预计它们应当具有金属特性；但是，对于这类氧化物，由于结构上存在电子-电子以及电子-晶格相互作用而破坏了能带理论的预言。尽管如此，依然发现一些 $4d$ 和 $5d$ 系列氧化物具有金属特性。属于这类化合物的有二元氧化物 ReO_3（$5d^1$ 电子结构）、RuO_2（$4d^4$ 电子结构）和三元结构氧化物 Na_xWO_3（$x>0.3$）。$5d$ 过渡金属氧化物 WO_3、Na_xWO_3 和 ReO_3 的电子结构和 $3d$ 过渡氧化物相似，它们几乎都具有 ABO_3 钙钛矿晶体结构，W 和 Re 占据着八面体 B 阳离子的位置。所以在 WO_3 和 ReO_3 中，A 阳离子位是空的；而在 Na_xWO_3 中 Na^+ 正好占据那个（A 阳离子）空位。严格化学计量比的 WO_3 是绝缘体，因为 $5d$ 带是空的。ReO_3 中的 Re^{6+} 则有 $5d^1$ 电子构型，因而呈金属性质。当把 Na 离子加入 WO_3 中，Na 的 $3s$ 电子被注入 W 的 $5d$ 能带，这就导致 $x\geqslant0.3$ 时，Na_xWO_3 整体具有金属性质，图 2-37 是用 UPS 光电子谱测得的 Na_xWO_3 价带电子结构随 Na 离子含量的变化，当 $x=0$ 即为 WO_3 时，UPS 谱清楚地显示其绝缘体属性；当 $x\geqslant0.3$ 后，在费米能级附近有一明显的谱峰出现，它是来自 Na $3s$ 电子对 W $5d$ 导带的贡献。这类化合物具有高的电导率 σ，但 σ 随温度升高而下降。在 $3d$ 系列氧化物中，也有几个具有高电导率和金属特性的例子，如二元化合物有 Ti_2O_3 和 VO_2，混合价尖晶石结构的 Fe_3O_4，它们在高温下都有很高的电导率。混合价高温超导铜氧化物，如 $YBa_2Cu_3O_{7-\delta}$ 也属于此类。

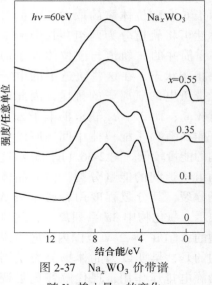

图 2-37　Na_xWO_3 价带谱
随 Na 掺入量 x 的变化

E　缺陷和半导体性质

过渡金属因为具有可变价态，因而在实践中很难制备出没有缺陷的完备晶体。有缺陷的过渡金属氧化物，往往表现出一些特别的反应能力，因而受到材料化学家和固体物理学家的特别重视，形成专门研究这类问题的缺陷化学。实践表明，缺陷化学某些发展趋势与过渡金属不同氧化态的稳定性研究密切相关。

d^0 类金属氧化物，如 TiO_2 不能被进一步氧化，但却易失去氧离子形成 TiO_{2-x}，形成氧空位缺陷而留下剩余电子，本质上是部分还原。这种含有氧缺位的 TiO_2 具有 N 型半导体特性。但是，对于 FeO 和 CoO 这类简单氧化物，它们能吸收额外的氧挤入晶格，使部分低价的铁、钴离子 Fe^{2+}、Co^{2+} 变成高价态 Fe^{3+} 和 Co^{3+}，因而形成缺电子状态，产生空穴而具有 P 型半导体的电子特性。

另一方面，对 d^0 过渡金属氧化物的掺杂，如掺入 H 或碱金属原子，也能形成 N 型半导体电子结构，$Li_x V_2 O_5$ 就是典型的一例。再如 $Li_x Ni_{1-x} O$ 化合物，其中用 Li^+ 部分代替 Ni^{2+} 阳离子而从中移走一个电子，使 $Li_x Ni_{1-x} O$ 具有 P 型半导体电子结构。实际上，如果在 TiO_2 中掺入 Al^{3+} 离子以部分代替 Ti^{4+}，同样可得到 P 型半导体电子结构。

2.3 界 面 态

2.3.1 金属-半导体接触界面电子结构

首先考虑半导体-金属（s-m）界面，这种界面由于其整流特性而在器件技术中占有重要位置。s-m 界面上费米能级 E_F 和半导体导带下限之差 ϕ_b 称为肖特基势垒。清洁的金属表面和半导体表面有各自独立确定的逸出功和费米能级位置。如果让金属和半导体或半导体与半导体处于紧密接触状态，它们的界面电子结构会出现什么样的变化？下面分两种情况进行讨论。

2.3.1.1 肖特基接触

在清洁的半导体表面沉积金属，根据被沉积的金属类型不同，会形成金属-半导体整流接触或欧姆接触。这两种接触方式在半导体器件生产中都很重要，因为整流接触能将交流电转变为直流，制成整流器（当然就实用整流技术而言，现在都用 P-N 结代替）；另一方面，半导体器件也需要电子能在两个方向上容易流动的欧姆接触，在接触界面上的电流-电压特性满足欧姆定律。

首先讨论图 2-38 所示的 N 型半导体接触前后的能带结构变化。这里，金属的逸出功 ϕ_M 大于半导体逸出功 ϕ_S，所以当两者紧密接触后，电子开始从半导体流向金属，直到金属和半导体两者的费米能级相等，如图 2-38（b）所示。其结果是界面金属一侧将带负电，而半导体表面则带正电，形成了高度为 $\phi_M - \chi$ 的界面势垒，出现了能带向上弯曲，导致体相半导体能带相对于表面 A 处降低了 $\phi_M - \phi_S$，因此在半导体表面形成了耗尽层结构。在平衡状态下，来自金属和半导体两边的电子可以跨越势垒而流动，这种平衡状态下的电子流称为扩散电流。虽然金属有较多的电子而半导体导带有较少的电子，但两个方向上扩散的电子数必须相等，所以金属的电子流动就必须比半导体电子流动要越过更高的势垒。应当指出，如果当 N 型半导体与逸出功较低的金属相接触，即当 $\phi_M < \chi$ 时，接触的半导体表面会形成能带向下弯曲的累积型空间电荷层。

类似地，如果让金属与 P 型半导体接触，而金属的逸出功小于半导体的逸出功，即 $\phi_M < \phi_S$，这时电子要从金属扩散进入半导体，这样在界面金属一侧就带正电荷而半导体表面则带负电荷，出现图 2-38 所示的能带向下弯曲。在界面形成"空穴"载流子耗尽层，半导体的价带向上提高了 $\phi_S - \phi_M$，其界面势垒高度如图 2-38 中粗黑线所标。同样，如果和 P 型半导体相接触的金属，其逸出功比半导体大，以致金属的费米能级低于半导体价带顶，在这种条件下，接触界面处形成累积型空间电荷层，出现能带向上弯曲。

上述两种情况表明，当半导体与金属接触时将形成界面势垒，通常将其称为肖特基接触势垒，简称肖特基势垒。这个势垒高度等于界面处半导体的费米能级和主载流子带边之间的距离。图 2-38 和图 2-39 分别代表金属与 N 型半导体和 P 型半导体接触时，体系的能量关系和界面肖特基势垒大小。

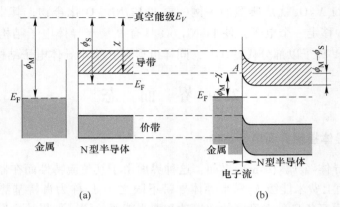

图 2-38　金属 N 型半导体能带结构变化
（a）接触前；（b）接触后

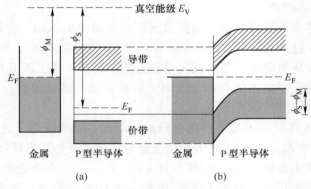

图 2-39　P 型半导体金属能带结构变化
（a）接触前；（b）接触后

对于图 2-38 所示金属和 N 型半导体接触，如将金属与电池负极相连（反偏压），界面势垒将进一步提高，电子很难流过。如果将电池的正极和金属相连（正偏压），半导体中的势垒将被大大降低，这样电子可以被驱动跨过势垒，以致产生一个从半导体到金属的很大的电流。这就是整流器的工作原理。

工业实践中都采用 P-N 结实现整流，这时界面的能带结构与能级关系如图 2-40 所示。电子能够从高能级（N 型半导体）流向低能级 P 型半导体，这样在 P 型边带负电荷，这一过程将进行直到平衡。两者费米能级处于同一水平。如对两边施加外电压，就能达到整流目的。

2.3.1.2　欧姆接触

图 2-41 表示金属与 N 型半导体在欧姆接触状态下界面的电子结构。这里假设金属的逸出功小于半导体的逸出功，即 $\phi_M < \phi_S$，这样电子将从金属流向半导体，金属带正电，

半导体的能带向下弯曲，这时电子在两个方向上的流动不存在势垒，换句话说，这种构型能使电子注入或流出半导体时不会有大的能量损失。随电压提高，电流基本上线性增加，符合欧姆定律。因此，把这种结称为欧姆接触。当 $\phi_M > \phi_S$，金属和 P 型半导体相接触时也会有类似的情况。

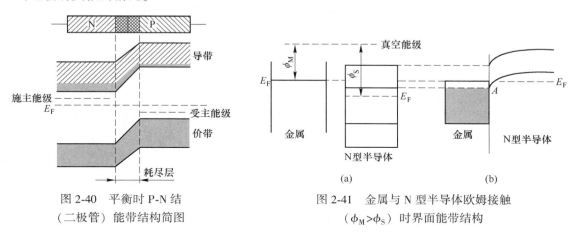

图 2-40 平衡时 P-N 结
（二极管）能带结构简图

图 2-41 金属与 N 型半导体欧姆接触
（$\phi_M > \phi_S$）时界面能带结构

2.3.2 金属-半导体界面电子结构模型

人们发现，硅、锗等共价键半导体的肖特基势垒（ϕ_b）和接触金属无关，这一现象曾有过多种不同的解释。巴丁（Bardeen）认为，从金属来的电荷将进入半导体的表面态，因此，这些表面态起了"钉扎"费米能级（E_F）的作用。然而，这种说法要求较高的表面态密度。考雷（Cowley）等建议的另一种模型是均布在半导体能带间隙中的表面或界面态，其态密度可以较低。海涅（Heine）则认为起钉扎作用的界面态在金属一侧类似块体，而进入半导体时将会衰减，其衰减长度为 10Å 以上。还曾有过多种其他的解释。路易（Louie）等用自洽赝势法（SCPM）计算了 Si-Al 界面的肖特基势垒，证明 Si 的本征表面为金属所固定，而金属感生间隙态（MIGS）造成了 E_F 的钉扎。这个 MIGS 是由穿入半导体中的金属波函数和半导体中衰减的类表面态构成的。它兼具巴丁和海涅两种模式的特点，但是在半导体一侧的衰减长度只相当于半导体中的键长（<10Å）。

为简化计算，路易等用胶泥模型代替金属 Al，并采用薄片模型。所谓胶泥模型就是假设正电荷均匀分布，而自由电子气的电荷密度和所研究金属的相等。图 2-42 给出了 Al-Si 界面附近总价电荷密度（在平行界面的平面内取平均值）。

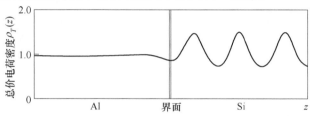

图 2-42 Al-Si 界面附近总价电荷密度的空间分布
（在平行界面方向平均）

图 2-43 给出了 Al-Si 界面邻近区域的局域态密度。在 Ⅰ、Ⅱ 和 Ⅲ 区内，曲线和自由电子态密度很接近，而在 Ⅴ 和 Ⅵ 两区内，则和块体 Si 相近。界面区的 LDOS 变化较显著，这反映在 Ⅳ 区的曲线上，说明界面态偏在 Si 一侧。其中最突出的是在 -8.5eV 附近的 S_k 态，它在 Al 和 Si 两侧都迅速衰减，因而是典型的界面态。然而，由于它位于满带区中，因此对肖特基势垒的性能不会有显著影响。与 Si 的自由表面（图 2-16）相比，Al-Si 界面的最突出特点是没有悬挂键表面态峰，而在其位置上，出现了 MIGS。这个新表面态的电荷密度在 Al 侧类似金属 Al，而在 Si 表面类似悬挂键，然后在 Si 体内方向上迅速衰减到零。图 2-44 给出了 S_k 态的电荷密度的空间分布，而图 2-45 给出了 MIGS 的电荷密度，它看起来像是悬挂键自由表面态和金属态杂化的结果，而正是这些态决定了肖特基势垒的行为，因为它们影响了费米能级的位置。

计算得到的势垒高度为（0.6 ± 0.1）eV，这和实验结果 0.61eV 相符很好。考虑到在计算机中除得到赝势所用的原子数据外，没有采用其他的实验信息，上述相符可以说是十分惊人的。

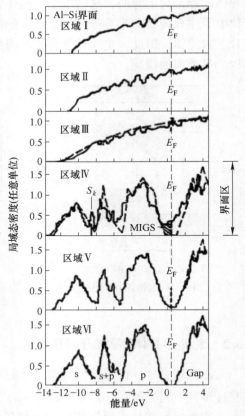

图 2-43   Al-Si 界面邻近区域的局域态密度

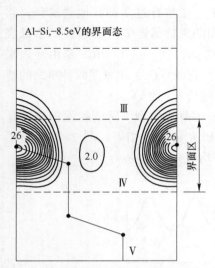

图 2-44   Al-Si 界面电荷密度
在界面平面内的空间分布

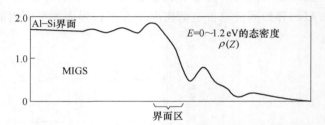

图 2-45   Al-Si 界面 0~1.2eV 间能带间隙态的电荷密度空

易门（Ihm）等进行了 Al-Ge 界面电子态的计算。结果表明（见图 2-46），加上 Al 层后，自由 Ge 表面上的表面态峰大大降低，其情况和 Al-Si 界面类似。

下面我们用自洽赝势法（SCPM）计算闪锌矿结构半导体（ZnS、GaAs、ZnSe 等）和金属的界面。在计算 Si、Ge 和金属的界面时，用了它们的（111）面，而在计算闪锌矿结构半导体界面时，则用其（110）面，因为它是非极性的。结果表明，当形成金属—半导体界面时，清洁表面上原有的位于能带间隙中的本征表面态不复存在，而在此能量范围内出现了金属-半导体杂化态。在价带的低能区域发现了与 Si 和 S_k 态类似的局域化的界面态，但它对于界面性能影响不大。

局域态密度函数的计算结果表明，界面区变化最大。图 2-47 给出了金属-半导体杂化态（或 MIGS）穿入半导体的尾部的电荷分布，其穿入深度随着半导体离子性的增加而减少。若取 $\bar{p}(\delta)/\rho(0) = e^{-1}$，则穿入

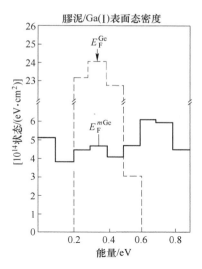

图 2-46 Jellium/Ge(111) 的界面态密度

深度 δ 对于 Si 为 3Å，对于 GaAs 为 2.8Å，对于 ZnSe 为 1.9Å，对于 ZnS 为 0.9Å。图 2-48 给出了 Al 和 Si，GaAs 及 ZnS 界面的态密度，由图可见，在 Si、GaAs 和 ZnS 清洁表面上存在的悬挂键表面态峰，在金属-半导体界面上消失了，并且界面态密度 $D_s(E)$ 的数值随着离子性的增加而减少，$D_s(E)$ 可定义为

$$D_s(E) = \frac{1}{A} \int_A \int_0^s N(E, r)\, dz dA \quad 0 \leq E \leq E_g \tag{2-34}$$

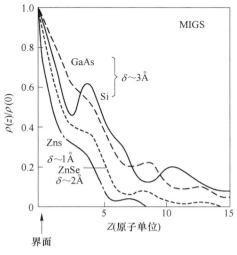

图 2-47 金属感生间隙态穿入半导体中的尾部的电荷分布

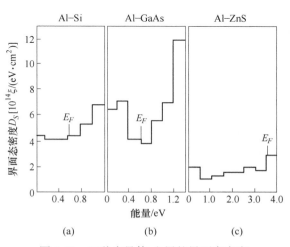

图 2-48 三种半导体-金属的界面态密度

式中，A 为界面面积；$N(E, r)$ 为局域态密度；z 为垂直于界面的坐标，$z = 0$ 处为界面，$z = \infty$ 为半导体块体深度。

从肖特基势垒高度的研究中，得到了以下的经验公式为

$$\phi_b(m, s) = S(s)X(m) + \phi_0(s) \tag{2-35}$$

式中，m 和 s 分别表示为金属和半导体；$X(m)$ 为鲍林-哥狄电负性；$S(s)$ 和 $\phi_0(s)$ 为常数，它们依赖于形成界面的半导体材料。图 2-49 给出了肖特基势垒高度的实验数据，其中共价键的 Si 给出的 S 很小，因而 ϕ_b 不依赖于金属的电负性。这表明费米能级钉扎在能带间隙中，且金属的特性不影响其位置，ZnSe 和 ZnS 给出了较大的 S 数值，说明这时 ϕ_b 对于金属接触已经比较敏感。

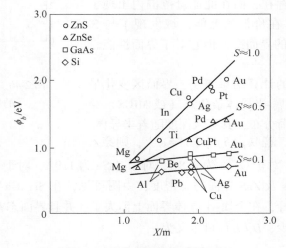

图 2-49　四种半导体和不同金属
接触势垒高度的实验数据

研究半导体表面和半导体-金属界面的方法也可用来研究半导体-半导体界面。在半导体技术中，将这种界面称为异质结，它具有多种多样的电子特性。因此，了解这种界面的特性，对于研究半导体器件十分重要。晶格匹配对于获得优质的异质结起到重要作用，晶格匹配的程度直接关系到界面的错配位错数，而后者对于半导体-半导体界面（$s-s$ 界面）的性能有着显著的影响。因此，按照其点阵常数将半导体材料分成组。如 $a_c \sim 5.4$Å 有 Si、GaP、ZnS；$a_c \sim 5.65$Å 有 Ge、GaAs、AlAs、ZnSe；$a_c \sim 6.1$Å 有 GaSb、AlSb、InAs、ZnTe、CdSe；$a_c \sim 6.4$Å 有 InSb、CdTe。图 2-50 给出了理想 $s-s$ 界面（无缺陷）的能带结构。当两种材料接触时，其费米能级拉平，能带发生弯曲，并在界面形成价带和导带突变 ΔE_v 和 ΔE_c。能带弯曲涉及的范围为数百至数千埃，而在靠近界面处约 -10Å 范围的变化尤为重要。ΔE_v 和 ΔE_c 遵守以下关系式为

$$\Delta E_v + \Delta E_c = \Delta E_g \tag{2-36}$$

式中，ΔE_g 为形成界面的两种半导体材料的能带间隙差。

图 2-51 和图 2-52 给出了 Ge-GaAs 界面态的计算结果。在此界面上共找到了六种类型的界面态，其中 S_1 和 S_2 分别为围绕 As 和 Ga 的局域在界面上的类 s 态，B_1 和 B_2 分别为

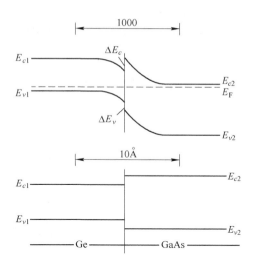

图 2-50 $s-s$ 界面的能带结构

Ge-As 和 Ge-Ga 键上局域在界面附近的类 p 态，而 P_1 和 P_2 分别来源于平行界面的 Ge-Ge 和 Ga-As 键，并且位于界面内。投影能带结构（Projected Band Structure，PBS）是寻找界面态和表示它们特性的一种十分方便的方法。图 2-51 为用自治赝势法计算得到的（110）Ge-GaAs 界面态的投影能带结构。图中将 Ge 和 GaAs 块体的能带一并给出，以便进行比较。真正的界面态应当是位于 PBS 的空白区域，即能带间隙之中。图 2-51 给出的 PBS 中共有四个主要能带间隙，它们是由块体半导体能带间隙派生出的基本间隙（−1～2eV）、"腹" 间隙（−6～−2eV）、低能间隙（−10～−7eV）和价带下间隙（<11eV）。此外，在导带区还有几个间隙，但它们和我们讨论的主题无关。

图 2-51 的阴影区中也能产生界面态，它们将和块体态共振而变成界面共振，它们一般都局限于三个原子层的范围内。图 2-52 为用自治赝势法计算得到的 Ge-GaAs(110) 界面的局域态密度，其中除 S_1、S_2、B_1、B_2 外，还给出了界面共振 R_1 和 R_2。

计算得到了 $\Delta E_c = 0.4\text{eV}$，其误差为 $0.1 \sim 0.2\text{eV}$，而角分辨光发射测量给出 $\Delta E_c = 0.5\text{eV}$，两者符合较好。

对于 AlAs-GaAs（110）界面，没有找到明显的界面态，这可能是因为这两种材料的点阵常数和势能都十分接近，在界面上离子性和对称性的变化很小，界面突变不足以束缚住界面态。与此相反，Ge-GaAs、Ge-ZnSe、GaAs-ZnSe 和 InAs-GaSb 等体系的（110）界面上却存在界面态。但是，在

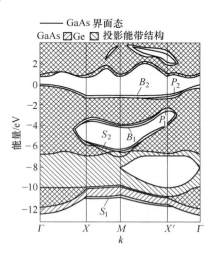

图 2-51   自治计算（110）
Ge-GaAs 界面态和 Ge 及
GaAs 块体投影能带结构的关系

Ge-GaAs 和 Ge-ZnSe 界面上都是兼有离子性和对称性两种因素的变化。为了阐明这两种因素各自的作用，对比 Ge-GaAs、Ge-ZnSe 和 GaAs-ZnSe 三种界面是有益的（见图 2-53 和图 2-54）。因为在 GaAs-ZnSe 界面上的离子性变化大，而对称性没有变。结果表明，在 GaAs-

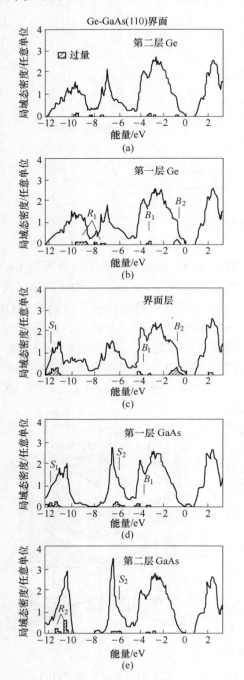

图 2-52　Ge-GaAs(110) 界面
的不同层上的局域态密度

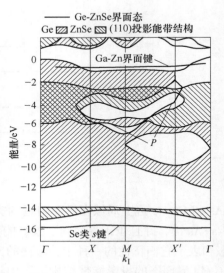

图 2-53　Ge-ZnSe 的界面电子态

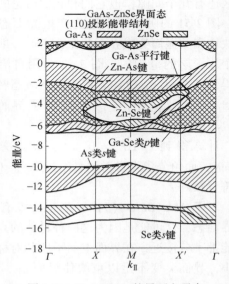

图 2-54　GaAs-ZnSe 的界面电子态

ZnSe 的价带顶和导带底之间的能带间隙（基本能带间隙）里，没有找到界面态。但是，在其他区域里找到了真实的界面态。如 Se 的类 s 态、As 的类 p 态、Ga-Se 的类 p 态、Zn-Se 键态、Ga-As 和 Zn-As 的平行界面的键态等。

为了认识对称性变化对于形成界面态的作用，有必要研究离子性不变而只有对称性改变的界面，例如，ZnS（纤锌矿）-ZnS（闪锌矿）。结果表明，没有找到真实的界面态，而只是有局域化的界面共振，这些共振通常局限在对称性发生变化的区域。

2.3.3 绝缘体-半导体接触界面电子结构

另一重要的类型是绝缘体-半导体界面，它对 MOS 电路十分重要，在这类界面中，最重要最受到人们重视的是 SiO_2-Si 界面，这是硅平面器件和集成电路工艺中最常用的界面系统。在 SiO_2-Si 系统中存在着四种类型的电荷（见图 2-55），即可动杂质离子电荷、氧化物固定电荷、氧化物捕获电荷和界面捕获电荷。其中界面捕获电荷就是界面态，它是在 SiO_2-Si 界面上或靠近界面的氧化层中的一些能级。这些能级可以是施主型或受主型。电子在界面态中的填充情况取决于这些能级相对于 E_F 的位置。如果界面态为施主型，则有电子时为电中性，无电子时为带正电；如果界面态为受主型，则有电子时带负电，无电子时为电中性。界面态可以随界面势的变化而发生充电或放电。

图 2-56 为真实的绝缘体-半导体界面的能带结构。施加正的门电压时，绝缘体的导带发生倾斜，其斜率与外电场有关。图中给出的是 P 型半导体。带负电的受主态造成了大约 $10^3 a_0$ 长度范围的耗尽层，a_0 为半导体的点阵常数。半导体的能带弯曲由此固定的负电荷通过泊松方程决定的。在导带低于 E_F 处，形成反型层，其长度范围约为 $10 a_0$。反型电子排布在 z 向运动的量子态中，其能量为 $10 \mathrm{meV}$ 量级，典型的束缚长度为 $10 a_0$ 量级。这些可移动电荷形成正能带，其色散关系为

$$E_n(k_{//}) = E_n + \frac{\hbar^2 k_{//}^2}{2 m_{//}^*} \tag{2-37}$$

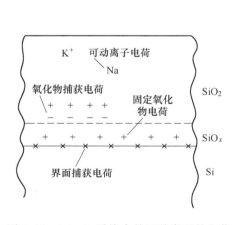

图 2-55　SiO_2-Si 系统中的四种类型的电荷

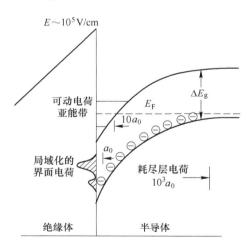

图 2-56　强电场中绝缘体-半导体
界面电荷的能量和位置

式中，E_n 为垂直界面的周期运动的能量；$m_{/\!/}^*$ 为载流子做平行界面运动的有效质量。

对界面态产生的机理有两种说法。一是缺陷机理，认为界面态是由于非化学计量比，即在 SiO_2-Si 界面处价键的不饱和引起的。因为在界面附近缺氧而有过剩硅，硅的正离子是固定正电荷的来源，而硅的价键不饱和则在硅禁带中引入界面态能级。另一种是杂质机理，认为界面态是由于硅表面有杂质玷污所引起。现有的实验事实倾向于缺陷机理的较多，但不能排除杂质机理，很有可能这两种机理都存在。

3 表面与界面现象

3.1 表面吸附与界面偏聚

吸附和偏聚（析）都是组分在热力学体系的各相中偏离热力学平衡组成的非均匀分布现象。吸附是气相中的原子或分子聚集到气—固或液—固界面上，而又不生成稳定的凝聚相。偏聚（析）则是溶液或固溶体溶质在相界、晶界或缺陷上的聚集。在这里，必须注意区别偏析和析出，前者只是提高界面浓度而不生成新相，而后者则生成新的第三相。

吸附和偏析是重要的表面和界面过程，它们可以改变材料表面和界面的成分和结构，从而强烈地影响材料的性能。例如，由于吸附造成的声子谱变化会改变超导膜的超导转变温度；适当地改变表面成分，能降低功函数，得到良好的电子发射阴极材料；溶质的晶界偏析影响材料的耐腐蚀性和强度；杂质在半导体—氧化物界面上引起的能带弯曲对于半导体器件性能有强烈的影响；二价杂质在卤化银中的偏析影响其显像的灵敏度；溶质在位错上的聚集能改变材料的屈服点。

许多重要的界面变化过程都是以吸附和偏析为第一步，例如，界面反应和催化，界面成核和生长、黏结、磨损等。

这里谈到的是平衡偏聚（析），在所研究的系统中，温度和化学势在各处都相同，而偏析是由体内和界面化学键的不同而引起。此外还存在一种非平衡偏析，它是由系统中物质流或热流引起的一种动力学效应，例如，在淬火或辐照损伤的退火过程中，杂质和缺陷的交互作用会导致它在缺陷阱中的富集。

3.1.1 表面吸附

当气体与固体接触时，在固体表面或内部将会发生对气体的容纳现象，称固体对气体的吸着（sorption）作用；反之在一定条件下，被吸着的气体又能释放出来，则称此为解吸（desorption）。如果一种物质把它周围的物质富集在表面（界面），则称吸附（adsorption）；如果将另一种物质吸收到体内，则称吸收（absorption）。由此可见，吸附和吸收是两个差别较大的概念。如氢气能够在很多金属表面吸附；对于钯、钽、铌等金属来说，氢既能被吸附又能被吸收。通常称吸附物质的固体叫吸附剂（adsorbant），被吸附物质称吸附物（adsorbate）。吸附剂对吸附物有强烈的选择性。如镍箔能大量吸附氢，但几乎不吸附氮。活性炭、硅胶、氧化铝、钨、钼、钽等吸附剂有强烈的吸附气体能力。

3.1.1.1 吸附的类型和吸附能曲线

按照衬底（吸附剂）上表面原子（分子）与吸附质之间的作用力的性质，通常将吸附分为物理吸附和化学吸附两大类。下面我们逐一讨论它们的特性。

A　物理吸附

在发生物理吸附（physical adsorption）时，衬底表面原子与被吸附原子间，主要是 Van der Waals 色散力的作用。Van der Waals 力是电矩间的相互作用（往往瞬间电矩起到重要作用），这时不发生原子间电荷的转移。

两个原子间距离为 r 时，Van der Waals 吸引作用能可表示为

$$\varepsilon_D(r) = -C_1 r^{-6} - C_2 r^{-8} - C_3 r^{-10} \tag{3-1}$$

式中，第一项表示偶极矩间（dipole-dipole）的作用能；第二项偶极矩与电四极矩（dipole-quadrapole）的作用能；第三项表示电四极矩（quadrupole-quadrupole）间的作用能；C_1、C_2、C_3 为常数。

原子间的排斥能为

$$\varepsilon_R(r) = -Br^{-m} \tag{3-2}$$

式中，B 为常数。在通常情况下，四极矩对吸引能的贡献甚小，往往可略去不计。上式中 $m = 12$。因此，总的 Van der Waals 能为

$$\varepsilon(r) = \varepsilon_D(r) + \varepsilon_R(r) \approx -Cr^{-6} + Br^{-12} \tag{3-3}$$

如果表面吸附很多原子，则这个系统总的 Van der Waals 能为

$$E(r) = \sum \varepsilon_{ij}(r_{ij}) = -C_{ij}\sum r_{ij}^{-8} + B_{ij}\sum r_{ij}^{-12} = E_D + E_R \tag{3-4}$$

对于一个由离子组成的表面（或含有极性基、价电子云等），这种表面是极性的，在表面产生一个附加电场 F，这个附加电场使气体分子极化，产生附加作用能 E_P 为

$$E_P = -\frac{1}{2}a^2 F \tag{3-5}$$

式中，a 为分子的极化率（polarizability）。

如果分子本身具有电矩 μ，则表面电场产生的附加能为

$$E_{FP} = -F\mu\cos\theta \tag{3-6}$$

式中，θ 为电矩与电场间的夹角。

对于 CO、CO_2、N_2 等分子，它们具有可观的电四极矩，表面电场 F 与电四极矩作用能为 E_{FQ}，则总的 Van der Waals 能为

$$E(r) = E_D + E_P + E_{FP} + E_{FQ} + E_R \tag{3-7}$$

$E(r)$ 与 r 的关系如图 3-1 所示。

由图 3-1 可见，当吸附原子距表面为 r_0 时，系统的能量比 $r \to \infty$（不与表面作用）要低，所以原子被吸附在距表面 r_0 处，对应的能量称为吸附能（吸附热），用 E_P 表示。吸附能的常用单位为 kJ/mol 或 eV/molecule（1eV/molecule = 96.38kJ/mol）。

物理吸附的吸附热较小，8~20kJ/mol（相当于 0.1~0.2eV/molecule）。物理吸附热与气体吸附物的冷凝热同数量级，但略大于冷凝热。氩、氪、氙在钨丝上吸附热分别为 8、18、35kJ/mol；它们的冷凝

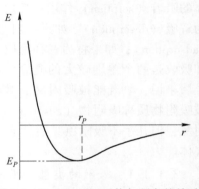

图 3-1　Van der Waals 能与距离的关系

热分别为 6.7kJ/mol、9.0kJ/mol 和 12.7kJ/mol。

物理吸附类似于蒸气的凝聚和气体的液化，没有电子转移，分子结构变化不大。被吸附的气体可以是单层的，但在更多场合下，物理吸附是多层的。

B　化学吸附

发生化学吸附（chemical adsorption）时，衬底原子与被吸附的分子（原子）间发生了类似的化学反应——电子云重新分布或移动——旧的化学键破坏，新的化学键产生。化学吸附热为 170～350kJ/mol。往往这个过程要激活，其激活能约为 50kJ/mol。在发生化学吸附时，衬底分子（原子）应作为一个系统来处理。根据吸附时电子云的分布方式，可将化学吸附分为离子吸附和共价吸附两种。

a　离子吸附

在发生离子吸附时，吸附的原子（分子）会俘获或释放出载流子（电子或空穴）。对于纯离子吸附，不存在局部的衬底与吸附原子（分子）的相互作用；将离子束缚在衬底表面上的力纯粹是静电力，如图 3-2 所示。由图可见，氧分子的三个电子（$3O_2^-$）是由半导体中提供的，在硅的表面层中有三个空穴（以○表示）。表面区和 O_2^- 的作用是纯的静电力。

离子吸附（O^-、O_2^- 等）后，如果要发生脱附，则所需的脱附能量由电子转移能和分子形成能之和组成（$O^2 \rightarrow O_2^-$、$2O^- \rightarrow O_2^{2-} \rightarrow O_2 \uparrow$）。这是因为脱附物总是以中性分子形式离开衬底表面的。

在离子吸附时，会有载流子转移到吸附气体上，而衬底表面留下反向电荷，这样就建立了一个双电层。如果衬底是半导体，则形成空间电荷区，对半导体表面的物理性质（特别是电学性质）产生重要影响；吸附在表面的离子或其络合物，则既能起陷阱作用，又可起复合中心作用。

b　共价吸附

共价吸附时，在衬底表面与吸附物之间产生了局部的键合。这些键包括共价键和配位键。电子被局部定域在衬底表面，故又称纯局域互作用的化学吸附。共价吸附时，不会在半导体带或价带中注入或抽取自由载流子，故不产生空间电荷区。图 3-3 是硅表面氧共价吸附示意图，可以很清楚地看出它和图 3-2 的区别。

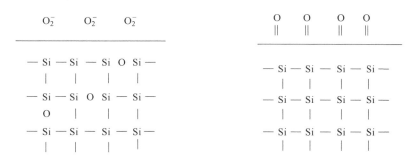

图 3-2　硅表面氧离子吸附示意图　　图 3-3　硅表面氧共价吸附示意图

在化学吸附中，纯离子吸附甚为罕见，因为它代表没有共价成分的完全电子转移。实际上由于衬底表面的畸变势场或附加电场，使吸附原子（分子）发生不同程度的极化，所以在发生电子转移时，总带有或多或少的定域性质。

在 Ge 和 Si 上的氧化层，其厚度为 10 多个 GeO$_2$ 或 SiO$_2$ 分子，它们主要是共价吸附后再长大，比起表面外离子吸附氧（假定为 10^{-3} 单层）对表面的影响来说，几乎可以忽略不计。这是因为自由载流子通常不参与定域作用，但却参与离子吸附过程。当氧与 Si（或 Ge）反应时，生成 SiO$_2$（或 GeO$_2$），氧从表面 Si 处接受电子，但没有向价带注入自由空穴。这种被氧化的 Si 原子好像就从根本上"离开"了 Si 晶体，相应的价电子和价电子能带也随之消失，这种情况称表面分离相。这种"新相"的形成通常很少有电效应，如图 3-4 所示。

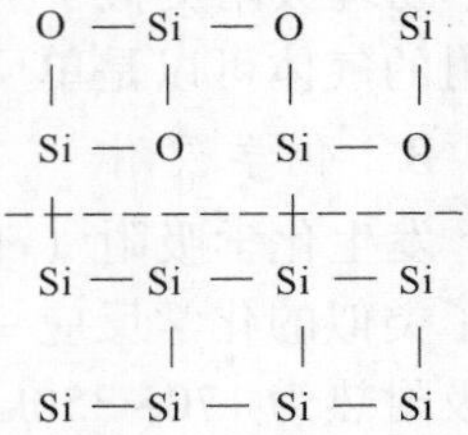

```
O — Si — O    Si
|    |    |
Si — O    Si — O
|    |    |    |
Si — Si — Si — Si
|    |    |
Si — Si — Si — Si
```

图 3-4　Si 表面的分离相

C　化学吸附的特点

（1）低温下化学吸附和脱附速率都很慢，随着温度升高，吸附和脱附速率显著增加，但是只有在高温下才能建立起化学平衡。

（2）化学吸附要求一定的激活能（活化能），一般为 50kJ/mol。但也有少数不需要激活的化学吸附，其吸附和脱附速率很快。

（3）化学吸附的作用力是短程化学亲和力，所以吸附一直进行到表面键力饱和为止。因此，在表面只能吸附单层吸附物。

（4）化学吸附有特殊的选择性，与衬底表面原子的电子结构和吸附原子（分子）的结构有关，不同晶面的化学吸附性质也各不相同。

D　吸附能曲线

物理吸附能曲线已在图 3-1 中给出。当 $r \to \infty$ 时，$E \to 0$，表示孤立系统（衬底表面与吸附原子间无相互作用）。在 r_P 处 E 为最小 E_P，这就是吸附原子距衬底的距离，E_P 即为吸附热。$E_P < 0$ 表示吸附后使系统能量降低，所以物理吸附能自行发生。

某些气体，它们既能发生物理吸附又能发生化学吸附，其典型的吸附能曲线如图 3-5 所示。

由图 3-5 可见，$E \sim r$ 关系曲线上有两个极小值，A 对应于物理吸附，距离为 r_P，能量是 E_P；C 对应于化学吸附，距离为 r_C，能量为 E_C。$r_P > r_C$，表示物理吸附在距衬底较远的范围发生，这是因为 Van der Waals 力是一种长程作用力，而发生电子转移的化学键合是一种短程作用，故 r_C 较小。从物理吸附到化学吸附要经过一个势垒（E_B），这个势垒保证了物理吸附的存在，否则所有吸附原子都将位于能量最小的化学吸附态。

从化学吸附到解吸（$r \to \infty$）需要越过一个较高的势垒 E_d：

$$E_d = E_c + E_B \qquad (3-8)$$

E_d 称化学解吸（脱附）活化能。

根据 Van der Waals 作用能曲线和化学曲线间的相互关系，叠加的作用能曲线有图 3-6 所示的三种情

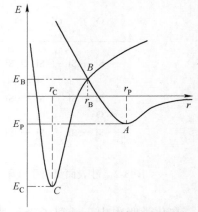

图 3-5　物理吸附和化学吸附同时存在时的吸附能曲线

况。通常称 $E_B>0$ 为活化化学吸附，这个过程需要激活，故过程进行得较慢，又称慢化学吸附。$E_B \leq 0$，称非活化化学吸附，过程为自发进行，且吸附速率很快，称快化学吸附。许多双原子分子在过渡金属（Ti、Zr、Ta 等）上的吸附均为快吸附。

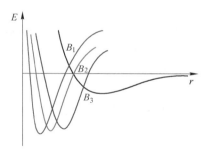

图 3-6　三种可能的化学吸附

从吸附速率的角度上考虑，如果活化能很小，经常能观察到快吸附。如氧、氮在钨丝上，氢在镍丝上的化学吸附活化能分别为 2.5kJ/mol、1.7kJ/mol 和 1.7kJ/mol，所以是快吸附。氧在 NiO、ZnO、Cr_2O_3 上，一氧化碳在 ZnO 上以及乙烯在 Cu_2O 上的吸附活化能等于零，吸附热分别为 226kJ/mol、180kJ/mol 和 83kJ/mol，所以吸附过程很快而且气体分子在衬底表面附着性很好。

扫一扫看彩图

3.1.1.2　吸附的电子态理论

用表面和界面电子结构理论来研究吸附的微观过程，是从实质上认识吸附这种界面作用过程的根本途径。随着表面物理和表面化学的发展，人们对这方面的努力也大大加强了。然而，由于吸附过程的复杂性，这方面的进展还是极为有限的，并且系统的理论还没有建立起来，已有的结果很大程度上也是定性的。

这种微观研究，通常从了解电子势场开始。吸附有物理吸附和化学吸附两大类。在物理吸附中，起作用的是 Van der Waals 力；而在化学吸附中，起作用的是化学键，主要包括离子键和共价键两种类型。

物理吸附是由吸附原子和最邻近的表面原子之间的 Van der Waals 力引起的。在此过程中，不发生吸附原子和基体原子之间的电荷转移，物理吸附过程可用其势能图来描述（见图 3-1）。外来原子只有在失去其原有的动能 E_k 后，才能停留在表面上。当原子以激发基体晶格声子的方式失去其能量后，它就能在深度等于吸附能 E_a 的势阱中进入平衡振荡状态，这个振动的动能和基体的温度有关。只有当原子重新具有等于 E_a 的能量，它才能跃出势阱，因此，脱附能量在数量上应当等于吸附能量。通常，物理吸附的能量为 0.2eV 或更低。

如果原子在势阱中振动周期为 τ_0，则该原子在表面的居留时间为

$$\tau = \tau_0 \exp\left(\frac{E_a}{kT}\right) \tag{3-9}$$

式中，E_a 为吸附能；k 为玻尔兹曼常数；T 为热力学温度。通常 $\tau_0 \approx 10^{-12}$s，根据式（3-9），只有当 $E_a \geq 28kT$ 时，τ 才能大于 1s。而对于 $E_a = 0.25$eV，只有当 $T \approx 100$K 时，才能有 $\tau>1$s，因此，观察物理吸附时，应在低温下进行，且避免有较强的化学吸附出现。

化学吸附过程伴随有电荷转移，其极端情况是整个电子由吸附原子转移到最近邻的基体原子（或者方向相反），这时可得到离子吸附，这种情况较多发生在离子晶体表面，或者被吸附物本身是离子键化合物。一般说来，纯粹离子键的吸附是较少见的。另一极端情况是生成局域的化学键，这种吸附比较容易发生在绝缘体或具有悬挂键的

半导体表面上，键的强度在一定程度上决定于电子的集体作用。这种局域键还可能产生在离子半导体或绝缘体的表面酸碱位置上，或来源于偶极子作用，并可能受到晶体场（或配位场）的效应影响，图 3-5 给出了化学吸附的势能图，在发生化学吸附前，首先发生物理吸附，其结合能为 E_P，随后，在获得足够能量后，克服势垒 E_B（激活能为 E_B+E_P），并进入化学吸附状态，其势阱深度为 E_C，化学吸附结合能的变化范围较大。化学吸附和物理吸附不同的一个特点是有激活能（有时由于物理势阱的位置而使其不明显）。

从理论上描述化学吸附过程是件相当复杂、困难而又有重要意义的事。图 3-7（a）给出了金属表面自由电子能级在吸附过程中的变化。如果吸附原子的电离能小于金属的功函数，即 $I<\varphi$，则电子将从吸附原子转移到金属上，吸附原子就会离化。如在钨（$\varphi=4.5\text{eV}$）上的铯层（$I=3.87\text{eV}$）。另一方面，如果电子的亲和性 A 大于功函数 φ，则电子将从基体转移到吸附原子上，如当氟原子在铯上吸附（$A=3.6\text{eV}$，$\varphi_{ce}\approx1.8\text{eV}$）时将生成氟化铯；第三种情况是，如果 $I>\varphi>A$，则原子在其中性状态将是稳定的，例如，氢的 I 为 13.6eV，A 为 0.7eV，而多数金属的功函数为 4~6eV，故氢可能和多数金属形成非极性键。

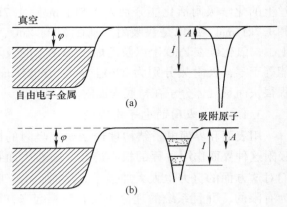

图 3-7　吸附过程中金属基体表面和吸附原子能级的变化

以上论述有一个前提，即吸附原子和金属的电子能级相互不干扰。实际上并非严格如此。当吸附原子达到金属表面时，它将先和金属发生较弱的作用，电子在吸附原子和基体金属间沟通，这一过程将会使吸附原子的能级移动和变宽，使亲和和离化两个能级都变成能带。这两个能带的尾部都能和金属的能级相重叠，并部分被填充，如图 3-7（b）所示，当吸附原子更靠近基体时，它们之间的强烈交互作用改变了两方的电子能级，并可能形成完全新的电子结构。

随着更多的原子或分子到达表面，吸附层开始形成。如果粒子到达的速度为 J，则表面浓度 σ（原子/cm^2）和居留时间 τ 的关系为

$$\sigma = a_c J\tau \tag{3-10}$$

式中，a_c 为凝聚系数，它等于入射粒子被表面所接纳的概率。

黏着系数 S 是比较容易测量的，它等于覆盖率 θ 随粒子轰击总数 M 增加的速率

$$S = \frac{\partial \sigma}{\partial M} \tag{3-11}$$

式中

$$M = \int J\text{d}t \tag{3-12}$$

S 和 σ 随 M 变化的规律，决定于吸附原子和表面的交互作用及表面形貌。图 3-8 给出了

实际可能情况的例子，其中覆盖率表示为单分子层的分数，而不是原子/cm² 在图 3-8（a）中在形成单分子层之前的黏着系数 S_1 为常量。随后，覆盖率取新的数值，例如，Ag 在 Ni 上吸附就是如此。在图 3-8（b）中，入射原子直接冲击未被占据的吸附位置，并填充它们。随着覆盖率的增加，可用的吸附位置数目减少，因而黏着系数下降。最后，当形成单分子层时，冲击表面的原子不再能附着，气体在金属上的吸附可能就是这样。在图 3-8（c）中，吸附位置是由若干原子组成的原子簇成核的周边。随着原子簇长大，周边长度增加，故 S 上升，随后，它们开始接触和结合，于是 S 重新减少，最后，S 的数值和吸附剂上生长的吸附原子有关，在碱金属卤素化合上凝聚的金属能显示出这种行为。

当更多的吸附原子达到表面时，就会使覆盖率增加，最近邻附着原子之间的距离减少，这些吸附原子之间的交互作用变得重要起来，这种交互作用的结果，可使吸附原子在晶体学上有序化。这种有序吸附常常是外延生长的开始。

为了深入认识吸附作用的机理，对吸附原子和基体表面交互作用进行实验研究是极为重要的，这可以通过测量吸附过程中功函数的变化 $\Delta\varphi$ 及吸附热来实现。

如果吸附原子给予基体导带以电子，则吸附时功函数将会减少；反之，若电子由基体转移给吸附原子，则功函数将会增加，因此，$\Delta\Phi$ 的符号立即给出了电荷转移方向的信息。在许多环境中，吸附原子仅仅是被基体的吸引作用所极化。在这种情况下，可以认为它们在垂直于表面的方向上极化。如果正极位于界面上，则基体的功函数增加，若负极在界面上，则功函数减少。

如果基体为绝缘体或半导体，则表面态密度有可能足够大，以致正是它控制了吸附，而不是其下边的能带结构。

用闪光脱附法可以测量图 3-5 中的势阱深度 E_d。试样在已知体积 V 的室内迅速加热，用高灵敏度的质谱仪测量吸附物分压随时间的变化。当基体温度达到对应于 E_d 的能量值时，由于附着原子的脱附，观察到压强的锐利峰值。根据脱附速率对于温度的函数，可以求出 E_d 的数值。

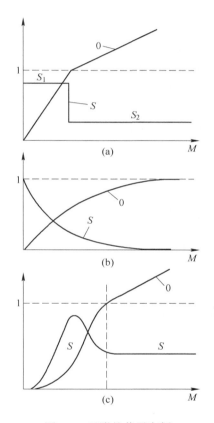

图 3-8　吸附的若干实例

另一种得到 E_d 的办法是测量吸附原子平均居留时间 τ 对于基体温度 T 的函数，然后利用式（3-9）计算。用这种方法得到了镉在多晶钨清洁表面上的数据（见图 3-9 和图 3-10），曲线的斜率给出了 E_d。镉的第一个单分子层牢固地结合在钨表面上，然而，镉的第二层原子却结合得很疏松。

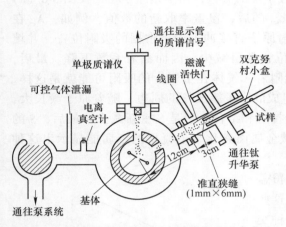

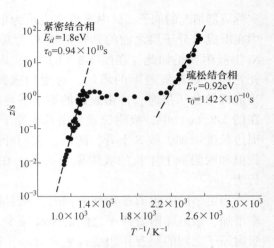

图 3-9　镉在多晶钨清洁表面上吸附的分子束实验　　　图 3-10　镉在多晶钨清洁表面
上吸附的平均居留时间

帕尔梅（Pulmmer）等用高分辨电子能量分析器和场电子发射结合的方法研究了氢和原子在 W（110）和 W（100）面上吸附时的能级。如果在吸附物-基体组合的窄能带上有空态［见图 3-7（b）的 A 或 I］，则电子能够在基体和吸附原子之间无能量损失的沟通，这就是弹性隧道共振。另一方面，场发射电子能够激发吸附物-基体组合的电子振动态并损失能量，这就是非弹性隧道效应。比较清洁钨表面和不同覆盖率吸附表面的场发射电子能量分布，就能区分上述两个过程，并了解吸附物的电子态。

吸附原子不仅和基体有作用，它们之间也有作用。在单晶表面上，这常导致有序吸附层的形成。萨莫杰（Somorjai）用低能电子衍射研究了大量的吸附层-基体组合。他得出了以下三条规律：吸附原子趋向于形成密堆积的表面结构；吸附原子趋向于形成和基体具有相同旋转对称的有序结构；它们所形成的有序结构的单位网络取向和基体的网络尺寸间成简单的比例关系，例如，（1×1）、（2×2）、c（2×2）以及（$\sqrt{3} \times \sqrt{3}$）- $R\,30℃$ 等。

3.1.1.3　吸附曲线与吸附公式

A　吸附曲线

吸附曲线是用来表示吸附量、吸附质分压和温度之间的关系的。在下面的讨论中，吸附量用 α 来代表，它有两种表示方法

$$\alpha = \frac{\chi}{m} \tag{3-13}$$

式中，χ 为吸附气体的摩尔数；m 为吸附剂的重量（用克作单位）。或

$$\alpha = \frac{V}{m} \tag{3-14}$$

式中，V 为吸附体的体积。若吸附剂 m 不变，则 $\alpha \propto \frac{\chi}{V}$，所以有很多资料直接用 χ 或 V 来表示吸附量。吸附曲线一般用函数关系表示

$$V = f(P, T) \tag{3-15}$$

吸附曲线有如下三种形式：

a　吸附等温线（the adsorption isotherm）

吸附等温线是表示在规定温度下平衡吸附时气体分压同吸附量之间的关系。在很多资料上所列举的吸附曲线，实际上都是指吸附等温线。通过对很多吸附现象的观测，可知吸附等温线主要有以下五种类型，如图 3-11 所示。

吸附等温线的形状由吸附剂本身的特性和结构（如单晶、多晶、气孔形状和尺寸等）以及吸附物的原子成分和电子结构等因素来决定。图 3-11（a）是 273K 时 NH_3 在活性炭上的吸附。随压力的增加，吸附量先是以线性增加，而后增势趋缓直至达到吸附极限（即饱和）。这种类型曲线称为 Langmuir 型吸附等温线，一般的单分子层化学吸附多属此类。某些发生在多孔吸附剂上的物理吸附也属于此种类型的等温线。

图 3-11（b）是 277K 时 N_2 在硅胶上的吸附等温线，曲线呈反 S 形。曲线的开始部分类似图 3-11（a）中曲线，但在水平部分变为继续上升，一般认为在 B 点（曲线拐点）所对应的吸附量也是达第一层吸满时的吸附量，此后发生多层吸附。这种情况多发生在完整固面或多孔固面之上的吸附。

图 3-11（c）是 352K 时 Br 在硅胶上的吸附等温线。与前两类曲线明显不同的是曲线呈上凹形，而且没有饱和吸附，这类曲线不常见。

图 3-11（d）是 320K 时苯在氧化铁凝胶上的吸附曲线，曲线走向与图 3-11（b）中的曲线类似，但是最终趋向吸附饱和，这种类型曲线较少。多认为是气体或蒸气在多孔固体的微孔中发生毛细凝结的结果，其吸附上限取决于微孔的总体积，那些化学吸附热与液化热相近的多层吸附也是这种曲线形式。

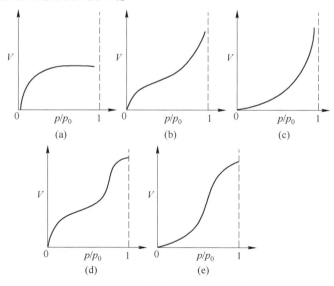

图 3-11　五种类型的吸附等温线

（a）NH_3 在活性炭上的吸附；（b）N_2 在硅胶上的吸附；（c）Br 在硅胶上的吸附；
（d）苯在氧化铁凝胶上的吸附；（e）水在活性炭上的吸附

图 3-11（e）是 373K 时水在活性炭上的吸附曲线。这类曲线也不多见，与图 3-11（c）中曲线极为相似，但是有饱和吸附出现。人们认为它反映了毛细凝结现象，在达饱和蒸气压以前毛细凝结停止并显示滞后现象。

　　五种类型的吸附等温线，反映了吸附剂表面性质、孔分布和吸附质的相互作用有所不同。因此从吸附等温线的类型反过来可了解一些关于吸附剂表面性质、孔的分布性质以及吸附质与吸附剂相互作用的有关知识。这就是研究吸附等温线及其类型的意义。

　　b　吸附等压线（the adsorption isober）

　　吸附等压线表示在吸附某一规定的分压下，温度与吸附量的关系。无论是物理吸附或化学吸附，过程都是放热的，在过程进行时温度会升高，所以吸附量总是下降的。物理吸附过程进行迅速，容易观察到吸附量随温度下降的现象，化学吸附过程进行较慢，特别在低温时，要达到稳定平衡要较长时间。在中间温度范围，如果某种气体既有物理吸附又有化学吸附，则处于非平衡吸附状态。物理吸附随温度上升而下降，但刚发生的化学吸附则很强，所以吸附量随温度上升而增加，直到某一温度之后，化学吸附达到了平衡态，吸附量又随温度升高而减小。图 3-12 是 CO 在 Pt 表面上的等压吸附曲线。图 3-12（a）为物理吸附，图 3-12（b）为非平衡化学吸附（吸附量与衬底的结构有关），图 3-12（c）为化学平衡吸附。

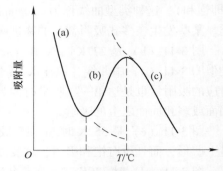

图 3-12　CO 在 Pt 上的吸附等压线

　　化学吸附的激活能 E_B 与覆盖度 θ 有关，一般来说 θ 增加，E_B 也增加。在 b 区，吸附速率由 Elovich 方程来描述：

$$\frac{dX}{dt} = ae^{-br} \tag{3-16}$$

式中，r 为吸附物体积；a、b 是随温度变化的两个常数。

　　c　吸附等量线（the adsorption isostere）

　　吸附等量曲线表示在吸附物质数量一定的情况下，吸附平衡分压 P 和温度 T 的关系。P 与 T 有以下的克拉珀龙方程（Clapeyron's equntion）：

$$\left\{ \frac{\partial \ln P}{\partial T} \right\}_a = \frac{-\Delta \overline{H}_{吸附}}{RT^2} \tag{3-17}$$

式中，R 为理想气体常数。从 $\ln P$ 和 T 曲线上的斜率可以求出在某温度 T 时的吸附热 $\Delta \overline{H}_{吸附}$。

　　B　等温吸附公式

　　针对吸附等温线的类型，人们希望通过理论的或半经验的探索，为等温线配上一个方程式。由于等温线的多样性，这样的工作很不容易。观察等温线，无论何种类型，在压强很低、吸附量很小时，所有的等温线都趋于直线。即吸附量 q 与压力 p 成正比关系，从而可将吸附等温线的低压部分称为亨利定律区。但是，除个别情况外，这个区的压强太小，吸附量太少了。

　　a　朗格缪尔（Langmuir）单分子层等温吸附公式

　　Langmuir 在 1916 年用动力学的观点研究了吸附等温线，首先导出了等温吸附公式。其基本假设如下：

（1）固体表面存在一定数量的活化位置，当气体分子碰撞到固体表面时，就有一部分气体被吸附在活化位置上。每个活化位置只可吸附一个分子，吸附作用只能发生在固体的空白表面上，即，对气体分子只能发生单分子层吸附；

（2）固体表面是均匀的，表面各个位置发生吸附时吸附热都相等，各处的吸附能力均等；

（3）被吸附分子之间不存在相互作用；

（4）已吸附在固体表面上的气体分子，当其热运动足够大时，又可重新回到气相，即发生脱附，吸附平衡是动态平衡。

若表面有 n 个吸附位组成，已被占的位置 n_1 个，空位 n_2 个，则 $n_2 = n - n_1$。由于蒸发速度正比于 n_1，凝结速度正比于空位 n_2 和压力 p，所以达到平衡时，有

$$k_1 n_1 = k_2 p n_2 = k_2 p(n - n_1) \tag{3-18}$$

式中，$k_1 = \dfrac{1}{\tau_0} e^{-q/RT}$ 和 $k_2 = \dfrac{N_0 A}{\sqrt{2\pi MRT}}$ 分别为蒸发系数和凝结系数。

令 $\theta = n_1/n$，整理式（3-18）可得

$$\theta = \frac{k_1 p}{k_2 + k_1 p} = \frac{bp}{1 + bp} \tag{3-19}$$

式中，b 是常数，$b = k_1/k_2$，称分子在固体上的吸附系数。式（3-19）称为 Langmuir 单分子吸附等温式。

由式（3-19）可见，当气体分压很小时，$bp \ll 1$，则 $\theta \approx bp$，这时 θ（也就是吸附量 X）与气体分压成正比，这就是 Henry 定律。当压力相当大时，$bp \gg 1$，$\theta \approx 1$ 表示表面吸附已经饱和，即吸附量不随分压而变。θ 与 p 的关系如图 3-13 所示，它与第 I 类等温吸附曲线很一致。

图 3-14 给出了不同 b 值时的 $\theta \sim p$ 关系。由图可见，对于不同气体，吸附系数 b 值越大，则在某一平衡压力下，表面覆盖度也越大，达到同一覆盖所需的分压就越低。

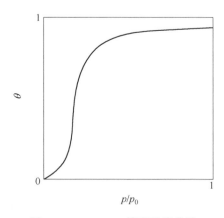
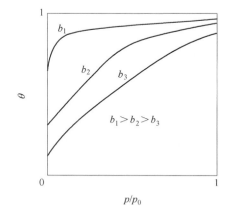

图 3-13　Langmuir 等温吸附曲线　　　　图 3-14　不同 b 值时 $\theta \sim p$ 关系

Langmuir 吸附等温式是理想的吸附公式，它代表了在均匀表面吸附分子互不发生相互作用并且是单分子吸附情况下吸附达到平衡时的规律。由于实际情况不一定符合这些条件，因此，人们往往以 Langmuir 等温式为出发点，考虑理想情况，找出某些规律性，然后针对具体体系再作修正。

b　BET 多分子层吸附等温式

实验证明，大多数固体对气体的吸附并不是单分子层吸附，对于物理吸附，往往都是多分子层吸附，因此 Langmuir 吸附等温式不能适用，1938 年，布朗诺-爱默特-特勒（Brunauer-Emmett-Teller）在 Langmuir 模型的基础上，提出了多分子层的理论，又称 BET 等温式。

在推导 BET 式时，认为表面是均匀的，分子可能多层吸附，逃逸速率不受周围分子的影响；在发生多层吸附时，第一吸附层由固-气分子间引力构成，第二层以上则是气体分子间的引力，为此不同层的吸附热也不同。气体吸附量为各层吸附量之和。BET 公式为

$$\frac{V}{V_m} = \frac{C(p/p^*)}{(1 - p/p^*)[1 + (C-1)p/p^*]} \tag{3-20}$$

或

$$\frac{p}{V(p^* - p)} = \frac{1}{V_m C} + \frac{C-1}{V_m C} \frac{p}{p^*} \tag{3-21}$$

式中，p 为气体平衡压力；p^* 为吸附温度下吸附质的饱和蒸气压；V 为气体分压 p 时的吸附量（体积）；V_m 为单分子层的饱和吸附量；C 为与吸附热有关的常数，可以表示为

$$C = \frac{a_1 b_i}{b_1 a_i} e^{(q_1 - q_L)}/RT \tag{3-22}$$

式中，a_i、b_i 分别为第 i 层的吸附和脱附常数；q_1 为第一层吸附热；q_L 为吸附气体的液化热；R 为气体普适常数；T 为热力学绝对温度。

BET 等温吸附式还适用于物理吸附。按 C 值的不同，可以解释图 3-11 中的几类等温曲线。

当 $C > 1$ 时，由 BET 公式可得到 II 类等温线；

当 $C \leqslant 1$ 时，由 BET 公式可得到 III 类等温线；

当 $p/p^* \ll 1$ 且 $C \gg 1$ 时，由 BET 公式可得到 I 类等温线。

实验中发现，在低压区和高压区，BET 公式与实验测量结果有较大差别。这是由于在推导公式时没有考虑表面的不均匀和同层分子间的相互作用。在压力很高时（接近饱和蒸气压），原先吸附剂表面的小孔和有些原来较大的孔在吸附多分子层后孔径变细而成的小孔，这些小孔会发生毛细管凝聚作用，造成公式的偏差。

BET 公式经常用来测定固体的比表面。由公式（3-21）可见，若以 $p/V(p^* - p)$ 对 p/p^* 作图，应得一条直线，其斜率为 $\frac{C-1}{V_m C} = K$，则 $H + K = \frac{C}{V_m C} = V_m^{-1}$

故

$$V_m = \frac{1}{H + K} = \frac{1}{斜率 + 截距}$$

式中，V_m 为表面吸附一层气体时在标准态时的体积；若吸附分子的截面为 σ，则固体的比表面 S 为

$$S = \frac{V_m N_0}{22400} \cdot \frac{\sigma}{W} \tag{3-23}$$

式中，W 为吸附剂重量；N_0 为阿伏伽德罗（Avogrdro）常数。

目前常用氮 $\sigma = 16.2 (\lambda)^2$ 来作为吸附气体，为避免化学吸附的干扰，通常在低温下

（如液氮下）进行测量。由 BET 法测比表面的误差为±10%。

c 其他等温吸附公式

在推导式（3-20）和式（3-21）时，都假定吸附热与覆盖度无关，这与实际情况不符合。一般来说，吸附热随覆盖度增加而下降。这是因为最先吸附的分子会消耗与吸附它的原子近邻的原子的一部分吸附势，随后再吸附的分子所受的作用就不像原来那样强烈了，因此吸附热应该与覆盖度有关。

（1）焦姆金（Temkin）等温公式。

假定吸附热随覆盖度线性下降，由此可得 Temkin 公式为

$$\theta = \frac{V}{V_m} = \frac{1}{\alpha} \ln C_0 p \tag{3-24}$$

式中，α、C_0 为常数，与温度和吸附体系的性质有关。式（3-24）适用于 θ 较小的情形，只对化学吸附有效。

（2）弗来德力希（Freudlich）等温公式。

假定吸附热随覆盖度呈对数关系下降，可得 Freudlich 等温公式为

$$\theta = B p^{1/n} \tag{3-25}$$

式中，B 和 n 是与吸附剂、吸附质种类和温度等有关的常数，n 一般大于 1；θ 值在 0.2～0.8 时，上式对物理吸附和化学吸附均适用。

（3）修正的 BET 公式。

孔径很小的多孔固体表面吸附时，若吸附层数有限制（若为 n 层），则可得包含三个常数的 BET 公式为

$$V = V_m \frac{C_p}{p^* - p} \left[\frac{1 - (n+1) \left(\frac{p}{p^*} \right)^n + n \left(\frac{p}{p^*} \right)^{n+1}}{1 + (C-1) \frac{p}{p^*} - C \left(\frac{p}{p^*} \right)^{n+1}} \right] \tag{3-26}$$

由上式可见，当 $n=1$ 时，可得 Langmuir 单分子层吸附公式；$n \rightarrow \infty$［即 $(p^*)^n \rightarrow 0$］时，得到式（3-21）表示的 BET 公式。

当 $\frac{p}{p^*}$ 为 0.05～0.35 范围时，由式（3-21）BET 公式能得到较满意的结果；当 $\frac{p}{p^*}$ 为 0.35～0.60 时，应用修正的 BET 公式。

3.1.1.4 影响吸附和脱附的因素

A 吸附表面性质

由于固体表面原子受力不对称和表面结构不均匀，从而要吸附气体分子来降低表面自由能。空气中的 O_2、N_2、CO_2 等气体通过自由分子运动，对金属表面撞击，由于加工成形过程中形成的许多晶格缺陷使表面的原子处于不饱和或不稳定状态，润滑油的极性基团等都容易产生吸附，从而使表面形成气体吸附膜或氧化膜等。

影响吸附的表面性质包括以下几个方面。

（1）固体表面粗糙度。由于液体分子可以自由运动，所以液体表面通常表现为均匀光滑的表面。而固体表面的分子或原子几乎不能运动，固体表面难以变形，保持在表面形成时的状态。放大观察经过抛光的光滑固体表面，表面通常是粗糙的。粗糙表面在一定程

度上增大了固体的表面积。

（2）固体表面缺陷。根据固体组成质点的排列有序程度，固体可以分为晶体和非晶体两类。在非晶体中质点无序。在晶体中质点按规则有序的空间结构排列，有少数质点组成的重复晶胞单元组成。对于理想晶体，晶胞大小和组成相同，但实际晶体表面会因为各种原因而呈现不同的缺陷，如表面点缺陷、位错等。尽管这些缺陷在晶体表面或固体表面所占比例很小，但是对于表面吸附、催化等具有非常重要的作用。

（3）固体表面的不均匀性。将固体表面近似看成一个平面，则固体表面对分子的吸附作用不仅和其与表面的垂直距离有关，而且常随水平位置不同而变化，即与吸附分子距离相同的不同表面对吸附分子的作用能不同。固体表面的组成与结构往往还与体相不同，这种表面组成和结构的变化影响它的吸附和催化能力。

（4）固体的表面能。由于吸附发生在固体的表面，所以固体的吸附性能与其表面能密切相关，不难想象，物质被粉碎成微粒后，其总表面积急剧增大，其吸附能力也大大增强。定义单位质量的吸附剂具有的表面积为比表面积。可按下式计算

$$A_0 = A/W \tag{3-27}$$

式中，A_0 为物质的比表面积，m^2/g；A 为物质的总表面积，m^2；W 为物质的质量，g。比表面积是物质分散程度的一种表征方法。

提高固体比表面积的方法是使固体具有许多内部空隙，即具有多孔性。例如，常用的吸附剂硅胶、活性氧化铝、活性炭、分子筛等，都具有大小不等的内孔，使其具有巨大的比表面积，从数百至数千。多孔性吸附剂孔径的大小及分布对其吸附性能有重要的影响，如被吸附分子的尺寸与孔径的大小相适应，被吸附分子可以进入较大的孔径，进入较小的孔径就比较困难，成为化学工程的重要单元操作之一。

B 工况对吸附的影响

影响固-气界面吸附的因素很多，主要有外界条件如温度、压力、体系的性质、气体分子的性质和固体表面的性质。其中，体系的性质是根本因素。

（1）温度。气体吸附是放热过程，因此无论物理吸附还是化学吸附，温度升高时，吸附量都减少。但并不是温度越低越好，在物理吸附中，要发生明显的吸附作用，一般温度要控制在气体的沸点附近。如一般的吸附剂（活性炭、硅胶等），要在 N_2 的沸点 −195.8℃附近才能吸附氮气，而室温下这些吸附剂不吸附氮气。如 H_2，沸点为 −252.5℃，在室温下，基本不被常规吸附剂所吸附，但是在 Ni 或者 Pt 上则可以被化学吸附。所以温度不但影响吸附量，而且影响吸附速率和吸附类型。

（2）压力。吸附质压力增加时，无论是物理吸附还是化学吸附，吸附量和吸附速率都会增加。物理吸附类似于气体的液化，所以它随压力的改变可以可逆的变化。通常在物理吸附中，当相对压力 p/p_0 超过 0.01 时，才有比较明显的吸附；当 p/p_0 在 0.1 左右时，可以形成单层饱和吸附，压力较高时易形成多层吸附。化学吸附只吸附单分子层，开始吸附所需的压力比物理吸附要低得多。但是化学吸附过程实际发生了表面化学反应，过程不可逆。因此当需要对吸附剂或催化剂进行纯化时，必须在真空条件下同时加热来驱逐其表面的被吸附物质。压力对化学吸附的平衡影响极小，即使在极低压力下，化学吸附也会发生。

（3）吸附质。吸附过程最重要的还是取决于吸附剂和吸附质本身的性质。通常有如

下规律：相似相吸，即极性吸附剂易于吸附极性吸附质，非极性吸附剂易于吸附非极性吸附质；无论极性吸附剂还是非极性吸附剂，一般吸附质的分子结构越复杂，沸点越高，表明其范德华力作用越强，气体越容易被凝结，则其被吸附的能力越强；酸性吸附剂易于吸附碱性吸附质，反之亦然。

此外对于吸附剂来说，吸附剂的孔隙大小不仅影响其吸附速度，而且直接影响其吸附量的大小。硅胶具有很强的吸水能力，但是扩孔后比表面积强烈降低，对水蒸气的吸附量急剧减小。

3.1.2 界面偏聚

晶界偏聚对材料的许多性能（如强韧性、晶间腐蚀、应力腐蚀、蠕变断裂强度、钢的回火脆性、钢的淬透性等）有重要影响，因此人们对晶界偏聚的研究十分重视。近年来，表面成分分析测试技术的发展也促进了晶界偏聚现象的研究。例如，用俄歇电子谱仪（AES）对高真空下打断的沿晶断口试样进行测定，可以分析 $1\sim3nm$ 薄层的成分。还可以用扫描俄歇谱仪直接对晶界和晶内成分分别进行测定。

3.1.2.1 晶界偏聚方程

由于溶质原子和溶剂原子尺寸不同，溶质原子置换晶格中的溶剂原子，产生畸变能，使体系的内能升高，若溶质原子迁入疏松的晶界区，可以松弛这种畸变能，使体系内能下降。因此，若以 E_1 和 E_g 表示一个原子位于晶格和晶界时的平均内能，则使溶质原子向晶界区偏聚的驱动力为

$$\Delta E_a = E_1 - E_g \tag{3-28}$$

偏聚过程的进行，有驱动力，也必然会遇到阻力，晶格内的位置数（N）远大于晶界区的位置数（n），从组态熵（或结构熵）考虑，则溶质原子又趋向于混乱分布，停留在晶格，从而成为过程的阻力。设位于晶格内及晶界区的溶质原子数分别为 P 及 Q，则 P 个溶质原子占据 N 个位置和 Q 个溶质原子占据 n 个位置的组态熵为

$$S = k_B \ln W = k_B \ln \frac{N! \; n!}{P! \; (N-P)! \; Q! \; (n-Q)!} \tag{3-29}$$

这种分布情况下合金的吉布斯自由能为

$$\Delta G = \Delta E - T\Delta S$$
$$= (PE_1 + QE_g) - k_B T[N\ln N + n\ln n - P\ln P - (N-P)\ln(N-P) - Q\ln Q - (n-Q)\ln(n-Q)]$$

上式展开时，应用了斯特林近似公式，平衡条件为 $\frac{\partial G}{\partial Q} = 0$，并注意到晶界区增加的溶质原子数等于晶格内减少的溶质原子数，即 $dP = -dQ$，简化后得到平衡关系式为

$$E_g - E_1 = k_B T \ln\left[\left(\frac{n-Q}{Q}\right) \cdot \left(\frac{P}{N-P}\right)\right]$$

因此

$$\frac{Q}{n-Q} = \frac{P}{N-P}\exp\left(\frac{E_1 - E_g}{k_B T}\right) \tag{3-30}$$

如用 C 及 C_0 分别表示晶界区和晶格内的溶质浓度，则

$$C_0 = \frac{p}{N} , \quad C = \frac{Q}{n} \tag{3-31}$$

令 ΔE 表示 1 摩尔原子溶质位于晶内及晶界的内能差；N_a 为阿伏伽德罗常数。

$$\Delta E = N_a \Delta E_a = N_a(E_l - E_g)$$

则

$$\frac{E_l - E_g}{k_B T} = \frac{\Delta E}{RT} \tag{3-32}$$

将式（3-30）和式（3-31）代入式（3-32），得到

$$C = \frac{C_0 \exp(\Delta E/RT)}{1 - C_0 + C_0 \exp(\Delta E/RT)} \tag{3-33}$$

在稀固溶体中，$C_0 \ll 1$，因此，

$$C = \frac{C_0 \exp(\Delta E/RT)}{1 + C_0 \exp(\Delta E/RT)} \tag{3-34}$$

上式还可进一步近似为

$$C = C_0 \exp(\Delta E/RT) \tag{3-35}$$

上式即晶界偏聚方程，给出在溶质晶内浓度 C_0 情况下在晶界偏聚的溶质浓度。

3.1.2.2　影响晶界偏聚的因素

由晶界偏聚方程可以分析影响偏聚的因素。

（1）晶内溶质浓度（C_0）。由于晶界区与晶内区溶质浓度达到平衡，因而 C_0 对 C 有影响，式（3-35）指出，C_0 越大，C 也越大。

（2）温度。由于式（3-35）中 ΔE 为正，故升温使 C 下降。这是因为温度越高，则 TS 项对吉布斯自由能的影响越大，而晶内的点阵位置多，溶质原子在晶内分布，使混乱度增大，即组态熵大，随温度升高，组态熵影响增大，作为过程阻力，使晶界偏聚的趋势下降，从而 C 减少。但也应指出，晶界偏聚时，原子需要从晶内扩散到晶界，若温度过低，虽然平衡时的 C 应该较高，但受扩散限制，达不到这种较高的平衡 C 值。

（3）畸变能差（ΔE）和最大固溶度（C_m）。由公式可以看出，溶质原子在晶内和晶界的畸变能差（ΔE）越大，晶界偏聚的溶质浓度越高。

畸变能差与溶质原子和溶剂原子尺寸因素的差异直接相关，也与电子因素有关，而原子尺寸因素和电子因素的差异可由一定温度下溶质组元在溶剂金属中的最大固溶度 C_m 综合反映，C_m 可由相应二元相图的固溶度曲线确定。可以预料，C_m 越小，即溶质处于晶内越困难，畸变能差越大，则 C 将会越大。如硼在铁中的固溶度很少，硼在铁中的晶界偏聚的趋势将会很大。大量的实验结果证实了这种推论，图 3-15 给出有关实验结果。

（4）溶质元素引起界面能的变化。吉布斯曾指出，凡能降低表面能的元素，将会富集在晶体界面上产生晶界吸附或偏聚。并根据热力学原理导出二元系恒温吸附方程为

$$\Gamma_i = -\frac{1}{RT} \frac{\partial \gamma}{\partial \ln x} = -\frac{x}{RT} \left(\frac{\partial \gamma}{\partial x} \right)_i \tag{3-36}$$

式中，Γ_i 是单位表面积吸附 i 组元的量，mol/cm^2，或单位表面积上溶质浓度和在晶体内部平均浓度之差；γ 为比表面能；x 为溶质原子在晶体中的平衡体积浓度，mol/cm^3；R 为气体常数；$\partial \gamma / \partial x$ 表示在一定温度下，比表面能随晶体平衡浓度的变化率。由式（3-36）

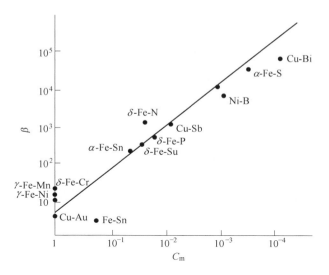

图 3-15　晶界偏聚富集系数（$\beta = C/C_0$）与 C_m 的关系

可以看出，若 $\partial\gamma/\partial x < 0$，即增加溶质浓度，可降低比表面能，则产生表面正吸附，表面偏聚溶质组元。吉布斯方程不仅适用于表面，也适用于内界面，如晶界、相界等。

3.2　表面和界面扩散

同界面吸附与偏析类似，界面扩散传质也是一种基本的界面过程，它包括了沿表面和界面的扩散、穿越界面的扩散和界面移动等多种和界面原子运动有关的物质运输。和体内扩散相比，界面扩散有许多显著的特点，且扩散系数有时有数量级上的差异。界面扩散传质是重要的物理和物理化学现象，因此，认识它的机制和规律，就成了研究界面扩散的物理和物理化学现象的关键环节。

3.2.1　固体中的扩散

扩散是物质传输的一种方式，是物质中原子、离子或分子的一种迁移现象。在固体中，因不存在对流，扩散就成为传输的唯一方式。扩散可以从两方面讨论，一方面根据所测量的参数描述质量传输的速率和数量讨论扩散现象的宏观规律，称扩散的唯象理论；另一方面是把一个原子的扩散系数与它在固体中的跳动特性联系起来，即扩散的微观机制——扩散的原子理论。

3.2.1.1　柯肯达尔（kirkendall）扩散

如图 3-16 所示，在具有立方截面的 α 黄铜表面放置很细的钼丝，再电镀纯铜，使钼丝包围在铜和 α 黄铜之间。让试样在 785℃ 温度下保温。实验发现，保温一天后，钼丝向黄铜内移 0.0015cm，保温 56 天后，则钼丝"移动"达 0.0124cm，也就是铜-黄铜界面发生了移动，产生此种效应的扩散称 kirkendall 扩散。

黄铜是铜和锌的合金，在图 3-16 中，α 黄铜中的锌通过界面外部扩散，而铜则往内

（α黄铜中）扩散。实验发现，两种原子在互扩散时，通常是熔点低、质量轻的原子扩散速度快，所以α黄铜中锌向铜中的扩散比铜往锌中扩散快。锌在铜中达到一定浓度后就成为α黄铜，故保温时间内，铜-α黄铜界面不断移动，钼丝是固定的，相对来看，它似乎往α黄铜中移动了（内移）。目前已经在铜-锡、铜-镍、铜-金、铜-银、金-铝等许多双金属界面处观察到kirkendall扩散效应。

A　kirkendall扩散与疏孔

kirkendall扩散的重要特征不仅在于界面的移动，而且在于这移动造成的后果。在铜-镍互扩散时，是靠空位机构进行的。铜扩散流大于镍，这意味着在界面处靠铜的那一方会有一股空穴流进去。空穴的来源是该区附近的位错做特殊的滑移或攀移运动。镍中的空位则不断被铜占有，于是镍界面附近有原子积累并成为扩张区，而靠铜界面附近因空位积累而成为收缩区。如果空位浓度达到某一极限值时，就会凝聚成宏观疏孔，如图3-17所示。

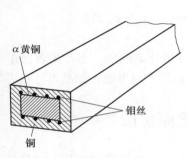

图3-16　kirkendall扩散

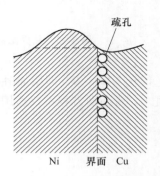

图3-17　kirkendall疏孔

kirkendall扩散本身是一种体扩散，只有在较高温度下才较明显，这种扩散的后果是在界面附近产生附加应力和疏孔。疏孔吸附了水汽、工业污染气体SO_2、CO_2等之后，在界面处构成原电池，只是两种金属的交界处易被腐蚀，这种界面对附着力、噪声、接触电阻等也有很大影响。

B　生成化合物的kirkendall扩散

两种金属交界处的kirkendall扩散除生成固溶体外，还能生成金属间化合物。Ni-Al、Ta-Au、Al-Ti、Au-Al等双金属对交界处，会通过kirkendall扩散生成金属间化合物。

固体器件和集成电路中广泛应用Au-Al系接触互连。Au-Al系接的互连有铝膜-金丝、金膜-铝丝等形式。这些互连都是通过热压焊和超声焊来达到的。在焊接和热处理过程中，金-铝系间因kirkendall扩散而生成各种金属间化合物。

人们知道最早的金铝化合物为$AuAl_2$，因它呈紫色，故称为紫斑。在很长一段时间，紫斑被误认为是金-铝系失效的主要原因。后来才弄清楚，失效与紫斑并无直接关系，而是金-铝间由kirkendall反应扩散产生的疏孔。

图3-18是金铝系在400℃下保温100min后用电子探针分析出的各种原子浓度分布截面图。

3.2.1.2 扩散基本方程与扩散系数

A 扩散的基本特点

发生在气体或液体中的传质过程是一个早为人们所熟悉的现象。在流体中，质点间相互作用比较弱，且无一定结构，质点的迁移完全随机地在三维空间的任意方向上发生，每一步的迁移行程也随机地决定于该方向上最邻近质点的距离。流体的密度越小，质点迁移的平均行程（也称自由程）越大。因此，发生在流体中的物质迁移过程往往总是各向同性和具有较大的速率。

与流体中的情况不同，质点在固体介质中的扩散远不如在流体中那样显著。首先构成固体的质点均束缚在三维结构的势阱中，质点之间相互作用强，故质点的每一步迁移必须从热涨落或外场中获取足够的能量以跃出势阱。实验表明，固体中质点的明显扩散往往在低于其熔点或软化点的较高温度下发生。此外，固体中原子或离子的扩散迁移方向和自由程还受到结构中质点排列方式的限制。如图 3-19 所示，处于平面点阵内间隙位的原子只存在四个等同的迁移方向，每一步迁移均需获取高于能垒 ΔG 的能量，迁移的自由程相当于晶格常数大小。因此，固体中的扩散具有各向异性和扩散速率低的特点。

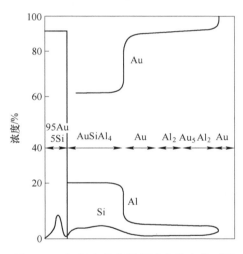

图 3-18　金-铝交界处原子浓度分布截面图

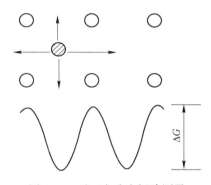

图 3-19　平面点阵中间隙原子
扩散方向与势能结构示意图

B 扩散的基本方程

扩散是材料中存在有浓度梯度时产生的原子定向运动。扩散的唯象理论的基本方程是菲克第一定律和菲克第二定律。菲克（Fick）第一定律是联系扩散流（通量）J 和浓度梯度 dc/dx 间的关系，其表达式为

$$J = - D \frac{dc}{dx} \tag{3-37}$$

它也可写成

$$J = - D \frac{\partial \mu}{\partial x} \frac{N}{kT} \tag{3-38}$$

式中，J 为物质流；D 称为扩散系数，是反应扩散能力和决定扩散过程的一个重要物理量，与温度有如下关系 $D = D_0 e^{-E/kT} = D_0 e^{-Q/RT}$（$D_0$ 称为与温度无关的频率因子，E、Q 称激活能）。$\dfrac{dC}{dx}$ 为浓度梯度，$\dfrac{\partial \mu}{\partial x}$ 为化学势梯度，N 为原子密度。等式右边的负号表示原子由浓度高处往浓度低处运动，这种扩散称为顺扩散。但也有一种原子从浓度低处往浓度高处的扩散运动，如铁中奥氏体分解成珠光体时，碳原子从浓度较低的奥氏体向浓度较高的渗碳体中运动，这种扩散称为逆扩散。菲克第一定律给出了扩散流与浓度梯度或化学势梯度的关系。

菲克第一定律是质点扩散定量描述的基本方程。该方程没有考虑时间因素对扩散的影响，即在扩散过程中各处的浓度梯度不随时间而变，它适于稳定扩散。实际上随着扩散过程的进行，各点浓度会随时间而变。在处理扩散问题时，除应结合扩散第一方程外，还可根据扩散物质的质量平衡关系，建立反映非稳态扩散的菲克第二定律。

设有相距为 dx 的两个平面 1 和 2（见图 3-20），则按菲克第一定律，进入平面 1 的扩散流和离开平面 2 的扩散流分别为

$$J_1 = - D \frac{dC}{dx} \qquad (3-39)$$

和

$$J_2 = J_1 + \frac{\partial J}{\partial x} dx \qquad (3-40)$$

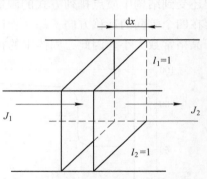

图 3-20 推导菲克第二定律的体元

J_1 和 J_2 之差给出了平面 1 和平面 2 之间的体积 $l_1 l_2 dx = dx$（见图 3-19）内物质的增量

$$dx \frac{\partial C}{\partial t} = J_1 - J_2 = - \frac{\partial J}{\partial x} dx \qquad (3-41)$$

将式（3-41）代入式（3-40），约简后得到数学表达式为

$$\frac{dC}{dt} = \frac{d}{dx} \left(D \frac{dC}{dx} \right) \qquad (3-42)$$

此即菲克第二定律。它给出了当存在扩散流时局域浓度随时间变化的规律。若扩散系数和空间坐标无关，即扩散系数 D 与浓度无关，则式（3-42）写为

$$\frac{dC}{dt} = D \frac{d^2 C}{dx^2} \qquad (3-43)$$

在三维扩散情况下，扩散第二方程的普遍式为

$$\frac{\partial C}{\partial t} = D \left(\frac{\partial^2 C}{\partial x^2} + \frac{\partial^2 C}{\partial y^2} + \frac{\partial^2 C}{\partial z^2} \right) \qquad (3-44)$$

若其中 D 在三维方向不同，则应分别表示。

C 质点迁移的微观机构

固体是一种凝聚体，固体中的扩散是通过原子的随机运动进行的，其前提是有可供原子运动的空间，它可以是原子空位，这种扩散机理称为空位扩散。当原子的半径很小时，扩散有可能利用原子间隙来进行，这就是间隙扩散。原子的随机运动也

有可能通过相邻两原子互换位置或若干个相邻原子依次循环置换来实现，但这种机制的激活能较大。

所谓空位机构的原子或离子迁移过程如图 3-21 中的 c 所示，晶体中由于本征热缺陷或杂质离子的不等价取代而存在空位。于是，空位周围格点上原子或离子就可能跳入空位，而原来的空位则相对跳入空位原子做相反方向的迁移。因此在固体结构中，空位的移动意味着结构中原子或离子的相反方向移动。这种以空位作为媒介的质点扩散方式就称为空位机构。实验表明，无论金属体系还是离子化合物系统，空位机制是固体材料中质点扩散的主要机构。在一般情况下，离子晶体由离子半径不同的阴离子和阳离子构成，而较大尺寸的阴离子扩散多半是通过空位机构进行的。

图 3-21 中的 d 给出了质点通过间隙机构进行扩散的物理图像。处于间隙位置的质点从一间隙位移入另一间隙位的过程必然引起周围晶格的变形，且间隙原子相对晶格位上原子或离子的尺寸越大，间隙机构引起的晶格变形越大，间隙机构也就越难发生。

除以上两种机构以外，还存在图 3-21a、b、e 等几种扩散方式。e 称之为亚间隙机构，位于间隙位上的原子 A 通过热振动将格点上的原子 B 弹入间隙 C，而原子 A 进入晶格位 B。这种扩散机构所造成的晶格畸变程度约处于空位机构和间隙机构之间。此外，a、b 分别称为直接易位和环易位机构。在这些机构中，处于对等位置上的两个或两个以上的格点原子同时跳动进行位置交换而发生迁移。其中环形易位机制被认为所需的激活能比直接易位机制要小得多，是一种无点缺陷晶体结构中可能发生的扩散机构。但出现这种机构的概率并不大，因为它需要扩散质点作集体有规则的协同运动。

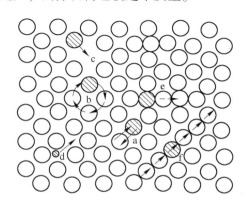

图 3-21 晶体中质点扩散的微观机制
a—直接交换；b—环形交换；c—空位；
d—间隙；e—填隙；f—挤列

D 扩散系数

菲克定律定量地描述了质点扩散的宏观行为，在人们认识和掌握扩散规律过程中起了重要的作用。然而，菲克定律给出的仅仅是对现象的描述，它将除浓度以外的一切影响扩散的因素都包括在扩散系数之中，且难以赋予其明确的物理意义。1905 年，爱因斯坦在研究大量质点作无规布朗运动的过程中，首先用统计的方法得到扩散方程，它使宏观扩散系数与扩散质点的微观运动得到联系。

考虑一个一级长棒中的扩散情况。设在扩散过程的某一时刻 t 参与扩散的质点浓度分布为 $c(x, t)$，扩散质点在 t 时刻位于 x 和 $x + dx$ 之间的概率为 $f(x, t)dx$，函数 $f(x, t)$ 称为质点位移的分布函。扩散经 τ 时间后，质点的浓度分布将由 $c(x, t)$ 变为 $c(x, t + \tau)$，并由下面方程得到联系

$$c(x, t + \tau) = \int_{-\infty}^{+\infty} f(x - x', \tau)c(x', t)dx' \tag{3-45}$$

令 $\xi = x - x'$，并考虑当时间 τ 很短时，质点位移量 ξ 是一小量，故可将上式左右两边依 τ 和 ξ 的幂级数展开

$$c(x, t + \tau) = c(x, t) + \tau \frac{\partial c}{\partial t} + \tau^2 \frac{\partial^2 c}{\partial t^2} + \cdots \tag{3-46}$$

$$c(x - \xi, t) = c(x, t) - \xi \frac{\partial c}{\partial t} - \xi^2 \frac{\partial^2 c}{\partial t^2} - \cdots \tag{3-47}$$

代入式（3-45）的右边，求积分、略去高次项并与式（3-46）比较便得爱因斯坦扩散方程

$$\frac{\partial c}{\partial t} = \frac{\overline{\xi^2}}{2\tau}\left(\frac{\partial^2 c}{\partial x^2}\right) \tag{3-48}$$

$\overline{\xi^2} = \int_{-\infty}^{+\infty} \xi^2 f(\xi, t)\mathrm{d}\xi$ 不难理解，若质点可各向同性地沿空间三维方向迁移，式（3-48）可相应的推广至三维情况

$$\frac{\partial c}{\partial t} = \frac{\overline{\xi^2}}{6\tau}\left(\frac{\partial^2 c}{\partial x^2} + \frac{\partial^2 c}{\partial y^2} + \frac{\partial^2 c}{\partial z^2}\right) \tag{3-49}$$

因此，与扩散第二方程比较，可得质点随机迁移统计意义上的扩散系数

$$D = \frac{\overline{\xi^2}}{6\tau} \tag{3-50}$$

式中，$\overline{\xi^2}$ 为扩散质点在时间 τ 内位移平方的平均值。对于固态扩散物质，设质点平均迁移自由程为 a，有效跃迁频率为 v，则有 $\overline{\xi^2} = v\tau a^2$。将此关系代入式（3-50）得

$$D = \frac{va^2}{6} \tag{3-51}$$

由此可见，扩散的布朗运动理论诠释了菲克定律中扩散系数的物理意义，为从微观角度研究扩散系数奠定了物理基础。它是建立扩散微观机制与宏观扩散系数间关系的桥梁。

下面通过两种主要的扩散机构空位扩散和间隙扩散来进行说明。

虽然晶体中以不同微观机制进行的质点扩散有不同的扩散系数，但通过爱因斯坦扩散方程所赋予扩散系数的物理含义［式(3-42)］，则有可能建立不同扩散机构与相应扩散系数的关系。在空位机构中，结点原子成功跃迁到空位的频率 v 应为原子成功跃迁过能垒 ΔG_m 次数和该原子周围出现空位的概率的乘积所决定

$$v = Av_0 N_v \exp\left(-\frac{\Delta G_m}{RT}\right) \tag{3-52}$$

式中，v_0 为格点原子振动频率，约 $10^{13}/\mathrm{s}$；N_v 为空位浓度；A 为比例系数。若考虑空位来源于晶体结构中本征热缺陷，例如肖特基缺陷，则式（3-52）中 $N_v = \exp(-\Delta G_f/2RT)$，此处 ΔG_f 为空位形成能。将该关系和式（3-52）代入式（3-51），便可得到空位机构的扩散系数为

$$D = \gamma a^2 v_0 \exp\left(-\frac{2\Delta G_m + \Delta G_f}{2RT}\right) \tag{3-53}$$

式中，$\gamma = A/6$，因空位来源于本征热缺陷，故该扩散系数称为本征扩散系数或自扩散系数。

对于以间隙机构进行的扩散，由于晶体中间隙原子浓度往往很小，间隙原子周围的邻近间隙位置几乎均是空的，故间隙机构扩散时可提供间隙原子跃迁的位置概率可近似地看

成为100%。基于与上述空位机构同样的考虑，间隙机构的扩散系数可表达为

$$D = \gamma a^2 v_0 \exp\left(-\frac{\Delta G_m}{RT}\right) \tag{3-54}$$

比较式（3-54）和式（3-53）可以看出，无论扩散依空位机构或间隙机构进行，其扩散系数在数学上具有相同的形式，故可统一表达为如下阿累尼乌斯公式

$$D = D_0 \exp\left(-\frac{Q}{RT}\right) \tag{3-55}$$

式中，D_0为非温度显函数项，常称为频率因子；Q为扩散活化能。对于空位扩散机构，扩散活化能由空位形成能和空位迁移能构成，而间隙机构扩散的活化能只包含间隙原子的迁移能。

3.2.2　表面扩散

晶体表面上的扩散问题，作为表面工程的理论基础是非常重要的。这种扩散包括两个方向的扩散，一是平行表面的运动，一是垂直表面即向内部的运动。通过平行表面的扩散可以得到均质的、理想的表面强化层；通过向内部的扩散，可以得到一定厚度的合金强化层，有时候希望通过这种扩散得到高结合力的涂层。

表面扩散是指原子沿着表面区内的物质输运。我们知道，表面区约为单位面间距（一般为2×10^{-8}cm），所以表面扩散主要发生在距表面2~3层原子面的范围。表面扩散不仅依赖于外界环境（温度、气压、湿度、气氛等），还受到晶面取向、表面化学成分电子结构及表面势等因素的影响，因此情况比较复杂。研究表明，表面原子的自扩散机制与晶体体内原子的自扩散相比，除因表面原子有更大的自由度，扩散激活能远小于体内（即扩散速度远大于体内）和表面扩散机制因不同晶界面而异之外，其他基本相同。

3.2.2.1　表面扩散的主要特征

由表面的TLK缺陷模型可知，表面上有平台吸附原子和平台空格点，以及在台阶处的吸附原子和台阶空格点等缺陷，它们在扩散时的作用，与体内的填隙原子类似，不过它们的形成能与跳跃能（即运动时遇到的势垒，也称徒动能）比体内小。但表面扩散也有与体内扩散不同之处。以图3-22所示的体心立方金属（100）平台上吸附原子的运动为例。由于声子相互作用（热涨落现象），到某一时刻，使该原子从平衡位置越过势垒跳跃到邻近位置。其最小能量的路径是沿<110>晶向，图中用1表示。1要经过一个鞍点，鞍点位置的能量称徒动能，用ΔH^{++}表示，原子的跳跃距离与点阵原子间距同数量级。当然它也可以沿箭头2的路径到次邻近A、B位置上去，这时的徒动能比ΔH^{++}要大一点。由于原子位于表面，只要它能量足够，它可以到3的位置去，所需的能量为ΔH^*。显然，$\Delta H^{++} < \Delta H^* < \Delta H_s$。$\Delta H_s$是平台吸附原子的束缚能。通常称1、A、B等位置的短程扩散为局域扩散，3长程扩散为非局域扩散。

图3-22（b）标出了吸附原子做局域扩散、非局域扩散和处于蒸发状态下的能量。处于局域扩散态，原子有两个振动自由度和一个平移自由度。在非局域扩散态时，则有两个平移自由度和一个振动自由度。对于大分子，当它作表面定域态或非定域态时，其自由度分配则更复杂。通过以上分析，可以看出，表面扩散和体内扩散的一个主要区别是，表面扩散时，原子可能逃逸到固体表面上的三维空隙位置后进入另一个新位置（能量大于ΔH^*，小于ΔH_s）。这种情况在体扩散时绝不会发生。

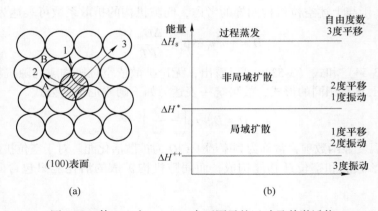

图 3-22   体心立方（100）表面原子的运动及其激活能

（a）吸附原子的假想平衡位置及可能的跳跃路径；（b）吸附原子局域、非局域以及蒸发态下的能量图

3.2.2.2   表面扩散动力学方程

下面以表面扩散的跳跃机制为例，求表面扩散的系数方程。表面的 TLK 模型指出，在任意给定的低指数晶面上，沿着某一密排方向通过热激活形成单原子台阶或平台空位等缺陷，如图 3-23 所示。表面扩散由单原子台阶在平台上迁移或空位在平台内迁移实现。

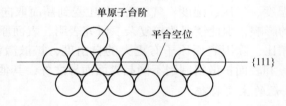

图 3-23   表面单原子台阶或平台空位的迁移

表面扩散系数也可用空位机制扩散公式表达，即

$$D = \gamma a^2 v_0 \exp\left(-\frac{2\Delta G_m + \Delta G_f}{2RT}\right)$$

表面扩散系数 D_s 的测定，一种是通过利用类似解扩散方程方法，另一种是利用 Mullins 和 Winegard 提出的方法，即 M-W 法。

M-W 法是利用表面张力驱动或诱发的表面扩散法，求在表面发生自扩散时的扩散系数。表面扩散通量 J_s 为

$$J_s = n_0 \bar{v} \tag{3-56}$$

式中，n_0 为原子体积浓度；$\bar{v}$ 为原子运动速度。

根据 $\bar{v} = BF$，B 是迁移率，F 为作用在粒子上的扩散推动力，则

$$F = -\frac{\partial \mu}{\partial x} \tag{3-57}$$

又根据能斯特-爱因斯坦公式 $B = D_s/kT$，代回式（3-56），得

$$J_s = -\frac{D_s n_0}{kT} \cdot \frac{\partial \mu}{\partial x} \tag{3-58}$$

若金属表面为曲面，在表面与晶粒之间由于曲率不同使化学位发生了变化，如图 3-24 所示。若 $\gamma_g < 2\gamma_s \sin\theta$，即表面能大于晶界能，此时在表面能（用化学位 $\Delta\mu$ 表示）驱使下，沟槽处曲面将趋于平坦化。

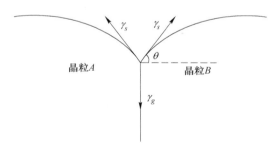

图 3-24　表面扩散模型

由于

$$\mu = \mu_0 + \Delta\mu$$

$$\Delta\mu = \frac{\gamma_s V_a}{R} = \gamma_s V_a K$$

式中，V_a 为摩尔原子体积；K 为表面曲率（$=1/R$）。

$$K = \frac{\mathrm{d}^2 y/\mathrm{d}x^2}{[\,1 + (\mathrm{d}y/\mathrm{d}x)^2\,]^{3/2}} \tag{3-59}$$

当表面倾斜度很小时，θ 角较小，$(\mathrm{d}y/\mathrm{d}x)^2 \ll 1$，$K \to \dfrac{\mathrm{d}^2 y}{\mathrm{d}x^2}$，所以

$$\mu = \mu_0 + \gamma_s V_a \mathrm{d}^2 y/\mathrm{d}x^2 \tag{3-60}$$

观察图 3-25 所示的平面 I 和 II 之间的物质输送，其中曲面间距为 W，高度为 δ。

平面 I 处

$$J_s = - D_s \cdot \frac{n_0}{kT} \cdot \frac{\partial\mu}{\partial x} \tag{3-61}$$

平面 II 处

$$J_{s+\mathrm{ds}} = J_s + \frac{\partial J}{\partial x}\mathrm{d}x \tag{3-62}$$

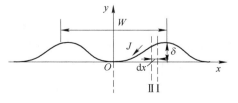

图 3-25　表面张力驱动扩散流

在平面 I → II 之间的流量变化

$$\mathrm{d}J = J_s - J_{s+\mathrm{ds}} = - \frac{\partial J}{\partial x}\mathrm{d}x \tag{3-63}$$

由式（3-61）得

$$\frac{\partial J}{\partial x} = - D_s \cdot \frac{n_0}{kT} \cdot \frac{\partial^2\mu}{\partial x^2}$$

代入式（3-63）得

$$dJ = D_s \cdot \frac{n_0}{kT} \cdot \frac{\partial^2 \mu}{\partial x^2} dx \tag{3-64}$$

由图可知，流过平面 I 的原子全部进入一个体积单元使凹处填平了 dy 这段高度，即

$$(dJ \cdot \delta) dt = (dx \cdot dy) n_0$$

则

$$\frac{dy}{dt} = \frac{\delta}{n_0} \cdot \frac{dJ}{dx}$$

将式（3-64）代入上式，得

$$\frac{dy}{dt} = -\frac{D_s \delta}{kT} \cdot \frac{\partial^2 \mu}{\partial x^2}$$

由上式和式（3-60），得

$$\frac{dy}{dt} = -\frac{D_s \delta}{kT} \cdot \gamma_s V_a \cdot \frac{\partial^4 y}{\partial x^4} \tag{3-65}$$

式（3-65）即为表面张力驱动的表面扩散时的平坦化方程，Mullins 按不同表面形状计算了表面扩散系数 D_s。

3.2.2.3　表面扩散系数

在一定温度下，固体表面的原子总是以一定频率 v_0 相对于平衡位置进行振动，因此，原子每秒要碰撞平衡位置附近的势垒 $2v_0$ 次，这些势垒把各个原子平衡位置分隔开。如果热能起伏使原子具有足够的能量，它就能离开其初始位置，并成为相邻势阱中的吸附原子。这是原子在理想表面上自扩散的最简单的图像。吸附原子离开其原有位置的频率 v 决定于它所要克服的势垒高度 ΔG：

$$v = n v_0 \exp\left(-\frac{\Delta G}{kT}\right) \tag{3-66}$$

式中，n 为原子个数。

在真实表面上，常常存在多种类型的缺陷，在不同位置上，其原子运动的类型也不同。例如，平台上单个吸附原子能够在平台上跳跃几倍点阵常数的距离，台阶处的吸附原子能比较容易地沿着台阶运动，空位也可以通过原子填充而运动。显然，不同类型的运动具有不同的势垒高度，因而其扩散激活能也不相同，而在表面扩散实验中得到的扩散激活能则是多种原子运动的平均值。

首先考虑 TLK 表面上的自扩散现象。实验事实表明，为了得到自扩散系数，用总平均跳跃频率 Γ，比用第 i 个原子位置上的单类平均跳跃频率 Γ_i 更为合适。它们可分别表示为

$$\Gamma = \frac{M}{T} \tag{3-67}$$

式中，M 为总跳跃次数；T 为总的跳跃时间。而

$$\Gamma_i = \frac{m_i}{t_i} \tag{3-68}$$

式中，m_i 和 t_i 分别为 i 位置上的跳跃次数和时间；Γ 和 D_s 间的关系可由式 $D = \dfrac{\Gamma a^2}{6}$ 给出。

如果有 P 种不同的位置，则式（3-67）写成

$$\Gamma = \frac{M}{T} = \frac{m_1 + m_2 + \cdots + m_p}{t_1 + t_2 + \cdots + t_p} \tag{3-69}$$

式（3-69）可改写成

$$\Gamma = \sum_i^P \left(\frac{m_i}{t_i}\right)\left(\frac{t_i}{T}\right) \tag{3-70}$$

但是，单类平均跳跃频率可表示为

$$\Gamma_i = \sum_{j=1}^N \beta_{ij} v_{ij} \exp\left(-\frac{\Delta G_{imj}}{RT}\right) \tag{3-71}$$

式中，ΔG_{imj} 为 i 位置和 i 与 j 位置间的自由能差值；v_{ij} 为 i 位置朝着 j 位置方向上的振动频率；β_{ij} 为 i 类型位置所具有的 j 类型的最近邻位置数目；N 为位置类型数目。

对于给定的位置，t_i/T 可表示为

$$\frac{t_i}{T} = \frac{n_i}{n} \tag{3-72}$$

式中，n 和 n_i 分别为表面原子总数和其中占据 i 位置的原子数目。

由式 $D = \dfrac{\Gamma a^2}{6}$ 及式（3-70）～式（3-72），可以得到表面扩散系数的一般表达式

$$\begin{aligned} D_s &= \frac{a^2}{4} \sum_{i=1}^P \frac{n_i}{n} v_i \\ &= \frac{a^2}{4} \sum_{i=1}^P \frac{n_t}{n} \left\{ \sum_{j=1}^N \beta_{ij} v_{ij} \exp\left(-\frac{\Delta G_{imj}}{RT}\right) \right\} \end{aligned} \tag{3-73}$$

式中，a 为质点平均迁移自由程。

对于没有台阶的原子光滑的面心立方（111）面平台，有 $N=3$ 和 $N=9$ 两类位置。当原子离开 $N=9$ 位置形成吸附时原子，就造成了空位，故 $\beta_{3j}=3$，$\beta_{9j}=6$。设所有的 v_{ij} 不等于 v，则得到平台扩散系数为

$$D_s = \frac{3}{4} \frac{a^2 v n_9}{n} \left\{ \frac{n_3}{n_9} \exp\left(-\frac{\Delta G_{3m3}}{RT}\right) + 2\exp\left(-\frac{\Delta G_{9m3}}{RT}\right) \right\} \tag{3-74}$$

如果 $N=9$ 和 $N=3$ 的原子及表面原子空位处于平衡，则有

$$\mu_3 + \mu_V = \mu_9 \tag{3-75}$$

式中，μ_3 和 μ_9 分别为最近邻原子数为 3 和 9 的原子的化学势；μ_V 为表面原子空位化学势，其最近邻原子数为 9，在这种情况下，我们有

$$\frac{a_3 a_V}{a_9} \cong \frac{\left(\dfrac{n_3}{2n_9}\right)\left(\dfrac{n_3}{n_9}\right)}{1 - \dfrac{n_3}{n_9}} = \exp\left(-\frac{\mu_3^o + \mu_V^o + \mu_9^o}{RT}\right) = \exp\left(-\frac{\Delta G_{39}^o}{RT}\right) \tag{3-76}$$

式中，a_i 为原子的活度；下标 3、9 和 V 的含义同前；上标 o 则是指标准状态。由于

$$\Delta G_{9m3} > \frac{1}{2} \Delta G_{39}^o + \Delta G_{3m3} \tag{3-77}$$

方程式（3-74）变为

$$D_s = \frac{3\sqrt{2}}{4}a^2 \, v \exp\left[\frac{\frac{1}{2}\Delta S_{39}^o + \Delta S_{3m3}}{R}\right] \cdot \exp\left[\frac{\frac{1}{2}\Delta H_{39}^o + \Delta H_{3m3}}{RT}\right] \tag{3-78}$$

由式（3-78）即可得到扩散激活能的表达式

$$E_D = \frac{1}{2}\Delta H_{39}^o + \Delta H_{3m3} \tag{3-79}$$

以上各式中，下标的含义同式（3-73）。同时还能求出频率因子

$$D_0 = \frac{3\sqrt{2}}{4}a^2 \, v \exp\left[\frac{\frac{1}{2}\Delta S_{39}^o + \Delta S_{3m3}}{R}\right] \tag{3-80}$$

在实验上要实现单纯的平台表面是十分困难的，因此，有必要研究台阶的影响。我们仍考虑面心立方的（111）面。这时，原子位置的类型有 $N=3$，$N=5$，$N=6$，$N=7$ 和 $N=9$（见图 3-26），其中 $N=3$ 为平台上的吸附原子，$N=5$ 为台阶上的吸附原子，$N=6$ 为扭折吸附或扭折内的原子，$N=7$ 为台阶内的原子。$N=3$ 的位置有两种特殊情况：一种是沿着台阶的底部，记作 $(N=3)''$。它们的最近邻数和一般的 $N=3$ 位置的最近邻数相等，但次近邻数不同。$\sum n_i \Gamma_i$ 在这里可以展开为

$$\sum n_i \Gamma_i = n_3 \Gamma_3 + \cdots + n_5 \Gamma_5 + \cdots + n_9 \Gamma_9 \tag{3-81}$$

如果分别考虑各种跳跃，则可看出 $N=3$ 和 $N=9$ 位置仅具有一种类型的近邻位置。对于其他位置，不存在这种对称性。在一般情况下，许多原子位置周围有多个能量不同的势能坑，例如，从 $N=5$ 的位置出发有五种可能的跳跃可以实现，其中两个是平行台阶方向，并且是等价的，它们具有激活自由能 ΔG_{5m5}，另外两个等价的跳跃是离开台阶朝向（$N=3$）''位置，其激活自由能为 $\Delta G_{5m3}''$。此外，还有一种可能的跳跃是越过台阶到 $(N=3)'$，其激活自由能为 $\Delta G_{5m3}'$，因此，$N=5$ 的跳跃频率为

$$\Gamma_5 = 2v\exp\left(-\frac{\Delta G_{5m5}}{RT}\right) + 2v\exp\left(-\frac{\Delta G_{5m3}''}{RT}\right) + v\exp\left(-\frac{\Delta G_{5m3}'}{RT}\right) \tag{3-82}$$

按照前面推导平台上扩散系数的程序，可以得到

$$D_s = \frac{a^2 \, v \exp\left(-\dfrac{\Delta S^*}{R}\right)}{4n} \sum_{i=1}^{N^*} A_i \exp\left(-\frac{\Delta H_i}{RT}\right) \tag{3-83}$$

式中假设了所有的 v_{ij} 和 ΔS_{ij} 都相等，并分别等于 v 和 ΔS^*，A_i 和 ΔH_i 可由表查出。还得出

$$E_D = \sum_{i=1}^{N'} \Delta H_i \omega_i(T) \tag{3-84}$$

其中权重因子 $\omega_i(T)$ 可表示为

$$\omega_i(T) = \frac{A_1 \exp\left(-\dfrac{\Delta H_i}{RT}\right)}{\sum A_i \exp\left(-\dfrac{\Delta H_i}{RT}\right)} \tag{3-85}$$

这表明激活能可看作是不同跳跃的 ΔH_i 的总和，且每个 ΔH_i 作用的大小决定于其权重因子 $\omega_i(T)$，后者是温度的函数，因此 E_D 也是温度的函数。随着 ΔH_i 的增加，$\omega_i(T)$ 呈指数减少，因此，高的 ΔH_i 对于 E_D 的贡献小。

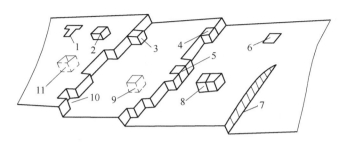

图 3-26 按照 TLK 模型得到的面心立方 {111} 晶面的表面原子结构
1—刃型位错露头；2—吸附原子，$N=3$；3—台阶上的吸附原子，$N=5$；
4—扭折处的原子，$N=6$；5—台阶内的原子，$N=7$；6—平台中的原子，$N=9$；
7—螺型位错露头；8—吸附原子对，$N=4$；9—杂质原子；10—台阶中空位；11—平台中的空位或表面空位

以上得到的 D_s 的表达式只体现了它受表面取向的影响，其变化因子不超过 2.5，但式中未能体现出表面内取向的影响。为了阐明这个问题，首先要指出的是，$\boldsymbol{D}_s$ 可以用一个二阶张量来描述。

$$\left[D_{ij} \right] = \begin{bmatrix} D_{11} & D_{12} \\ D_{21} & D_{22} \end{bmatrix} \tag{3-86}$$

由于微观可逆性原理适用于 D_{ij}，昂撒格的倒易关系成立，即

$$D_{12} = D_{21} \tag{3-87}$$

因此，为对称张量。所谓微观可逆性，就是一切个别粒子的力学运动方程对于时间的对称性，即对于变换 $t \rightarrow -t$ 的不变性。微观可逆性的成立，意味着在平衡条件下分子过程的正向和逆向过程将以相等的速度进行。对于对称张量，可以找到一系列的主轴，使 $\boldsymbol{D}_{12} = 0$。在此情况下，在和主轴夹角为 ϕ 的方向上，扩散系数为

$$D(\varphi) = D_{11} \cos^2\varphi + D_{22} \sin^2\varphi \tag{3-88}$$

这是一个椭圆方程，对于（111）和（100），其轴为三次和四次对称，$D(\varphi)$ 应当在三个和四个方向上相等。满足上述要求的椭圆只能是圆（$D_{11} = D_{12}$）。故在（111）和（100）面内，扩散是各向同性的。然而，（110）则具有二次对称，因而扩散不再是各向同性的。

下一步的任务就是求出 D_{11} 和 D_{22} 的随机运动表达式。考虑和主轴夹角为 ϕ 的方向上的扩散，沿此方向的单位矢量为 $\boldsymbol{b}$，这时，扩散系数为

$$D(\varphi) = \frac{1}{2} \sum_{i=1}^{P} \frac{n_i}{n} \langle a_k^2(b) \rangle_i \sum_{j=1}^{N} \beta_{ij} v_{ij} \cdot \exp\left(-\frac{\Delta G_{imj}}{RT} \right) \tag{3-89}$$

式中

$$\langle a_k^2(b) \rangle_i = \frac{1}{m_i} \sum_{k=1}^{\beta_{ij}} (a_k b)^2 f_k(a_k) \tag{3-90}$$

$f_k(a_k)$ 为分配函数，因为 $(a_k b)$ 为跳跃矢量在方向上的投影，故有

$$a_k b = a_k \cos(\varphi - \theta_k) \tag{3-91}$$

式中，a_k 为 a_k 的数值，而 θ_k 为 a_k 和主轴的夹角，展开 $\cos(\varphi - \theta_k)$，并综合式（3-89）~式（3-91），得到

$$D(\varphi) = \frac{a^2\cos^2\varphi}{2n}\sum_{i=1}^{P}n_j\langle\cos^2\theta_k\rangle_i\sum_{j=1}^{N}\beta_{ij}v_{ij}\cdot\exp\left(-\frac{\Delta G_{imj}}{RT}\right) + \frac{a^2\sin\varphi\cos\varphi}{n}\sum_{i=1}^{P}n_i\langle\sin\theta_k\cos\theta_k\rangle_i\cdot$$

$$\sum_{j=1}^{N}\beta_{ij}v_{ij}\cdot\exp\left(-\frac{\Delta G_{imj}}{RT}\right) + \frac{a^2\sin^2\varphi}{2n}\sum_{i=1}^{P}n_i\langle\sin^2\theta_k\rangle_i\cdot\sum_{j=1}^{N}\beta_{ij}v_{ij}\cdot\exp\left(-\frac{\Delta G_{imj}}{RT}\right)$$

$$\tag{3-92}$$

式中 $\langle\cos^2\theta_k\rangle$，$\langle\sin^2\theta_k\rangle$ 和 $\langle\sin\theta_k\cos\theta_k\rangle$ 按式（3-90）类似方式给出。因为 θ_k 是相对于主轴之一取的，式（3-92）右边的第二项将会恒等于零，因为 $\langle\sin\theta_k\cos\theta_k\rangle_i$ 等于零。事实上，命此和为零可以作为主轴的定义，并可用来求出主轴的取向。当表面具有三次或四次对称轴时，$\langle\sin^2\theta_k\rangle_i = \langle\cos^2\theta_k\rangle_i = 1/2$，因此，式（3-92）中的第一项和第三项相等，并得出 $D_{11} = D_{22}$。若令

$$D_{11} = \frac{a^2v\exp\left(-\dfrac{\Delta S}{R}\right)}{2n}\sum_{i=1}^{P}n_i\langle\cos^2\theta_k\rangle_i\cdot\sum_{j=1}^{N}\beta_{ij}\cdot\exp\left(-\frac{\Delta H_{imj}}{RT}\right)$$

$$D_{22} = \frac{a^2v\exp\left(-\dfrac{\Delta S^*}{R}\right)}{2n}\sum_{i=1}^{P}n_i\langle\sin^2\theta_k\rangle_i\cdot\sum_{j=1}^{N}\beta_{ij}\cdot\exp\left(-\frac{\Delta H_{imj}}{RT}\right)$$

则式（3-92）就变成了式（3-88）。

3.2.2.4　表面扩散的推动力

通常条件下，表面缺陷的存在就能引起表面原子的自迁移运动，产生自扩散效果。对于物理吸附在表面的异质原子，也会因为体系的不稳定（如浓度差）而沿表面运动，也会在表面某缺陷势阱处被俘获。在技术学科中，已经发现有许多客观存在的物理或化学因素，促成原子在一定方向上产生迁移扩散。在这里，我们把所有促成原子运动的因素统称为扩散推动力。概括起来，原子迁移扩散的推动力有浓度场、温度场、电场、应力场及环境诱导等。

A　原子浓度梯度

对于这种扩散，当扩散系数已知，可以用 Fick 第一定律或 Fick 第二定律，根据边界条件求解，其步骤与处理体扩散类似。

a　Fick 第一定律

稳态条件下，一维方向上的扩散是最简单的情况。这时，因浓度梯度引起体系中某原子 i 的扩散流用 Fick 第一定律定义式表示

$$J_i = -D_i\left(\frac{\mathrm{d}C_i}{\mathrm{d}x}\right)_T \tag{3-93}$$

式中，J_i 为温度 T 恒定的条件下某原子 i 在 t 时的扩散流；D_i 为原子 i 的扩散系数；C_i 为扩散物 i 的浓度；x 为平行于浓度梯度方向的距离。一般条件下的扩散问题都比较复杂，因为不仅涉及扩散系数随浓度的变化，扩散物本身的浓度还要随空间和时间改变，这时必须

采用 Fick 第二定律。

b Fick 第二定律

Fick 第二定律用来描述非稳定条件下的扩散，这时扩散物本身的浓度也随时间改变。这里只讨论最简单的一维问题，这时 Fick 定律可写为

$$\frac{\mathrm{d}C}{\mathrm{d}t} = \frac{\mathrm{d}}{\mathrm{d}x}\left(D\,\frac{\mathrm{d}C}{\mathrm{d}x}\right) \tag{3-94}$$

设扩散系数 D 同扩散物质浓度无关，并不随坐标 x 和时间 t 改变，则上式可写为

$$\frac{\mathrm{d}C}{\mathrm{d}t} = D\,\frac{\mathrm{d}^2C}{\mathrm{d}x^2} \tag{3-95}$$

该式通常也是处理实验数据、计算扩散系数的基础。

B 表面电迁移

电迁移是指在直流电场作用下，材料中原子或离子沿电场方向或反方向做迁移运动。它既不属于金属材料的导电，又不属于浓度梯度下的扩散，常被称作为驱动力作用下的扩散。常出现图 3-27 所示的种种现象。

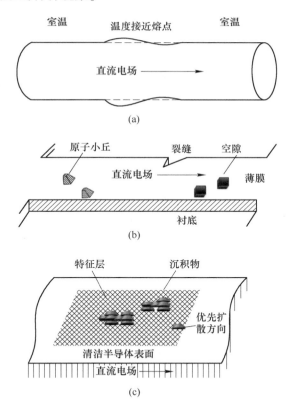

图 3-27 三种尺度几何结构中金属的电迁移
（a）导线；（b）薄膜；（c）表面

对于具有体相结构的金属导线［见图 3-27（a）］，在电场作用下其直径会出现粗细变异。导线变细处，会引起局部电流密度进一步提高，导致温度升高，从而进一步促进原子

迁移扩散，并最终引起断路。随着半导体工业的迅猛发展，材料和器件都以薄膜结构工作，在直流电场作用下，这种薄膜材料中的原子迁移和扩散运动将变得更加明显，金属薄膜在电场影响下所发生的原子电迁移，及由此引起的各种可能的结构缺陷，扩散机制也更趋复杂［见图 3-27（b）］。图 3-27（c）所示的情况则不同，它是把金属沉积在半导体基底上，对基底（而不是对沉积的金属）施加直流电场时所引起的金属原子迁移，称为半导体表面电迁移。

实践表明，如对这三种几何结构材料体系施加直流电压，则在导线中［见图 3-27（a）］、金属膜层［见图 3-27（b）］和半导体表面上［见图 3-27（c）］分别会观测到某些原子或离子沿特定方向迁移扩散。但是，对这三种不同体系，引起原子迁移扩散的条件和迁移扩散的特点却有明显差别，集中表现为它们的原子迁移速率差别很大，迁移方向各异，引起原子迁移扩散的物理机制也各不相同。迁移原子与电流载流子之间的相互作用机制尚未完全被理解，但是普遍认可的是电子流通过导体的电子流持续地被晶格缺陷散射。如图 3-28 所示，足够高的电流密度所引起电子动能被给予了原子，使其从完全进入激活态之后向阳极而去。这种所谓的电子"风"力通常超过了与其方向相反的，由所施加电场所引起在原子核上完全屏蔽的，阴极电场方向的静电场力。

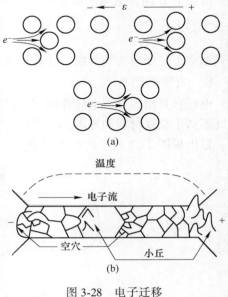

图 3-28 电子迁移
（a）电子迁移原子模式；
（b）在荷能薄膜导线中电子迁移损伤模式

一般电迁移是指施加直流电压后导线和薄膜中所发生的物质的转移，它是在传输高密度直流电流的同时也带动导体部分物质的疏运，所施加的电流密度很高，对体相导体为 $10^4 A/cm^2$。由于电流加热，电迁移作用会导致导线半径沿轴线方向变得不均匀，引起导线损伤。其中的原子运动是经过晶体内的晶格缺陷进行的，因此原子传输的效率较低，即原子的扩散速率很低。对表 3-1 中所列的五种金属，观测到的电迁移扩散方向是由阴极向着阳极，迁移方向同外加直流电场方向正好相反。

表 3-1   三种几何尺度电迁移体系特性对比

金 属	电迁移方向		
	体相	薄膜	半导体表面上
Al	阳极	阳极	阳极或阴极
Ag	阳极	阳极	阴极
Au	阳极	阳极	阳极
In	阳极	阳极	阴极
Sn	阳极	阳极	阴极

金　　属	电迁移方向		
	体相	薄膜	半导体表面上
电流密度/A·cm^{-2}	10^4	10^4	10
电场强度/V·cm^{-1}	10^{-2}	1	10
形貌	损伤	损伤	薄膜生长

对于金属薄膜电迁移，需要有更高的电流密度，其数值高达 10^7A/cm^2。薄膜中原子容易沿晶界和图中所示的表面缺陷通道迁移，其扩散速率有很大的提高，因此电迁移时还会引起图中所示的游离作用，在薄膜的侧边形成裂纹和孔隙，原子转移时薄膜会产生丘粒等，最终造成薄膜不同形式的损伤。以集成电路中常用的 Al 薄膜为例，电迁移所引起的损伤宏观表现有图 3-29 所示的三种情况：1）在表面垂直方向生长出丘粒，如图 3-29（a）所示；2）生长的晶须引起连线之间搭接而使电路短路，如图 3-29（b）所示；3）迁移造成集成电路连线断裂，如图 3-29（c）所示。与体相金属电迁移情况相同，它们的电迁移方向也是向着阳极，与外加电场方向相反。

(a)　　　　　　　　　　　　　　　　(b)

(c)

扫一扫查看彩图

图 3-29　Al 薄膜电迁移过程所引起的几种损伤证明

（a）表面垂直方向长出丘粒；（b）晶须使联线之间搭接；（c）电路联线断裂

至于半导体表面上金属原子的电迁移（EMSS），是把直流电场施加在衬底半导体时所引起的金属原子沿半导体（如 Si 或 GaAs）表面的迁移运动。它是表面上的金属增原子沿电场方向上的运动，可用来促进外延膜生长。与体相及薄膜两种尺度下的电迁移相比，引起半导体表面迁移的电流密度最低，但电场强度却最高。一个最显著的特点是除 Au外，其余见表 3-1。表 3-1 中 Al 在半导体表面上的迁移方向可能是向着阳极，也可能是向着阴极，造成这一矛盾的实验结果可能与实验时所制备的 Al 膜厚度有关。

值得强调的是，在微纳米半导体技术快速发展的今天，对于一些超薄金属膜，如0.1μm 级的集成电路、高密度存储器和读写磁头，图 3-29（b）和图 3-29（c）两种情况下的电迁移作用就很难严格区分。

通常情况下，原子的电迁移扩散实际上是热效应和电效应对原子运动的组合作用的结果。半导体表面上金属原子的迁移运动，主要是施加的电场作用的结果。半导体表面电迁移体系结构都是把金属以 1~10 个单原子层覆盖在 Si 表面上，然后对 Si 基底施加直流电流。Yasunaga 等建立起一个简单的物理模型，以便加深对半导体表面上金属原子电迁移过程的认识。首先做如下假设：

（1）沉积的薄膜具有 S-K 结构，Ag/Si(111) 和 In/Si(111) 体系都能满足这个条件。这样，在电场作用下迁移的物种，实际是中介层上的那些单个增原子。这些增原子形成了二维气体与中介层上一定数量的小岛平衡。

（2）增原子只能在中介层上运动（注意：是沿沉积物 Ag、In 本身的表面而不是沿 Si基底表面）并在层边缘处被俘获，不存在另外势垒对中介层扩散产生影响。

（3）当对基底施加直流电场时，电场对每个运载增原子具有均匀的推动力。

这样，在电场推动力 F 作用下沿 x 方向运载增原子的宏观运动可用扩散方程表示：

$$\frac{\partial \theta}{\partial t} = D \frac{\partial^2 \theta}{\partial t^2} - v \frac{\partial \theta}{\partial x} \tag{3-96}$$

式中，θ 是运载增原子在中介层上的平均覆盖率；D 为扩散系数；v 为漂移速度，并以Eintein 关系表示为

$$v = DF/kT \tag{3-97}$$

由于电子风力和静电力方向相反，这样，作用在单个原子上的力 F 可表示为

$$F = Z^* qE \tag{3-98}$$

式中，$Z^* q$ 为有效电荷；Z^* 为有效电荷数；q 为基元电荷；E 为电场强度。这种作用力又可分为两部分：第一部分是静电场对迁移原子的直接作用，第二部分是运动的电荷载流子通过散射与原子发生动量交换，产生"风力"。这两部分作用以有效电荷数 Z^* 加以概括。由式（3-98）可以写出

$$F = Z^* qE = (Z^*_{el} + Z^*_{wd})qE \tag{3-99}$$

$$Z^* = Z^*_{el} + Z^*_{wd} \tag{3-100}$$

式中，Z^*_{el} 和 Z^*_{wd} 分别代表静电场力和电子风力。如忽略动态屏蔽作用，Z^*_{el} 可取金属中迁移离子的化学价，这样 Z^*_{el} 数值范围是从零到原子化学价。宏观上，可将载流子风力视为因电流所产生的摩擦力。由于电流的载流子是电子，所以电子风力和静电作用力方向相反。对于半导体表面电迁移，可将 Z^*_{wd} 表示为

$$Z^*_{wd} = \pm n\lambda\sigma_d = \pm n\rho_d/N_d\rho \tag{3-101}$$

式中，n 和 N_d 分别为载流子浓度和迁移原子浓度；λ 为载流子的平均自由程；σ_d 为移动原子的散射截面；ρ 和 ρ_d 分别代表通常的电阻率和迁移原子本身独立引起的电阻率，对于空穴取"+"号，对于电子取"−"号。风力事实上是单位时间传递的总动量，可表示为

$$F_{wd} = \pm qEn\lambda\sigma_d \tag{3-102}$$

式（3-102）中

$$\rho_d = mN_d\sigma_d v/nq^2 \tag{3-103}$$

$$\rho = mv/nq^2\lambda \tag{3-104}$$

式中，m 为载流子质量。

对一般块体材料和薄膜材料，电迁移时的有效电荷数 Z^* 的计算，Huntington 曾提出一个简单公式

$$Z^* = Z_{el}\left[\frac{\Delta H_m}{kT}\frac{m_0}{m^*} - 1\right] \tag{3-105}$$

式中，Z_{el} 取金属原子的化学价；m^* 和 m_0 分别代表有效电子质量和自由电子质量；k 为 Boltzmann 常数；T 为热力学温度；ΔH_m 为

$$\Delta H_m = \frac{1}{2}m\omega^2\langle x_d^2\rangle \tag{3-106}$$

式中，$m\omega^2$ 是原子质量和原子的角振动频率二次方的乘积；$\langle x_d^2\rangle$ 表示原子散射截面。表3-2 所列数据为用式（3-105）对 Au、Ag、Cu、Al 和 Pb 所计算的 Z^*，同时和实验值进行对比，两者之间的一致性还是比较合理的。与体电迁移相比，显然，表面电迁移时风力的有效电荷数 Z^* 要比块体和薄膜原子电迁移时的 Z^* 大很多。正因为这样，对微纳米电子器件中的电迁移问题应当给予特别重视。

表 3-2　有效电荷 Z^* 的测量值和理论计算值对比

价数	金属	测量的有效电荷 Z^*	温度/℃	ΔH_m/eV	计算的有效电荷 Z^*
单价	Au	−9.5~−7.5	850~1000	0.83	−7.6~−6.6
	Ag	−8.3±1.8	795~900	0.66	−6.2~−5.5
	Cu	−4.8±1.5	870~1050	0.71	−6.3~−5.4
三价	Al	−30~−12	480~640	0.62	−25.6~−20.6
五价	Pb	−47	250	0.54	−44

C　温度场

通常条件下，提高温度必然会促进表面上有关原子的运动及随机行走速度。从这个观点上看，温度也是加快原子迁移扩散的推动力。即便在电迁移实验中，也会观察到提高温度所产生的热扩散影响。如将块体材料（如导线）保持在很低的温度（如液氮温度），即便在外界电流密度高达 $10^5\,\mathrm{A/cm^2}$ 条件下也不会出现电迁移。一个块体金属原子的电迁移，一般要在其热力学温度达到熔点的 3/4 时才可能发生。对于金属多晶薄膜，只有当温度接近熔点的 1/2 时，电迁移才能以可检测的速度进行。因为只有在很高的温度下，在体相晶格和薄膜的晶界处，才有可能产生大量的随机行走的原子，而正是这些原子在电场作用下参与原子电迁移扩散。另一方面，任何扩散系数 D 的指数因子相，都含有热力学温度 T。

由此可见，对于任何情况下的原子迁移扩散，温度都是一个重要的影响因素。即便是在半导体表面电迁移实验中，也已观测到热效应的明显影响，因为对具有一定电阻率的半导体，通电后必然产生焦耳热。

D　机械应力

在机械应力作用下，特别是长期载荷作用下，原来均匀分布在材料中的杂质，会通过迁移运动逐步向晶粒边界附近扩散和富集，从而大大降低材料的机械强度。对于器件中的薄膜引线，则因附加电场的作用加速杂质元素的偏析，从而引起断路，这是光电器件失效的原因之一。通常由机械蠕变和电场作用所引起的原子迁移扩散速率差不多相等，这两种驱动力均有方向性，因而彼此可能相互干扰。

金属薄膜中的应力主要来自微电子器件中介电常数限制。如大规模集成电路中的多层 Al 引线都是镶嵌在绝缘体 SiO_2 中，因金属和介电材料是在不同温度下加工而成的，不可避免地要产生热应力。当器件长期受到电场的作用时，不论是机械应力还是热应力都将引起材料中有关元素的迁移扩散，造成材料局部缺陷和有害杂质的偏析。机械应力的作用也是材料和器件失效的微观机制之一。

E　毛细管作用力

毛细管作用（也就是表面自由能最小化）可以作为表面扩散的一种驱动力。粉体烧结、粒子聚结、晶界沟槽等都是由于毛细管作用所引起。

如图 3-23 所示，刚开始时，两晶粒表面为平面，晶界面也是平面，与表面垂直。晶界界面张力为 γ_g，它的作用是使晶界尽量减小。平衡时，

$$\gamma_g = 2\gamma_s \sin\theta \tag{3-107}$$

式中，γ_s 是固-气表面张力；θ 为夹角。

在界面张力（界面能）的作用下，晶界与表面处出现沟槽。沟槽一经形成，两边的表面出现曲率半径 R，在相同温度和压力下，在该处的原子比表面处的原子具有更高的 Gibbs 自由能（也就是化学势 μ）。化学势差由 Gibbs-Thomson 方程决定：

$$\Delta\mu = \frac{\gamma_g V_a}{R} = \gamma_g V_a K \tag{3-108}$$

式中，V_a 为原子体积；K 为表面曲率（$= 1/R$）

$$K = \frac{\mathrm{d}^2 y/\mathrm{d}x^2}{[1 - (\mathrm{d}y/\mathrm{d}x)^2]^{3/2}} \tag{3-109}$$

在一般情况下，$\gamma_g/\gamma_s \approx 1/3$，$\theta$ 角较小，$(\mathrm{d}y/\mathrm{d}x)^2 \ll 1$，故：$\Delta\mu = \gamma_g V_a \mathrm{d}^2 y/\mathrm{d}x^2$。

在晶界处（选为 $x = 0$），化学势 μ 最高，由于 μ 的梯度，将驱使原子由晶界流向两侧，这种扩散流将使沟槽加深加宽。加深加宽都是在低于熔点（或烧结温度）下发生的，因此刻意用来观察晶界（热蚀）和有限度地控制晶界的形貌。

3.2.3　晶界扩散

众所周知，界面厚度虽小，一般不过几个原子层，但其扩散却比体内快得多。界面扩散在许多工艺过程中起着重要作用，例如，烧结、析出、薄膜气相沉积的成核生长和混合效应、固态反应等。从根本上说，这一特点和界面扩散的原子过程相关。在界面中，原子

的跳跃频率比体内约高百万倍。然而，界面扩散系数 D' 仅给出了对此现象的唯象表征，而其原子运动过程的严格理论还未真正建立起来。

3.2.3.1 晶界扩散的板片模型

界面扩散的研究主要集中在晶界扩散上，其第一个模型是费希尔（Fisher）提出的板片模型。他把晶界假设为均匀厚度的板片，在其全部范围内，扩散系数 D' 保持不变（见图 3-30）。由菲克第二定律可得出质量平衡关系式，在晶界以外为

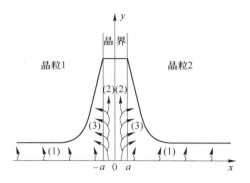

图 3-30　晶界扩散的 Fisher 板片模型

$$\frac{\partial c}{\partial t} = D \nabla^2 c \quad |x| > a \qquad (3\text{-}110)$$

在晶界内为

$$\frac{\partial c'}{\partial t} = D' \frac{\partial^2 c}{\partial y^2} + \frac{D}{a} \frac{\partial c'}{\partial x} \quad |x| < a \qquad (3\text{-}111)$$

在晶粒和晶界交接处，$|x| = a$，有

$$c' = Kc \qquad (3\text{-}112)$$

$$D \frac{\partial c}{\partial x} = D' \frac{\partial c'}{\partial x} \qquad (3\text{-}113)$$

式中，c 和 c' 分别为晶粒内和晶界处的浓度；D 和 D' 分别为相应的扩散系数；K 为扩散物质的偏析系数。对于纯体系，$K = 1$，对于杂质扩散，$K = K_{eq}$，对于相界面，式（3-112）表示化学势相等。

式（3-111）可改写成

$$\left(\frac{D'}{D} - 1 \right) \frac{\partial c}{\partial t} = D' \frac{\partial^2 c}{\partial y^2} - \frac{D}{Ka} \frac{\partial c}{\partial x} \qquad (3\text{-}114)$$

它表明晶界板片内的平均浓度变化也受到穿越接触面 $|x| = a$ 的物质交换的影响。在列出此方程时，假设了晶界板片内在 x 方向上的浓度是均匀的，只要晶界的厚度 $2a$ 足够小，并且穿越板片的跳跃频率足够高，这个近似就能成立。在金属中，高扩散速率的通道局限在晶界紧临区内，这个近似是比较好的。然而，在离子晶体中，氧化物和化合物半导体中，由于空间电荷、偏析和偏离化学计量，有可能使高扩散速率区加宽。

式（3-111）和式（3-114）是界面扩散的基本方程，一旦选定了 K，就能利用合适的初始条件和边界条件求解。

晶界扩散对于总的传质效果的影响程度，决定于传质过程的动力学模型。根据晶界扩散和体扩散之间的关系，哈里森（Harrison）将晶界扩散分为 A、B、C 三种，如图 3-31 所示。其中 A 类动力学的特点是晶格扩散较强，达到可以与晶界扩散相比的水平。在 B 类动力学过程中，晶界扩散明显地高于晶格扩散，因而可以把晶界看作是孤立存在的。在 C 类动力学中，晶格扩散和晶界扩散相比，小到可以忽略不计。一般块体材料的扩散传质，多半都属于 B 类。薄膜具有很高的结构缺陷密度，因而在合适的热力学条件下，上述三类动力学过程都能存在。若用数学关系来描述，则上述分类可表达为

A 型：

$$\sqrt{Dt} \geqslant l$$

$$\sqrt{Dt} \sim \sqrt{D't}$$

式中，D 为晶格扩散系数；晶界宽度为 δ；晶界距离为 l。A 型扩散的晶粒扩散很快，晶界扩散更快，两种扩散混合起来，基本上可看作"均匀"地往体内渗透，杂质通过晶界往内扩散时，同时往晶粒内扩散（体扩散），因为 $(Dt)^{1/2} \geqslant l$。晶界宽度 δ 通常为 $5 \sim 10\text{Å}$，晶粒的典型尺寸是几百至几千埃，这也是 L 的数量级。一般可以认为 $(Dt)^{1/2}$ 是在时刻 t 时杂质扩散的深度，所以在 A 型情况杂质分布截面基本上是个平面。

对于 A 型扩散，如果用归一化晶粒尺寸 A（normalized grain size），且 A 不大于 0.1，则其截面浓度为

$$C = \frac{M}{(\pi D_b t)^{1/2}} \exp\left(-\frac{x^2}{4D_b t}\right) \quad (3\text{-}115)$$

式中，M 是 $x=0$，$t=0$ 时杂质（扩散源）总数；D_b 为晶界扩散系数，$A = L/(D_b t)^{1/2}$

B 型：

$$\sqrt{Dt} \ll l$$

$$\sqrt{Dt} \ll \sqrt{D't}$$

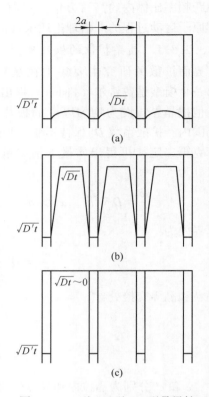

图 3-31   A 型、B 型、C 型晶界扩散动力学示意图

(a) A 型；(b) B 型；(c) C 型

这类似于晶格扩散较慢，晶界扩散甚快，扩散的结果是晶界附近"包"上一层杂质。陶瓷晶界层电容器就是利用这类扩散，使在半导体陶瓷晶粒周围包一层绝缘物。

C 型：

$$\sqrt{Dt} \sim 0$$

$$\sqrt{Dt} \ll \sqrt{D't}$$

这是一种极端情况，可以认为杂质只能通过晶界向内部渗透，体内几乎没有。我们知道晶界扩散在低温时就会很显著，一些快离子（如 Na、K、Cl 等），可以认为在低温时通过晶界渗入了内部各个晶界处，在热处理时，再由晶界向体内扩散，这样很快就把整个样品污染。

现在我们来考虑孤立的晶界。在几何上这个问题比较简单，维勃（Whipple）研究了无限源边界条件的孤立晶界扩散问题，这种边界条件可表示为

$$c = c_0(y = 0, \ t \geqslant 0)$$

设晶界内的浓度依赖于时间，块体材料中平行晶界的物质流和垂直晶界的比，小到可以忽略不计，定义约化坐标为

$$\xi = \frac{x - a}{\sqrt{Dt}} \quad (3\text{-}116)$$

$$\eta = \frac{y}{\sqrt{Dt}} \tag{3-117}$$

费希尔用近似方法求出了无限源孤立晶界问题的近似解，他得出晶界扩散对于约化坐标点（ξ，η）上浓度的贡献为

$$C_F = c_0 \, \text{erfc}\left(\frac{\xi}{2}\right) \exp\left(-\frac{\eta}{\pi^{1/4}\beta^{1/2}}\right) \tag{3-118}$$

式中

$$\beta = \frac{D'}{D} \frac{K_\alpha}{\sqrt{Dt}}$$

式中，β 为无因次参量，它决定了等浓度曲线在晶界附近的形状（见图 3-32）。这是费希尔对无限源问题给出的近似解。

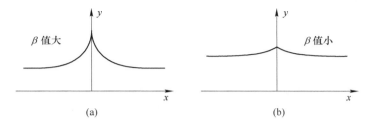

图 3-32　晶界附近等浓度曲线的形状和无因次参量 β 的关系

维勃用傅里叶空间变换得到了无限源问题的精确解，界面扩散对于轮廓浓度的贡献可表示为

$$c_W = c_0 \frac{\eta}{2\sqrt{\pi}} \int_1^\Delta \frac{d\sigma}{\sigma^3/2} \exp\left(-\frac{\eta^2}{4\sigma}\right) \cdot \text{erfc}\left[\frac{1}{2}\sqrt{\frac{\Delta-1}{\Delta-\sigma}}\left(\frac{\sigma-1}{\beta}+\xi\right)\right] \tag{3-119}$$

式中

$$\Delta = \frac{D'}{D}$$

有限源的初始及边界条件可表示为

$$c(x,\,y,\,t) = M\delta(y) \quad (t=0)$$

$$\frac{\partial c}{\partial y} = 0 \quad (y=0,\,t>0)$$

铃岗（Suzuoka）得到了有限元问题的精确解为

$$c_s = \frac{M}{4\sqrt{\pi Dt}} \int_1^\Delta \frac{d\sigma}{\sigma^{3/2}}\left(\frac{\eta^2}{\sigma}-2\right)\exp\left(-\frac{\eta^2}{4\sigma}\right) \cdot \text{erfc}\left[\frac{1}{2}\sqrt{\frac{\Delta-1}{\Delta-\sigma}}\left(\xi+\frac{\sigma-1}{\beta}\right)\right] \tag{3-120}$$

在晶界以外区域里，即 $|x|>a$ 处，其浓度由正常无晶界的块体扩散和晶界扩散叠加而成，在无限源情况下

$$c = c_0 \, \text{erfc}\frac{\eta}{2} + c_W \tag{3-121}$$

对于有限源（也称瞬时源）条件，则有

$$C = \frac{M}{4\sqrt{\pi Dt}}\exp\left(-\frac{\eta}{4}\right) + C_s \tag{3-122}$$

应当指出，在靠近晶界处的自由表面附近，也可能是负值。在这个区域里，晶界起到沉阱的作用，而有限元的体扩散不能充分快地供应它。

3.2.3.2 晶界扩散的管道模型

界面扩散的板片模型尽管取得了一定的成功，并得到了广泛的应用，但是，它未能说明问题的物理实质。首先它解释不了为什么晶界扩散系数比块体扩散系数高，也说明不了界面扩散的许多特征，如各向异性等。最后也是最根本的，它未能给出原子随机运动及晶界原子机构和扩散系数的关系。

早在 20 世纪 50 年代，特恩布尔（Turnbull）和霍夫曼（Hoffman）就已在小角度晶界位错模型的基础上，提出了管道模型。例如，简单的倾侧晶界由等间距平行的刃型位错构成，其柏氏矢量 $\boldsymbol{b}$、位错间距 d 和倾转角之间存在以下关系

$$d = \frac{\boldsymbol{b}}{2\sin\dfrac{\theta}{2}} \tag{3-123}$$

特恩布尔和霍夫曼假设，位错之间的晶界区，其晶格虽然已畸变，然而还是比较完善，其扩散系数和完善的晶格相近，位错芯和管道是高度无序的，具有较高的扩散系数 D_p，他们用截面为 A_p 和间距为 d 的管道的平面阵列来表征晶界，而不用厚度为 δ 的均质板片。按照位错模型，测得的晶界扩散系数可表示为

$$D' = \frac{D_p A_p}{d} = 2D_p A_p \frac{\sin\dfrac{\theta}{2}}{b} \tag{3-124}$$

其中 D_p 和温度的关系为

$$D_p = D_p^0 \exp\left(-\frac{E_p}{kT}\right) \tag{3-125}$$

式中，E_p 为管道的扩散激活能。将式（3-125）代入式（3-124），得到

$$D' = \frac{D_p^0 A_p}{d}\exp\left(-\frac{E_D'}{kT}\right) = 2D_p^0 A_p \exp\left(-\frac{E_D'}{kT}\right)\frac{\sin\dfrac{\theta}{2}}{b} \tag{3-126}$$

以上各式表明，在管道模型适用的范围内，对于所有的 θ，都有 $E_D' = E_P$ 和 $D' \propto \sin\dfrac{\theta}{2}$。

管道模型对晶界扩散做出了以下预言：

（1）晶界扩散在小角度范围内将是高度各向异性的，例如，在平行于位错和垂直于位错方向上，D' 将会有很大的差别。这种各向异性随角度的变化，对于确定大角度晶界的扩散机理，将是至关重要的。

（2）晶界的扩散激活能 E_D' 将和晶界的倾转角无关，而 D' 则和 $\sin\dfrac{\theta}{2}$ 成比例。

（3）晶界的类型将会对 D' 的数值有影响。例如，在图 3-33（a）中，位错沿 [001] 均匀分布，其柏氏矢量 $\boldsymbol{b} = a \cdot [010]$，由于位错不在滑移带那里，因此它不能够分解。而在图 3-33（b）中，位错位于滑移面内，因而只要堆垛层错能低，它就能够很容易地分

解。图中给出，位错在（111）面上分解成为部分位错，其柏氏矢量为$\frac{a}{b}(211)$类型，其间由本征堆垛层错带分隔开。

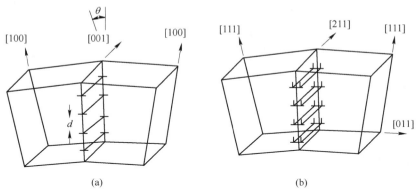

图 3-33　小角度倾侧晶界中的刃型位错阵列

（a）位错沿［001］均匀分布；（b）位错位于滑移面内

以上介绍了晶界扩散的管道模型（也称位错模型），其两个基本结论是：随着 θ 的增加，位错密度增加，扩散管道增加，因而 D' 也增加；随着 θ 的增加，扩散机理并未发生变化，因而晶界的扩散激活能不变。上述两个结论都已为实验所证实。

位错的结构变化对于晶界扩散有显著的影响，这些变化包括了位错的分解为部分位错和堆垛层错、倾侧和扭转。在体心立方金属中，位错芯比在面心立方金属中扩展快，因而体心立方金属的 E'_D/E_D 应当较大，D'/D 应当较小。例如，对于体心立方铁，$E'_D/E_D \approx$ 0.73，而对于面心立方铁，E'_D/E_D ≈ 0.58。

随着 θ 的增加，位错间距将持续减少。当位错间距小到位错芯量级时，离散位错模型不再能够成立。在所有其他界面上，局域化的错配位错都是不稳定的，位错模型成立的最大 θ 值决定于晶界能错配梯度（dE/dθ）。值得注意的是，随着 θ 的变化，各种扩散性能都是发生平滑的变化，而没有突变。这表明晶界扩散的基本机理并未发生变化。计算机模拟表明，在大角晶界上，存在一些通道，其原子结构与未分解的位错芯相类似（见图 3-34），这些通道的数目和截面积与 θ 及晶界类型有关，其结果和实验也是相符的。

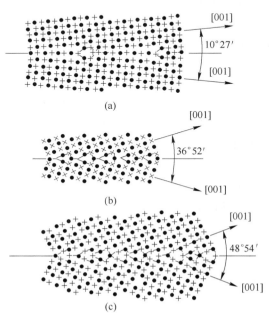

图 3-34　计算机模拟得到的铝［100］的三种倾转晶界

（a）小角度晶界；（b）CSL 晶界（Σ5）；（c）大角度晶界

3.2.4　晶界迁移

界面的迁移运动是各类转变的重要基础，转变中新相的长大实质是界面迁移的过程。界面迁移速度决定新相长大速度，影响界面迁移的因素同样影响新相长大过程。

3.2.4.1　界面迁移速度

界面迁移实际是相邻晶粒原子运动的结果，界面迁移与原子运动方向相反、速度相同，如图 3-35 所示，有 $V_界 = V_原$ 的关系。

界面两侧原子的运动是由于两边原子所处的吉布斯自由能不同，如图 3-36 所示。

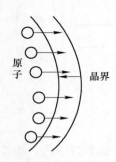

图 3-35　界面迁移与原子运动

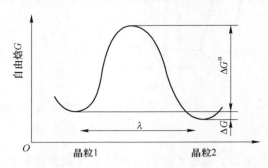

图 3-36　界面两侧原子的吉布斯自由能曲线

假定晶粒 1 原子比晶粒 2 原子吉布斯自由能高出 ΔG，晶粒 1 原子跳出平衡位置的激活能为 ΔG^α，设晶粒 1 侧单位面积原子数为 n_1，原子振动频率为 ν_1，具有能量 ΔG^α 的原子数为 $n_1\nu_1\exp(-\Delta G^\alpha/RT)$，跳出原子中被晶粒 2 接受的概率为 A_2，则从晶粒 1 到晶粒 2 的原子有效流量 $J_{1\to2} = A_2n_1\nu_1\exp[-\Delta G^\alpha/RT]$，同样，从晶粒 2 跳向晶粒 1 的原子有效流量 $J_{2\to1} = A_1n_2\nu_2\exp[-(\Delta G^\alpha+\Delta G)/RT]$，式中符号意义表示同前。平衡时，$\Delta G = 0$，$A_2n_1\nu_1 = A_1n_2\nu_2$，对 $\Delta G > 0$ 可假设也符合此关系。则从晶粒 1 至晶粒 2 原子时的净流量为

$$J = J_{1\to2} - J_{2\to1} = A_2n_1\nu_1\exp\left(-\frac{\Delta G^\alpha}{RT}\right)\cdot\left(1 - \exp\left(-\frac{\Delta G}{RT}\right)\right) \tag{3-127}$$

界面迁移速度为单位时间界面沿长度方向迁移的距离，可转换为单位时间、单位面积界面的体积迁移量，除以原子体积即相应于单位时间、单位面积的原子流量（J），如图 3-37 所示，原子体积可由摩尔体积（V_M）和摩尔原子数（N_a）求出。

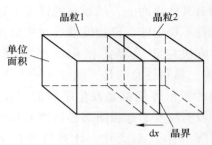

图 3-37　界面迁移与原子流量关系

$V_界$ 与 J 的关系为

$$J = \frac{V_界}{原子体积} = \frac{V_界}{V_{M/N_a}} \tag{3-128}$$

将式（3-128）代入式（3-127）得到

$$V_界 = \frac{A_2n_1\nu_1V_M}{N_a}\exp\left(-\frac{\Delta G^\alpha}{RT}\right)\cdot\left(1 - \exp\left(-\frac{\Delta G}{RT}\right)\right) \tag{3-129}$$

当 $\Delta G \ll RT$，$\exp\left(-\dfrac{\Delta G}{RT}\right)$ 可近似为 $1-\dfrac{\Delta G}{RT}$，则

$$V_{界} = \frac{A_2 n_1 v_1 V_M^2}{N_a \cdot RT} \exp\left(-\frac{\Delta G^\alpha}{RT}\right) \cdot \left(\frac{\Delta G}{V_M}\right) = M \cdot P \tag{3-130}$$

式中，

$$M = \frac{A_2 n_1 v_1 V_M^2}{N_a \cdot RT} \exp\left(-\frac{\Delta G^\alpha}{RT}\right) = \frac{A_2 n_1 v_1 V_M^2}{N_a \cdot RT} \exp\left(\frac{\Delta S^\alpha}{R}\right) \cdot \exp\left(-\frac{\Delta H^\alpha}{RT}\right) \tag{3-131}$$

M 叫作迁移率，是单位驱动力下的迁移速度；$P = \dfrac{\Delta G}{V_M}$，叫驱动力，为晶粒两侧材料单位体积的吉布斯自由能差。驱动原子由吉布斯自由能高的晶粒迁移向吉布斯自由能低的晶粒，而晶界则迁移向吉布斯自由能高的一侧，驱动力单位为 N/m^2。

驱动力表达式的确定可证明如下。设单位面积晶界在驱动力 p 作用下迁移 Δx 的距离，驱动力作功 $p\Delta x$，界面迁移 Δx，由晶粒 2 进入晶粒 1 的摩尔原子数为 $\Delta x/V_M$，相应降低的能量为 $\Delta G \cdot \Delta x/V_M$，降低的能量提供驱动力作功，故 $p \cdot \Delta x = \Delta G \cdot \Delta x/V_M$

即

$$p = \Delta G/V_M \tag{3-132}$$

3.2.4.2 界面迁移的驱动力

界面迁移的速率 $V_{界}$ 可表示为 $V_{界} = M \cdot P^n$，对于单个的不偏析的界面，指数 $n=1$；对于螺旋迁移生长机理，$n=2$；对于由一种机理转变为另一种机理的情况，则可能得到 $n>2$。

界面迁移的驱动力来源于两方面。

A 变形储能

对冷变形的晶体，各个晶粒和晶粒的各个部分变形是不均匀的，相应位错密度不同，因而各部分吉布斯自由能有差别，如图 3-38 所示。

图 3-38 变形储能作为驱动力

Ⅰ区变形不大，接近无畸变的退火态，Ⅱ区变形大，变形储能高，则

$$\Delta G = G_{\text{Ⅱ}} - G_{\text{Ⅰ}} = \Delta E - T\Delta S \approx \Delta E = E_{\text{Ⅱ}} - E_{\text{Ⅰ}}$$

如Ⅰ区退火态畸变能为零，即 $E_{\text{Ⅰ}} = 0$，Ⅱ区单位体积变形储能为 $E_{\text{Ⅱ}V}$，则界面迁移驱动力为

$$P = \frac{\Delta G}{V_M} = E_{\text{Ⅱ}V} \tag{3-133}$$

显然，变形储存能越大，则与无畸变部分相邻界面迁移的驱动力越大，其迁移速度也越大。冷变形金属在再结晶退火中核心的形成和长大即以变形储存能为驱动力。

B 界面曲率

对无变形的退火态晶体，界面曲率成为界面迁移的驱动力，当然，在变形晶体中，界面曲率也起作用。具有曲率的弯曲界面有界面张力作用，产生一向心的法向力，使界面平直化，为维持界面上的力学平衡，保持界面的弯曲，则在界面两侧有一压力差 Δp。图 3-39 所示曲率半径为 R 的圆柱体界面，沿长度 (l) 方向作用界面张力 γ，合力为 $\gamma \cdot l$。

界面张力的法向分力与压力差相平衡，

$$2\gamma \cdot l \cdot \sin\frac{d\theta}{2} = \Delta p \cdot Rd\theta \cdot l \tag{3-134}$$

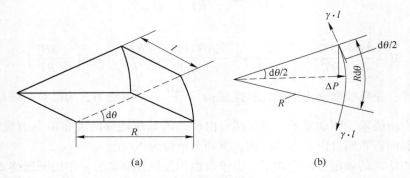

图 3-39 圆柱界面上元和界面张力平衡

因 $d\theta$ 很小，$\sin\dfrac{d\theta}{2}$ 近似等于 $\dfrac{d\theta}{2}$，式（3-134）变为

$$2\gamma \cdot l \cdot \frac{d\theta}{2} = \Delta p \cdot Rd\theta \cdot l \tag{3-135}$$

可以得出

$$\Delta p = \frac{\gamma}{R} \tag{3-136}$$

对任意曲面，有两个主曲率半径 R_1 和 R_2，界面张力法向分力与压力差有同样平衡关系，可以导出，$\Delta p = \gamma\left(\dfrac{1}{R_1} + \dfrac{1}{R_2}\right)$，对球形界面，$R_1 = R_2 = R$，则界面两侧的压力差

$$\Delta p = \frac{2\gamma}{R} \tag{3-137}$$

根据吉布斯自由能微分式，$dG = -SdT + V_M dp$，在恒温下，$dG = V_M dp$，跨越界面积分，得到

$$\Delta G = V_M \cdot \Delta p = \frac{2\gamma \cdot V_M}{R} \tag{3-138}$$

$$\frac{\Delta G}{V_M} = \frac{2\gamma}{R} = p \text{（驱动力）} \tag{3-139}$$

可见，界面曲率越大，曲率半径越小，则驱动力越大，界面迁移速度越大，界面迁移减少曲率，降低压力差和自由能差，以趋向于热力学稳定状态，此时界面向曲率中心方向迁移。

3.2.4.3 界面迁移率

晶界迁移率 M 是迁移机理的函数，其决定于晶界结构和溶质含量。如果假设晶界迁移具有单原子过程机理，则作为一级近似，M 可以表示为

$$M = \frac{DV_M}{akT} \tag{3-140}$$

式中，a 为原子跳动距离；系数 D 的量纲和扩散系数相同，D 中包含了晶界迁移激活能，一般而言，纯金属的晶界迁移激活能大约为块体扩散激活能的一半。影响界面迁移率的因素主要有：

A 溶质原子

溶质对界面迁移的影响称为溶质效应。溶质原子和运动中的晶界的交互作用与偏析系数 K 有关，当 K 小于 1 时，溶质原子被晶界拖曳，当 K 大于 1 时，晶界扫走溶质原子。当驱动力很大时，晶界把溶质原子留在背后。如果溶质原子被晶界所排斥，它对晶界迁移率的影响也会较大。许多实验证实合金中微量杂质或溶质原子会使迁移率下降，如纯度 99.999% 的铜中加入 0.01% 碲，可使晶界迁移速度降低 10^6 倍。铅中加入微量锡，由 10^{-6} 增加至 6×10^{-5} 时，晶界迁移率下降 10000 倍。溶质原子降低迁移率的原因与晶界吸附溶质原子有关，界面迁移将拖曳溶质原子一起运动，而溶质原子的运动受在基体中扩散速度的影响，因而阻碍界面迁移，使迁移率下降。溶质原子对任意位向的一般界面影响大，对具有重合位置原子的特殊位向界面，由于界面能低，溶质原子偏聚少，因此，对晶界迁移率影响要小。微量锡对高纯铅一般晶界和特殊晶界迁移速度的影响示于图 3-40。

B 第二相质点

运动的界面遇到第二相质点，会受到阻碍，使界面迁移速度降低。

当第二相质点的最大截面与界面相符合，体系的总表面能为 $(A - \pi r^2)\gamma_1 + 4\pi r^2 \gamma_2$，式中，$A$ 为界面积，r 为粒子半径，γ_1 和 γ_2 为界面和第二相质点与基体的比界面能。若界面与质点分开，总表面能为 $A\gamma_1 + 4\pi r^2 \gamma_2$。因此，界面若脱离第二相质点，将使能量升高，因而产生阻力 F，阻止界面迁移，引起界面的弯曲。弯曲界面有表面张力作用，表面张力的垂直分力与第二相粒子对界面的阻力 F 大小相等，方向相反。图 3-41 示出其关系。

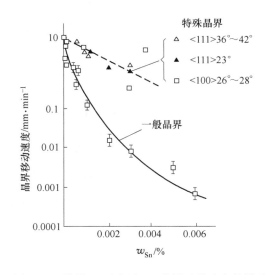

图 3-40 微量 Sn 对高纯 Pb 晶界迁移速度的影响

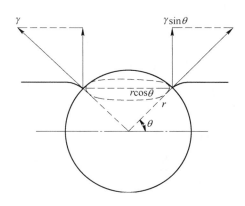

图 3-41 第二相粒子与界面交互作用

沿第二相粒子与界面相交边缘所作用的表面张力垂直分量为 $2\pi r \cos\theta \cdot \gamma \cdot \sin\theta$ 与粒子对晶界的阻力 F 相等，故有 $F = 2\pi r \cos\theta \cdot \gamma \cdot \sin\theta = \pi r \cdot \gamma \cdot \sin 2\theta$。

令 $dF/d\theta = 0$，可求得当 $\theta = 45°$，粒子对界面作用的阻力最大，此时，$F_{max} = \pi r\gamma$。由于在第二相粒子的体积分量为 f 时，单位面积界面所包含的粒子数目为 $N = \dfrac{3f}{2\pi r^2}$。故单位面积上的第二相粒子对界面总的阻力为

$$F_{阻} = \frac{3f}{2\pi r^2} \cdot \pi r\gamma = \frac{3f}{2r}\gamma \tag{3-141}$$

式（3-141）表明，第二相质点的体积分量越大，粒子半径越小，则其对界面的总阻力越大。

一个弯曲界面在驱动力作用下发生迁移，运动中遇到第二相质点，则又受到阻力，当驱动力与阻力达到平衡时，界面运动停止。晶粒停止长大而达到一个极限尺寸，根据粒子阻力与驱动力的平衡条件，可以确定晶粒的极限尺寸。设界面为球面，曲率半径为 R^*，单位面积的驱动力为 $2\gamma/R^*$，平衡时

$$\frac{2\gamma}{R^*} = \frac{3f}{2r}\gamma \tag{3-142}$$

所以晶粒停止长大的极限尺寸为：

$$R^* = \frac{4\gamma}{3f} \tag{3-143}$$

因此，第二相粒子体积分量越大，粒子半径越小，退火后获得的晶粒越为细小。

C　温度

在式（3-131）界面迁移率的关系式中，迁移率与温度的关系为

$$M \propto \frac{1}{T} \cdot e^{-1/T} \tag{3-144}$$

其中，指数项的影响大于指数项前系数的影响，因此，随温度升高，迁移率增大，界面迁移速度加快。以上关系说明原子扩散受温度的影响，除此以外，还应考虑第二相粒子在温度升高，达到一定高温时，会发生溶解，此时，粒子对界面的抑制作用消失，使迁移率迅速增大，晶粒长大速度急剧变快。

D　晶粒间位向差

相邻晶粒位向差影响晶界的结构，随着位向差减小，由大角界面变为小角界面直至无界面，相应原子扩散由晶界扩散向晶格扩散过渡，扩散系数逐渐变小，因而随位向差角减小，界面迁移率降低。实验研究表明，某些取向差具有最大的迁移率。根据晶体结构的不同，对应于最大迁移率的转角也不同。对于给定的取向差，迁移率随晶界平面相对于旋转轴的取向不同而变化，在铝和铜中，与 $\sum = 7/\,38.2°/[\,111\,]$ 相关的倾转晶界的迁移率，比相应的与 $\sum = 7$ 相关的扭转晶界迁移率高。

此外，某些具有重合位置原子的特殊位向界面，由于溶质原子偏聚不多，对界面阻碍较小，因而界面具有较高的迁移率。

3.2.4.4　界面迁移机理

A　晶界迁移的台阶运动机理

原子尺度台阶运动的速度 v_s

$$v_s = d_a f \frac{\Delta G_{1 \to 2}}{kT} \exp\left(-\frac{E_s}{kT}\right)$$ (3-145)

式中，E_s 为在台阶上增加一个原子的激活能，具有许多同样的原子尺度独立台阶的界面的迁移速度为

$$v_i = n_s v_s d_a$$ (3-146)

式中，d_a 为单位面积界面上的台阶长度，例如，在冷加工状态，在滑移带和晶界相交处有很多的台阶，然而，在开始迁移后，台阶会耗尽，螺旋生长机理在此过程中特别重要。如果晶界的柏格斯矢量具有和晶界平面相垂直的分量，则当晶格位错和晶界相遇时就会产生螺旋，利用气相螺旋生长公式可以得到界面速度的表达式

$$v_i = \left(\frac{\Delta G_{1 \to 2}}{20 dy d_a^2}\right)\left[d_a f \frac{\Delta G_{1 \to 2}}{kT} \exp\left(-\frac{E_s}{kT}\right)\right]$$ (3-147)

台阶机理在退火孪晶生长中特别重要。

B 晶界迁移的位错机理

孪晶和马氏体界面的高速迁移即为此种机理，在变形孪晶化时，位错通过在结合面中的滑移使孪晶传播。此外，位错机理也可以通过其他方式（既没有滑移，也没有长距离的扩散）来实现。

对于位错机理，位错速度为

$$v_d = d_a \alpha \frac{\Delta G_{1 \to 2}}{kT} f \exp\left(-\frac{E_d}{kT}\right)$$ (3-148)

式中，α 为与位错类型相关的常量；E_d 为迁移激活能。

$$\alpha = \frac{d_a}{b \sin\beta}$$

而界面迁移速度可表示为

$$v_i = \rho v_d h$$ (3-149)

式中，ρ 为位错密度；h 为位错芯处的台阶高度。

4 界面过程——成核与生长

固体材料界面的许多变化过程都是通过成核与生长进行的，例如，液态的凝固、气相凝结、溶液析出沉淀、共析分解、金属冷加工的再结晶、电沉积、金属的氧化和腐蚀产物的生成、气孔的形成、延性断裂、玻璃的晶化、感光乳胶隐像的形成等。一般而言，固体中偏离平衡不远的一级相变，如多型体转变和在磁场中正常态转变为超导态，都属此列。这类转变，当然还包括蒸汽凝结为液态这类不涉及固态的过程。成核与生长的共同特点，是形成由界面分开的新相区域，通常称为核，然后，这些区域（核）通过消耗原始相而长大，因此，成核与生长过程是界面形成和演变过程。

值得注意的是，界面形成时存在另一类变化，其形成不涉及成核，而只有生长过程，例如，晶粒长大。固溶体中浓度梯度的均匀化、二级相变（如近程有序化、无磁场时的超导态转变）、冷加工金属的消除应力退火。

4.1 成 核 理 论

4.1.1 匀相成核理论

当跨越平衡相图中稳定相区的临界分界线时，新的相就出现了。最常见的是温度下降，就可能从不再稳定的气体、熔体或固体物质中引起汽相凝结、固化或固体相变。当这样的转变发生时，母相中将出现具有不同结构和组成的新相。

简单的成核模型首先考虑的是与形成单个稳定核能量相关的热力学问题。一旦可能成核，常常要说明成核速率，即单位时间单位体积内形成稳定核的数量。作为实例，蒸汽凝成液滴是最简单的成核过程。吉布斯、沃默（Volmer）和韦伯（Weber）等对此问题的研究，导致了经典成核理论的建立。这个理论能够较好地描述气相凝结和液相凝固。固体成核在形式上是和液体成核相同的过程，因此，经典成核理论原则上是适用的。然而，由于在固体成核时会产生弹性形变，再加上扩散的困难和固体各向异性等因素，使问题大大复杂化了，因而有必要对经典成核理论作重大的修正。现已过饱和蒸汽相的凝结为例，说明经典成核理论的基本论点。图 4-1 给出了单元系气-液平衡的等温线，其中 A—B 和 E—F 为稳态区，B—C 和 E—D 为气液共存的亚稳态区，而 C—D 为非稳态区。如果将气体沿 A—B—B' 压缩，则其成核的难易，将决定这个区域延伸多远。

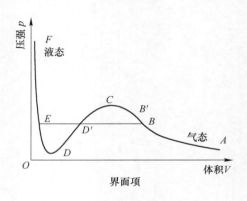

图 4-1　单元系气-液平衡等温线

开尔文公式 $\left[RT\ln\dfrac{p(c)}{p} = \dfrac{2\gamma V^s}{r} \right.$，上标 s 表示固体$\left.\right]$ 也适用于气液平衡，并求出蒸汽压与液滴半径的关系

$$\ln \frac{p_r}{p_\infty} = \frac{2\gamma V}{rRT} \tag{4-1}$$

式中，p_r 和 p_∞ 分别为半径 r 液滴和平面液体（即 $r = \infty$）的蒸汽压；γ 为表面张力；V 为液体的摩尔体积，R 为理想气体常数；T 为热力学绝对温度。上式表明，在给定的过饱和度下，只有当液滴半径大于或等于式中给出的 r 值时，它才是热力学上稳定的，这个临界半径通常记作 r^*。

成核最简单的情况是从蒸汽中形成液滴，且其界面能与曲率半径无关。这时，其生成自由能为

$$\Delta G(i) = i^2/3a\gamma - Vi\Delta G_v \tag{4-2}$$

式中，i 为核或集团的粒子（原子或分子）数；a 为核的几何因子；γ 为比界面自由能；V 为粒子体积；ΔG_v 为单位体积的自由能变化。

$$V\Delta G_v = \Delta\mu \tag{4-3}$$

式中，$\Delta\mu$ 为成核的化学势增量，也称热力学过饱和度。对于直径为 r 的球形液滴

$$\Delta G = 4\pi r^2\gamma - \frac{4}{3}\pi r^3\Delta G_v \tag{4-4}$$

式（4-2）和式（4-4）表明，成核自由能是核的尺寸的函数。其表达式右侧第一项为界面能，它正比于核的表面积，因而随 r^2 增长；而第二项为相变引起的自由能的变化，它正比于核的体积，因而和 r^3 成正比。对于自发反应，第二项为负值。这两项的和给出了成核的自由能变化（见图4-2），它在临界半径 r^* 时达到极大值 ΔG^*，这就是成核的激活自由能，这表明当核的半径超过临界半径时，其生成自由能将随半径的增大而较少，即核的长大变成了自发的过程。

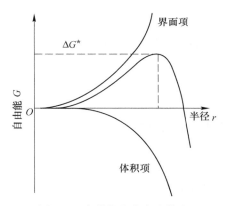

图 4-2　球形核生成自由能和其半径的关系

对于球形核，可以利用方程式（4-4）求出临界半径和激活自由能。为此，对 ΔG 求以 r 为变量的最小值，即

$$\frac{\mathrm{d}\Delta G}{\mathrm{d}r} = 0 \tag{4-5}$$

将式（4-5）代入式（4-4），得到

$$8\pi r\gamma - 4\pi r^2\Delta G_v = 0 \tag{4-6}$$

方程式（4-6）的解给出了临界半径的值为

$$r^* = \frac{2\gamma}{\Delta G_v} \tag{4-7}$$

其相应的激活自由能为

$$\Delta G^* = \frac{16\pi\gamma^3}{3\,(\Delta G_v)^2} = \frac{4}{3}\pi\,(r^*)^2\gamma \tag{4-8}$$

图4-3 表示了 r^* 和 ΔG^* 数值，显然 ΔG^* 表示了成核过程中的能量势垒。如果类固体的球形原子簇因热力学扰动而瞬间形成，且半径小于 r^*，那么原子簇将是不稳定的，并且将失去原子而收缩。比 r^* 大的原子簇克服了成核能量势垒，是稳定的。随着体系总能量的降低，原子簇将逐渐增大。图4-4 给出了过冷（或过热）度对于 r^* 和 ΔG^* 的影响，压强与临界压强只差 ΔP 的影响与此类似。

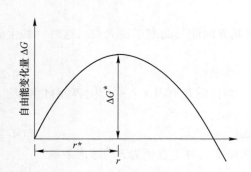

图4-3 自由能变化量 ΔG 与不稳定（$r^*>r$）
或稳定族（$r^*<r$）之间的函数关系

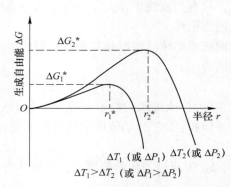

图4-4 球形核的生成自由能、激活能及
临界半径与温度（或压强）的关系

对于一般形状的核，其尺寸用它所包含的粒子数 i 来描述较为方便，为了求出核的临界尺寸，令

$$\frac{d\Delta G(i)}{di} = 0 \tag{4-9}$$

将式（4-9）代入式（4-2），得到临界尺寸

$$i^* = \left(\frac{2}{3}\,\frac{a\gamma}{V\Delta G_v}\right)^3 \tag{4-10}$$

将式（4-10）代入式（4-2），得到生成临界核的激活自由能

$$\Delta G^* = \frac{4}{27}\,\frac{a^3\gamma^3}{V^2\,(\Delta G_v)^2} \tag{4-11}$$

考虑到式（4-3），则式（4-10）和式（4-11）可写成

$$i^* = \left(\frac{2}{3}\,\frac{a\gamma}{\Delta\mu}\right)^3 \tag{4-12}$$

$$\Delta G^* = \frac{4}{27}\,\frac{a^3\gamma^3}{(\Delta\mu)^2} \tag{4-13}$$

现在，我们考虑经典成核理论的动力学问题，成核动力学的任务是计算成核速度，即在过饱和系统中，单位体积（和面积）和单位时间内的临界成核数。设成核机理为无限长的链式反应

$$\begin{cases} A + A \rightleftharpoons A_2 \\ A_2 + A \rightleftharpoons A_3 \\ \cdots\cdots \\ A_i + A \rightleftharpoons A_{i+1} \end{cases} \tag{4-14}$$

式中，A 表示单个原子；A_i 为由 i 个原子构成的原子集团。而原子集团浓度的时间关系，则由以下方程组给出

$$\frac{\mathrm{d}N_i}{\mathrm{d}t} = \omega_{+(i-1)}N_{i-1} + \omega_{-(i+1)}N_{i+1} - \left[\omega_{+i} + \omega_{-i}\right]N_i \quad (i = 2, 3, \cdots) \tag{4-15}$$

式中，N_i 为 i 个原子组成的原子集团的浓度；ω_{+i} 为单个原子附着到尺寸为 i 的原子集团上的频率；ω_{-i} 为单个原子脱离 i 原子集团的频率。

在稳态情况下，设 $N_i = \text{const}$，得到稳态情况，这时 i 原子集团和 $i+1$ 原子集团之间的转变流为

$$I_i = \omega_{+i}N_i - \omega_{-(i+1)}N_{i+1} \tag{4-16}$$

将不依赖于 i，因此，稳态成核速度可以表示为

$$I = \frac{\omega_{+1}N_1}{1 + \dfrac{\omega_{-2}}{\omega_{+2}} + \dfrac{\omega_{-2}\omega_{-3}}{\omega_{+2}\omega_{+3}} + \cdots + \dfrac{\omega_{-2}\omega_{-3}\cdots\omega_{-i}}{\omega_{+2}\omega_{+3}\cdots\omega_{+i}} + \cdots} \tag{4-17}$$

为了建立成核速度同实验参数间的联系，考虑一个假想的平衡态。设这时不存在通过系统的流，于是，利用精细平衡原理，可以将式（4-17）分母中的系数用平衡浓度 N_i^0 表示出来

$$\frac{\omega_{-2}\omega_{-3}\cdots\omega_{-i}}{\omega_{+2}\omega_{+3}\cdots\omega_{+i}} = \frac{\omega_{+1}}{\omega_{+i}} \frac{\omega_{-2}\omega_{-3}\cdots\omega_{-i}}{\omega_{+1}\omega_{+2}\cdots\omega_{+i+1}} = \frac{\omega_{+1}}{\omega_{+i}} \frac{N_1}{N_i^0} \tag{4-18}$$

将式（4-18）代入式（4-17）得

$$I = \left(\sum_{i=1}^{\infty} \frac{1}{\omega_{+i}N_i^0}\right)^{-1}$$

4.1.2 异质成核理论

4.1.2.1 成核热力学

当存在界面时，其晶界、位错、台阶及其他缺陷都会对成核有影响。

新相原子集团和原来的亚稳相自由能之差（按相同原子数计算），给出了原子集团的生成自由能，当原子集团足够大时，我们得出式（4-2）。它也可写成

$$\Delta G(i) = G(i) - i\mu_1 \tag{4-19}$$

式中，i 为集团的原子数。因为临界核尺寸 i^* 应当满足条件

$$\frac{\partial G(i)}{\partial i} - \mu_1 = 0 \tag{4-20}$$

故临界核的化学势 $\mu(i^*)$ 等于亚稳相的化学势 μ_1

$$\mu(i^*) = \frac{\partial G(i)}{\partial i}\bigg|_{i=i^*} = \mu_1 \tag{4-21}$$

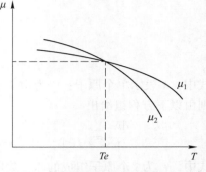

这表明临界核和亚稳的过饱和体相处于平衡之中（见图4-5）。然而，这种平衡又是不稳定的，因为 i 对于 i^* 的任何偏离，都必将导致临界核的自发生长或自发消亡。

为了估计 $\Delta G(i)$，将热力学过饱和度

$$\Delta\mu = \mu_1 - \mu_2 \qquad (4-22)$$

代入式（4-19）中，得到

$$\Delta G(i) = G(i) - i\mu_2 - i\Delta\mu \qquad (4-23)$$

如果限于考虑生成固态核，则可得到

$$\mu_2 = U_0 - kT\ln q_c^V \qquad (4-24)$$

图 4-5 临界核和亚稳相的平衡

式中，U_0 为静止状态的势能；而 q_c^V 为块体的原子振动配分函数，故得到

$$G(i) \cong U_i - kT\ln Q_i^V \qquad (4-25)$$

式中，U_i 为由 i 个原子组成的原子集团的势能；而 Q_i^V 为原子集团的振动配分函数。这里，我们考虑的是异相成核，且设原子集团不移动，故在式（4-25）中可忽略转动和平移项，将式（4-24）和式（4-25）代入式（4-23），得到

$$\Delta G(i) = U_i - iU_0 - kT(\ln Q_i^V - i\ln q_c^V) - i\Delta\mu \qquad (4-26)$$

数出最近邻键数，就能估计基体表面上生成外来物原子集团的势能。考虑了两种类型的原子集团，其中一种具有五次对称轴，另一种为通常的（111）取向的面心立方粒子。

微原子集团的结构和热力学性能可以用分子动力学的方法来研究。假设原子势场为连纳德-琼斯势

$$U(z) = 4\varepsilon\left[\left(\frac{b}{z}\right)^{12} - \left(\frac{b}{z}\right)^6\right] \qquad (4-27)$$

式中，b 和 ε 对不同的物质取不同的数值。通过解牛顿方程来了解原子集团中所有原子的运动。图4-6给出了由时间平均动能得出的温度和总能量的关系。在低温区域里，微原子集团是具有二十面体对称的有序固体，而在高温区里，它是无序的液体，并由此求出微原子集团的熔点（见表4-1）。随着原子集团尺寸的减小，其熔点降低。

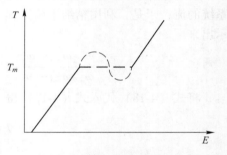

图 4-6 微原子集团温度和其能量的关系

表 4-1 氩原子集团的熔点

原子团尺寸/nm	0.7	1.3	3.3	5.5	10
熔点/K	20	35	38	40	41

正确地确定微原子团的表面能是成核理论的重要问题。含有 i 个原子的微原子团的表面能，可以定义为微原子团能量和块体相中 i 个原子的能量之差。然而微原子团仅有 $3i-6$ 自由度，而 i 个块体原子具有 $3i$ 个自由度。微原子集团的表面能可以表示为

$$E^s(i, T) = E^c(i, T) - iE^b(T) + 6kT \qquad (4-28)$$

式中，$E^s(i, T)$ 为微原子团在温度 T 时的表面能；$E^c(i, T)$ 为微原子团在温度 T 时的总能量；$E^b(T)$ 为块体相中单个原子的能量；$6kT$ 的作用是修正块体相的动能，因为微原子集

团少了 6 个自由度。用此式计算得出的固态微原子团的表面能，除在熔点附近的区域外，都不依赖于温度。液态微原子团的表面能则是随着温度的上升而增加，而真实液体的表面自由能，却是随着温度的上升而减少，并在临界点消失。

对于足够小的液滴，其吉布斯自由能为

$$G_l(i) = i\mu_l + a_l i^{2/3} \gamma_l \tag{4-29}$$

而对于同样大小的固体小颗粒，其吉布斯自由能为

$$G_s(i) = i\mu_s + a_s i^{2/3} \gamma_s \tag{4-30}$$

式中，μ_s 和 μ_l 分别表示固体小颗粒和液滴的化学势；a_s 和 a_l 分别为固体小颗粒和液滴的表面积；γ_s 和 γ_l 为相应的比表面自由能。前面所说的微原子集团熔点的下降表明，在低于块体熔点的温度下，在气相沉积过程中微原子集团就开始生成液滴，$G_s(i) < G_l(i)$。在这种条件下，液态在热力学上是更有利的。当液滴的大小达到了由

$$G_l(i_s) = G_s(i_s)$$

所定义的 i_s 时，微原子团的液态和固态在热力学上是等价的，决定于熔化焓 ΔH_m 和温度 T

$$i_s = \left(\frac{a_s \gamma_s - a_l \gamma_l}{\Delta H_m} \frac{T_m}{T_m - T} \right)^3 \tag{4-31}$$

应当注意不要混淆了微原子团凝固尺寸 i_s 和成核的临界尺寸 i^*。在这里我们将着重考虑微液滴尺寸超过 i_s 时的凝固。

在此问题上，要注意区别结晶和生成具有五次对称轴的有序固体，分子动力学模拟结果证明，由 100 个原子组成的原子团的能量最低结构具有五次对称。如果在液滴达到面心立方结构和二十面体结构同样稳定的尺寸 i_c 之前就发生凝固，则固态粒子将不再是晶态的。可以证明，固态粒子既可以是平衡的（具有五次对称轴），也可以是非平衡的（玻璃态固体）。形成何种固体和凝固动力学也有关。在有序和部分有序的固体中，原子迁移率显著的小于液态原子迁移率。因此，当粒子大小超过了 i_c 时，形成的晶体结构就会遇到由动力学引起的困难。如果 $i_s > i_c$，则液滴能发生结晶。小液滴中的临界核生成自由能和在大块液体中不同，当结晶伴随有体积的减少时，晶体-熔体的界面能会在一定程度上被表面积减少所造成的液滴自由能下降所补偿。在相反的情况下，晶体成核引起液-气界面面积的增加，这就是液滴中成核自由能大于块体液相中成核自由能的原因。在半径为 r_l 的液滴中，如果 $\Delta V/V_l \le r_l/r^*$，临界成核的自由能可以表示为

$$\frac{\Delta G_r(i_r^*)}{\Delta G(i^*)} = 1 - \frac{\Delta V \gamma_{lr^*}}{V_c \gamma_{sl} r_l} \tag{4-32}$$

式中，$\Delta G_r(i_r^*)$ 为在半径为 i_c 液滴中临界成核的自由能；$\Delta G(i^*)$ 为块体液相中的临界成核自由能。

$$\Delta V = V_l - V_c \tag{4-33}$$

为液态和晶态中原子体积之差；γ_l 和 γ_{sl} 分别为液-气和液-固界面的比界面自由能，为晶相形成晶态核的临界半径。

4.1.2.2 成核的毛细理论

前面已简单介绍了饱和蒸气压下凝聚相均质成核的简单模式（自发成核）。固相核的形成是分别通过建立固-液相或固-气相界面，从先前不稳定的液相或气相形成的。尽管均

质（自发）成核在其他条件下很难发生，但是，在化学气相沉积的过饱和蒸气压下，它常以一定的频率发生。这一过程很容易建模，因为它的发生不要求基底表面存在有利的异质位置。与此类似，可以将毛细理论推广到基底表面凝结异质核的情况下。毛细理论可给出薄膜成核的简单、定量模型，但这些定量模型由于存在两项假设而影响到它的准确性。

首先假设成膜分子或原子在气相环境下撞击基底表面形成新相核心的曲率半径为 r，球面和衬底的润湿角为 θ，如图 4-7 所示，则球冠底的半径为 $r\sin\theta$、球冠高度为 $r(1-\cos\theta)$。$2\pi r^2(1-\cos\theta)$ 是原子团与真空的界面面积，$\pi r^2\sin^2\theta$ 是原子团与基底的界面面积，原子团的体积为 $\pi r^3(2-3\cos\theta+\cos^3\theta)/3$。那么，在形成这样一个新相的同时，相应的自由能变化可表示为

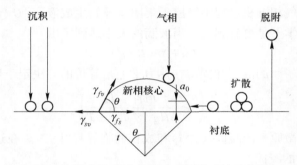

图 4-7　气相沉积中基底表面原子成核示意图

$$\Delta G = a_1 r^2 \gamma_{vf} + a_2 r^2 (\gamma_{sf} - \gamma_{sv}) - a_3 r^3 \Delta G_V \tag{4-34}$$

式中，a_1、a_2、a_3 是与核心具体形状有关的三个常数，$a_1 = 2\pi(1-\cos\theta)$，$a_2 = \pi\sin^2\theta$，$a_3 = \pi(2-3\cos\theta+\cos^3\theta)/3$。就像均质成核中化学自由能的变化一样；$\Delta G_V$ 是单位体积的相变自由能，它是薄膜成核的驱动力；γ_{sv}、γ_{fs}、γ_{vf} 分别是气相 (v)、基底 (s) 与薄膜 (f) 三者之间的界面能。

在平衡状态，各界面能满足 Young 氏方程：

$$\gamma_{sv} = \gamma_{fs} + \gamma_{vf}\cos\theta \tag{4-35}$$

重要的是，润湿角 θ 只取决于材料各界面能之间的数量关系。

核的出现导致表面自由能增加，但是基底—气相界面的消失导致自由能降低，因而自由能在核尺寸达到某个临界值时出现极值。即当 $\mathrm{d}\Delta G/\mathrm{d}r = 0$ 时，可达到热力学平衡状态，当式（4-34）中对半径 r 的微分为零时，可求出成核自由能 ΔG 取得极值的条件为

$$r^* = \frac{-2(a_1\gamma_{vf} + a_2\gamma_{fs} - a_2\gamma_{sv})}{3a_3\Delta G_V} = \frac{-2\gamma_{vf}(a_1 - a_2\cos\theta)}{3a_3\Delta G_V} = \frac{-2\gamma_{vf}}{\Delta G_V} \tag{4-36}$$

相应地，将 $r = r^*$ 代入式（4-28），得到相应过程的临界自由能变化为

$$\Delta G^* = \frac{4(a_1\gamma_{vf} + a_2\gamma_{fs} - a_2\gamma_{sv})^3}{27a_3^2\Delta G_V^2} = \frac{4\pi\gamma_{vf}^{-3}(2-3\cos\theta+\cos^3\theta)}{3\Delta G_V^2} \tag{4-37}$$

式中，r^* 和 ΔG^* 的变化关系如图 4-3 所示。在热涨落作用下，会不断形成尺寸不同的新相核心。半径 $r < r^*$ 的核心会由于 ΔG 的降低而趋于消失，而那些 $r > r^*$ 的核心可伴随着自由能的下降而趋于长大。在异质（非自发成核中），基底与薄膜的浸润性越好，将促使接触角减小，从而降低成核过程的能量势垒。经过代换后，非自发成核过程的自由能变化

可以写成两部分之积的形式

$$\Delta G^* = \frac{16\pi\gamma_{vf}^{-3}}{3(\Delta G_V^2)}\frac{(2-3\cos\theta+\cos^3\theta)}{4} \tag{4-38}$$

式中，第一项是均相（自发）成核过程中的临界自由能变化；后一项是非自发成核相对于自发成核过程的能量势垒降低因子（即润湿因子）。其中，润湿因子主要依赖于润湿角 θ，当润湿角 $\theta=0°$ 时，润湿因子为 1，当润湿角 $\theta=180°$ 时，润湿因子为零。当润湿因子为 1 时，薄膜与基底的润湿性最好，这时薄膜成核的势垒高度为零。相反，如果薄膜与基底之间不润湿，则临界自由能变化值 ΔG^* 最大，相当于（均相）自发成核过程。

前面的公式对于其他能量对系统总能量的贡献的引入提供了一个总体框架。例如，薄膜成核是弹性应变，由于薄膜和基底间的键合错位，从而引入一 $a_3r^3\Delta G_s$，其中，ΔG_s 是单位体积的应变自由能的变化。在计算自由能变化量时，式（4-37）的分母将被改写成 $27a_3^2(\Delta G_V+\Delta G_s)^2$，由于 ΔG_V 为负，而 ΔG_s 为正，因此，在这种情况下总的能量势垒是增加的。然而，如果薄膜的沉积发生在初始应变（如一个突发性断裂或螺旋位错）的基底上，那么在成核期间临界自由能将减小。基底表面电荷和杂质将通过影响表面和体静电荷以及化学能来影响临界自由能。

4.2　薄膜成核与生长

4.2.1　成核的原子过程

薄膜成核与生长的基本原子过程如图 4-8 所示。首先，对于在基体表面上扩散的吸附原子

$$\overline{X} = \sqrt{2Dt} \tag{4-39}$$

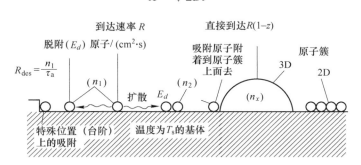

图 4-8　薄膜成核与生长的基本原子过程

式中，$\overline{X}$ 为在时间 t 内原子的均方扩散距离；D 为扩散系数，由式（3-55）可知

$$D = D_0\exp\left(-\frac{Q}{RT_s}\right) \tag{4-40}$$

式中，T_s 为沉积基体的温度；Q 为扩散激活能，而频率因子 D_0 可表示为

$$D_0 = a^2v_{\mathrm{d}} \tag{4-41}$$

式中，a 为原子的扩散跳跃距离；v_{d} 为扩散跳跃频率。

在基体表面上，吸附原子经历了平均居留时间

$$\tau = \frac{1}{v_a}\exp\left(\frac{E_p}{kT_s}\right) \tag{4-42}$$

后重新进入气相，这里 v_a 为吸附原子的振动频率，$v_a \approx v_d \approx 10^{12}\,\mathrm{Hz}$，$E_p$ 为吸附能。吸附和脱附的平衡给出了吸附原子的表面浓度，将式（4-42）、式（4-41）和式（4-40）代入式（4-39），得到时间 τ_A 内吸附原子的均方扩散距离

$$\overline{X} = \sqrt{2}\,a\exp\left(\frac{E_p - Q}{2kT_s}\right) \tag{4-43}$$

吸附原子的脱附速率为

$$R_{\mathrm{des}} = n_1 v_a \exp\left(-\frac{E_\eta}{kT_s}\right) = \frac{n_1}{\tau} \tag{4-44}$$

式中，n_1 为吸附原子的浓度。

吸附速率与到达速率 R 之比

$$\beta(t) = \frac{R - R_{\mathrm{des}}(t)}{R} = 1 - \frac{n_1}{R_\tau} \tag{4-45}$$

称为微分黏着系数，而微分黏着系数 $\alpha(t)$ 则是 $\beta(t)$ 的时间平均值

$$\alpha(t) = \frac{1}{t}\int_0^t \beta(t')\,\mathrm{d}t' \tag{4-46}$$

在一定的条件下（三维生长时基体温度较高），可以在恒定的到达速率下，实现吸附和脱附的平衡，即 $n_1 = \mathrm{const}$，故

$$\frac{\mathrm{d}n_1}{\mathrm{d}t} = R - \frac{n_1}{\tau} = 0$$

得到

$$n_1 = R_\tau \tag{4-47}$$

这时，$\beta(t)$ 接近零。

吸附原子附着到基体表面上的原子集团（小岛）上，是决定成核速度的重要过程，根据经典理论，这一过程的速度等于小岛捕获区内吸附原子的跳跃速率

$$\omega = n_1' v \exp\left(-\frac{Q}{kT_s}\right) \tag{4-48}$$

式中，n_1' 为在一次跳跃中能够达到临界核的吸附原子数（见图 4-9）

$$n_1' = 2\pi\rho^*(\sin\varphi)an_1 \tag{4-49}$$

而 $v\exp\left(-\dfrac{Q}{kT_s}\right)$ 为跳跃频率。

在经典理论中，取小岛附近的吸附原子浓度 n_1 为常量，并从吸附和脱附的平衡（即 $R_{\mathrm{des}} = R_{\mathrm{ads}}$）求出 n_1。实际上吸附原子的浓度和所在区域位置有关，因为小岛对于吸附原子来说是沉阱，所以在其边缘处吸附原子的浓度 $n(r)$ 下降到零（见图 4-10）。

在动力学理论中，$n(r)$ 由微分方程求出。这个微分方程中应包含每种组分的扩散速率、到达速率和脱附速率。在二级近似中，还应包含附着速率。如果在基体表面上有一小岛，并且每种表面组分的吸附原子之间没有相互作用，则吸附—脱附的平衡方程为

$$\frac{\delta n_1(r,\ t)}{\delta t} = D\Delta n_1(t) + R - \frac{n_1(t)}{\tau} \tag{4-50}$$

上式右边的三项分别给出了扩散速率、到达速率和脱附速率。在小岛边缘处有

$$n_1(r_k,\ t > 0) = 0 \tag{4-51}$$

式中

$$r_k = \rho^*(\sin\varphi) \tag{4-52}$$

在远离小岛边缘处有

$$n_1(r,\ t) = R\tau \tag{4-53}$$

方程式（4-50）的稳态解有

$$n_1(t) = R\tau\left(\frac{1 - K_0\sqrt{\dfrac{r^2}{D\tau}}}{K_0\sqrt{\dfrac{r_k^2}{D\tau}}}\right) \tag{4-54}$$

式中，K_0 为零级贝塞尔函数；r_k 为小岛半径，下标 k 表示小岛由 k 个吸附原子组成。

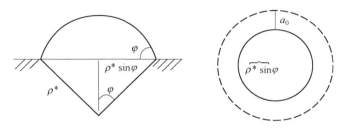

图 4-9　基体表面上的三维小岛

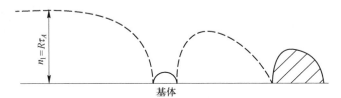

图 4-10　基体表面上的吸附原子浓度分布

基体表面上单个小岛的附着速率为

$$\omega_k = 2\pi r_k D\left(\frac{\partial n_1(r,\ t)}{\partial r}\right)_{r_k} \tag{4-55}$$

式中，$2\pi r_k$ 给出了小岛的周长；而右边括号给出的是小岛边缘处的吸附原子浓度梯度。

为了避免在生长动力学方程中出现对于位置坐标的微分，定义捕获数为 σ_k，它将用比较简单的方法取代式（4-55）来描述小岛对于吸附原子的捕获

$$\omega_k = \sigma_k D n_1 \tag{4-56}$$

由式（4-55）和式（4-56）得到捕获数的表达式

$$\sigma_k = \frac{2\pi r_k}{n_1}\left(\frac{\partial n_1}{\partial r}\right)_{r_k} \qquad (4\text{-}57)$$

为了计算 σ_k，将式（4-54）微分，得到

$$\frac{\partial n_1}{\partial r} = \frac{R\tau K_1\left(\dfrac{r}{\sqrt{D\tau}}\right)}{\sqrt{D\tau}\, K_0\left(\dfrac{r}{\sqrt{D\tau}}\right)} \qquad (4\text{-}58)$$

在微分时，式（4-54）的第一项 $R\tau$ 的微分为零，第二相的分母 $K_0\left(\dfrac{r}{\sqrt{D\tau}}\right)$ 为常量，可以放到微分符号外边来，由文献 ［E. Bauer, z. Krist., 110（1958），372］ 得出

$$K_n(z) = -\frac{1}{2}\pi Y_n(z)$$

$$Y_0'(z) = -Y_1(z)$$

故

$$K_0'\left(\frac{r}{\sqrt{D\tau}}\right) = -\frac{K_1}{\sqrt{D\tau}}\left(\frac{r}{\sqrt{D\tau}}\right) \qquad (4\text{-}59)$$

这里，K_1 为一级贝塞尔函数。

将式（4-58）代入式（4-57），得到

$$\sigma_k = \frac{2\pi r_k}{\sqrt{D\tau}}\frac{K_1\left(\dfrac{r}{\sqrt{Dr}}\right)}{K_0\left(\dfrac{r}{\sqrt{D\tau}}\right)} \qquad (4\text{-}60)$$

然而，这个计算仅仅是粗略的一级近似，因为在基体表面上有许多小岛，它们会影响吸附原子浓度，改进办法之一是采用周期为 $2L$ 的小岛平方点阵（点阵近似），得到的 σ_k 值依赖于小岛的密度 n_k 和小岛尺寸 πr_k^2（r_k 为小岛半径），下标 k 表示小岛由 k 个吸附原子组成。

进一步的改进是将式（4-50）改写成

$$\frac{\partial n_1}{\partial t} = D\Delta n_1(r,\ t) + R(1-z) - n_1(r,\ t)\left(\frac{1}{\tau} + \sigma_x D n_x\right) \qquad (4\text{-}61)$$

式中，n_x 是捕获数为 σ_x 的平均尺寸原子集团的浓度，z 为覆盖率

$$z = n_x\pi r_x^2 \qquad (4\text{-}62)$$

方程式（4-61）的边界条件为

$$n_1(r,\ t) = 0\ (\ t \geqslant 0，\ 即在小岛边缘处) \qquad (4\text{-}63)$$

$$\Delta n_1(r,\ t) = 0\ (即在两个小岛之间) \qquad (4\text{-}64)$$

当采用二级近似时，首先由点阵近似算出 n_1 和 σ_k，然后令 $\sigma_k = \sigma_x$，以便用 n_1 由式（4-61）求出 σ_x 的二级近似值。

4.2.2　成核速率

成核速率是指单位面积上，单位时间内形成的临界核的数目。核的生长可能来源于气

相原子的直接沉积，但是在成核的最初阶段，已有的核心很少，因此气相原子的直接沉积不是核生长的主要原因。此时成核所需的原子主要来自表面扩散所产生的表面吸附原子。图 4-5 中，气相原子撞击基底表面后可能会立即脱附（解吸附），但是，通常表面吸附原子会在表面停留一段时间 τ_s，其表达式为

$$\tau_s = \frac{1}{v}\exp\left(\frac{E_{\text{des}}}{k_B T}\right) \tag{4-65}$$

式中，v 为表面原子的振动频率（通常为 $10^{13}\,\text{s}^{-1}$）；E_{des} 是原子返回气相中所需的脱附能。撞击到基底表面上的原子不会都聚集在基底表面，它们在基底表面扩散迁移的过程中会与其他原子或原子团结合在一起，形成更大的原子团。随着沉积原子相互结合成越来越大的原子团，其脱附到气相中的可能性也在逐渐下降。在基底表面的缺陷处，原子的正常键合状态被打乱，因此在基底的缺陷处吸附原子的脱附激活能 E_{des} 较高，从而导致在基底表面的缺陷处薄膜具有较高的成核速率。

当临界核形成条件得到满足时，成核速率就是一个重要参量，它正比于临界核密度。临界自由能将影响稳定临界核密度（N^*），单位面积上临界核的密度为

$$N^* = n_s \exp(-\Delta G^*/k_B T) \tag{4-66}$$

式中，n_s 是总的成核点的密度；k_B 是玻尔兹曼常数；T 是绝对温度。

从微观理论进行分析，成核速率正比于以下三个因子，即

$$\dot{N} = N^* A^* \omega\ \text{（成核的数目}/(\text{cm}^2 \cdot \text{s})\text{）} \tag{4-67}$$

式中，N^* 是稳定临界核密度（核的数量/cm^2）；A^* 是每个临界核接收沿基底表面扩散来的吸附原子的表面积；ω 是单位时间内向 A^* 表面扩散来的吸附原子的通量。

如图 4-9 所示，球冠状核心吸附原子的表面积就等于围绕冠状核心一周的表面积。即

$$A^* = 2\pi r^* a_0 \sin\theta \tag{4-68}$$

式中，变量是球冠平面半径 r^*、吸附原子直径 a_0 以及润湿角 θ。

迁移来的吸附原子通量 ω 就等于吸附原子密度 n_a 和原子扩散的发生概率 $v\exp^{-(E_s/k_B T)}$ 两者的乘积，其中，E_s 是表面激活能。

$$\omega = n_a v \exp^{-(E_s/k_B T)} \tag{4-69}$$

沉积到基底的原子将扩散并被已经存在的核心所吸附。

成核速率是与临界成核自由能的变化量密切相关，ΔG^* 的降低将会使成核速率显著增加。高的成核速率会促使薄膜形成细密的组织结构甚至是非晶态结构，而低的成核速率往往会产生粗大甚至单晶结构的薄膜组织。

G^* 包含了 G_V，这样成核速率极大地依赖于过饱和度。对 G_V 有临界值

$$G_{Vc} = -\frac{kT}{V}\ln\left(\frac{P}{P_e}\right)_C \tag{4-70}$$

式中，V 为体积，P 为蒸气压，P_e 为饱和蒸气压。它相应于临界过饱和度。成核速率与过饱和度的关系如图 4-11 所示，可见成核速率很强烈地依赖于过饱和度。当过饱和度低于临界值时，$\dot{N}$ 是 0；而当过饱和度高于临界值时，$\dot{N}$ 迅速增加（$\dot{N} \to \infty$）。

若临界核至少由两个原子组成，则从蒸汽相形成核的自由能为正的，它存在临界能量势垒，这个势垒妨碍形成连续膜。若势垒是高的（G^* 大），则临界核半径很大，因此只

能形成相对少量的大的粒子。若势垒是低的（ G^* 小），则形成大量小的粒子，结果膜在小的厚度下就形成连续的膜。这些因素将影响膜的最终结构。

对于 Ag 沉积在玻璃基底上，得到 $r^* \approx$ 4.6Å，过饱和度约 10^{34}；对同样条件下沉积的钨膜，其 $r^* \approx 1.3$Å，过饱和度 10^{106}，这时膜很容易形成连续的。通常，沸点高的金属有高的过饱和度，小的临界尺寸和容易形成连续膜。若基底和沉积膜之间有很强的黏附力，则临界核的尺寸将显著减小。

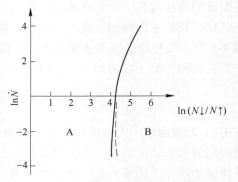

图 4-11　成核速率与过饱和度的关系
A 区成核不发生；B 区成核并可生长成膜

4.2.3　团簇的聚结与耗尽

随着时间的推移，稳定核的数目增加，到达某一极大值以后开始下降，这预示着核开始出现合并现象，即聚结。聚结过程包括以下几个特征：

（1）核在基底上的总投影面积减小；

（2）存留核的高度有所增加；

（3）核所具有的结晶特征表面开始圆滑；

（4）随着时间的推移，复合的岛结构开始呈现新的结晶形态；

（5）两个结晶取向不同的岛合并时，最终的结晶取向由较大的岛决定；

（6）合并过程特别类似于液体，合并的岛表现出形状变化；

（7）在相遇合并前，团簇表现出迁移性，称为团簇迁移性聚结。

下面将依次讨论团簇聚结的不同机制。

4.2.3.1　奥斯瓦尔多（Ostwald）熟化

在聚结前，存在各种大小不同的团簇。随着时间的推移，较大的团簇通过从较小的团簇获得吸附原子而逐渐长大或"熟化"。这一过程的驱动力来自岛状结构的薄膜力图降低自身表面自由能的趋势。为了更好地理解这一过程，图 4-12（a）给出了基底表面上两个大小不同的岛状核心，它们之间并不接触，其表面张力为 γ。为了简化起见，可以认为它们是近似的球形，其半径分别为 r_1 和 r_2，因此，两个球的表面自由能分别为 $G = 4\pi r_i^2 \gamma$（ $i = 1$，2），它们分别所包含的原子数为 $n_i = 4\pi r_i^3 / 3\Omega$，其中 Ω 代表原子的体积。设每个原子的自由能为 μ_i 或化学势能为 $\mathrm{d}G/\mathrm{d}n_i$，由此，就可以求出每增加一个原子所造成的表面能增加为

$$\mu_i = \frac{\mathrm{d}(4\pi r_i^2 \gamma)}{\mathrm{d}(4\pi r_i^3 / 3\Omega)} = \frac{8\pi r_i \gamma \mathrm{d}r_i}{4\pi r_i^2 \mathrm{d}r_i / \Omega} = \frac{2\Omega \gamma}{r_i} \tag{4-71}$$

式中，μ 越大，岛状核心包含的有效原子浓度越大，从而迫使吸附原子从较小的岛状核心中逃逸出。如果 $r_1 > r_2$，则 $\mu_2 > \mu_1$，这样较小核心的吸附原子将沿着基底表面向较大的核心移动，结果是较大的核心吸收原子而长大，而较小的核心因失去原子而缩小甚至消失。这就是两个岛在不接触情况下的合并机制。在多岛排列的结构中，其所涉及的动力学是非

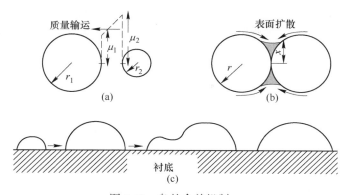

图 4-12 岛的合并机制

（a）Ostwald 熟化；（b）烧结；（c）团簇迁移

常复杂的，而"熟化"给出了准稳态岛的分布随时间的变化。在薄膜生长过程中，Ostwald 熟化是永远不会达到平衡的。

4.2.3.2 烧结

烧结是两个接触岛核心的相互吞并机制。图 4-13 是 MoS_2 在 400℃下，基底上两个相邻的 Au 核心随时间的推移相互吞并过程的 TEM 照片。从照片可以看出，在极短的时间内，两个相邻核心之间出现了一个脖颈，使两个核心形成直接接触，随后很快完成了相互吞并的过程。在烧结这一机制中，表面能的降低趋势仍是整个过程的驱动力。由于凸面上的原子自由能大于凹面上的原子自由能，致使在这些区域之间形成明显的原子浓度梯度，这种变化主要是质量输运的结果。

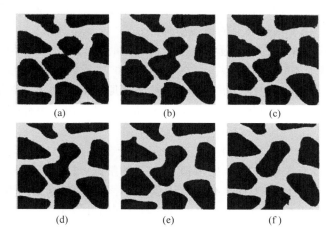

图 4-13 400℃下 MoS_2 基底上 Au 核心随时间推移相互

吞并的透射电子显微镜照片

（a）0s；（b）0.06s；（c）0.18s；（d）0.50s；（e）1.06s；（f）6.18s

两个半径为 r 的球状核心的合并或烧结过程如图 4-12（b）所示。理论计算烧结的动力学过程为

$$X^n / r^m = A(T) t \tag{4-72}$$

式中，X 是脖颈处的半径；$A(T)$ 是与温度有关的常数，其随着质量输运机制的不同而变化；n 和 m 都是常数；t 是时间。在烧结过程中一般存在两种不同的质量输运机制，即体扩散机制和表面扩散机制。对于体扩散而言，$n=5$，$m=2$，而对于表面扩散而言，$n=7$，$m=3$。典型的计算表明，表面扩散对烧结过程的贡献会大于体扩散的贡献。

虽然，表面扩散和体扩散的质量输运机制可以解释类似于液体的合并现象，但是烧结机制仍无法解释以下现象：

（1）在原子扩散几乎停止的 77K 温度下，仍可观察到类似于液体的金属原子在基底上的合并现象；

（2）在某些位置，各种不同规则的稳定瓶颈、沟道和岛具有较高的曲率；

（3）外观类似的瓶颈和沟道所需的填充时间大不相同；

（4）基底表面的外加电场可加速合并。

4.2.3.3　团簇迁移

在薄膜生长初期，岛的合并还涉及第三种机制，即基底表面团簇的迁移，如图 4-12（c）所示。基底表面上的团簇在具有相当活力的情况下像小液珠一样会随机运动，碰撞后发生合并。场离子显微镜已经观察到了含有两个或三个原子的团簇迁移现象。电子显微镜的观察也发现，只要基底温度足够高，直径为 50~100Å 的微晶粒子也可以进行独立的迁移。有趣的是，在不同的气相环境中，金属离子的迁移方式也会发生改变，其不仅会平移，也会转动甚至跳跃，有时也会发生再次分离。在许多薄膜沉积中都可以直接观察到团簇的迁移，如 Ag 和 Au 薄膜在 MoS_2 基的沉积、Au 和 Pd 薄膜在 MgO 基底的沉积以及 Ag 和 Pt 薄膜在石墨基底的沉积。其中，Ag 和 Pt 薄膜在石墨基底的沉积就是所谓的保守沉积，在这种情况下，当沉积到一定阶段后，薄膜沉积将停止，沉积的薄膜质量将保持为一常数。在这种保守沉积系统中，合并表现出的特点是，粒子密度降低、粒子的平均体积增加、粒子分布的范围增大、粒子在基底上的覆盖率降低。

在基底表面上投影半径为 r 的冠状团簇迁移发生时的有效扩散系数为 $D(r)$，其单位为 cm^2/s。目前，基于团簇迁移模型，存在几种不同扩散系数 D 和投影半径 r 的关系表达式。其中，团簇的迁移模型包括以下三种：团簇外围原子的运动、平衡晶体不同晶面上面积和表面能的波动以及位错引起的微晶团簇的滑动。文献给出了每种模型下扩散系数的表达式：

$$D(r) = B(T)/r^s \exp^{-(E_c/k_BT)} \tag{4-73}$$

式中，$B(T)$ 是和温度有关的常数；s 的取值为 1~3 的整数。团簇迁移是由热激活过程所驱动的，其激活能 E_c 与团簇的半径 r 有关。团簇越小，激活能越低，团簇的迁移越容易。然而，由于缺乏相应的试验数据，仅从 Ostwald 熟化过程中所观察到的粒子尺寸分布来区分上述各种团簇的合并机制是非常困难的。

4.2.3.4　聚结与晶粒尺寸

多晶薄膜以及成核、生长、合并等词在固相传输的文献资料中比较多见。例如，金属冷加工中，晶体再结晶以及晶粒的生长都可使金属基体发生变化，从而消耗掉周围的基质，使新成核所能获得的面积减小。在再结晶过程中，由于局部污染、温度和缺陷更有利于成核，因此，该区域内的成核和结晶将优先开始。然后再在其他区域成核，而随后的继续成核是不受之前成核的影响。成核的这种情况非常类似于落在荷叶上的雨滴，当雨滴落到荷叶上后，在荷面表面成核。此时，圆形涟漪向外生长并撞击其他核心，通过晶粒生长、碰撞和合并使之间为转变的基质完全消失后，再结晶过程就完全结束了。薄膜生长过程中的晶粒生长与此类似。

60 多年前，Avrami 提出了一个重要的表达式，该表达式对于描述上述转变的动力学过程是非常有用的。对于圆盘状两维尺度的成核与生长而言，其表达式为

$$f(t) = 1 - \exp^{-(\pi/3\dot{N}\dot{G}^2t^3)} \tag{4-74}$$

式中，$f(t)$ 是一个转化量；t 是时间；$\dot{N}$（核数/$(cm^2 \cdot s)$）和 $\dot{G}$（cm/s）分别是成核速率和线性生长率。如果将 $f(t)$ 换成 $\lg t$ 的函数，在成核的最初期很小，当成核速率和生长速率开始重合后，迅速增加并随着时间的延长将最终稳定到饱和值 $f = 1$，其变化过程如图 4-14 所示。假设 $f = 0.95$ 时，团簇的聚结结束，这时所形成的薄膜几乎也是连续的。将 $f = 0.95$ 代入式（4-74）中，得到完成该过程所需的时间 $t_{0.95}$ 的关系式

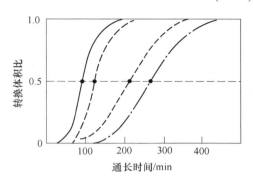

图 4-14　根据测量电阻率的变化得到的 $CoSi_2$ 转换体积比随时间变化曲线

为 $(\pi/3\dot{N}G^2t_{0.95}^3) = 3$。假设成核速率为一常数，则在该时间范围内单位面积上的晶粒数 $\dot{N}t_{0.95} \approx 1.42(\dot{N}/\dot{G})^{2/3}$。如果晶粒的平均直径为 l_g，则单位面积上的晶粒数量等价于 $(\pi l_g^2/4)^{-1}$，因此，晶粒直径的表达式为

$$l_g = 0.9(\dot{G}/\dot{N})^{1/3} \tag{4-75}$$

晶粒尺寸正比于线性成长率，反比于成核速率。该基本关系不仅适合于大块固体（如铸件、再结晶金属）也适合于薄膜。

与此类似，Thompson 利用 Avrami 关系式模拟了团簇成核和生长的过程。更重要的是他还进一步给出了团簇撞击时的晶粒尺寸和薄膜应力及薄膜组织结构之间的关系。该模拟假设基底表面具有图 4-5 所示的球冠形团簇（岛），因此，当从上向下看时会发现，圆形岛是被基底上吸附原子的填充宽度为 X 的圆环所包围。依据式 $X = \sqrt{2D_s\tau_s}$（X 为沉积原子在基底表面停留时间内扩散的平均距离；D_s 为表面扩散系数；通常表面吸附原子会在表面停留一段时间 τ_s）可知，这些扩散只会增大岛的尺寸而不会形成新的核心。由此产生大的薄膜晶粒尺寸与扩散距离 X 的关系为

$$l_g = 1.351X + 1.203(\dot{G}/\dot{N})^{1/3} \tag{4-76}$$

如果 $(\dot{G}/\dot{N})^{1/3} > X$，则式（4-76）和式（4-75）是基本相同的。

值得注意的是，Avrami 关系式严格适用于在没有与周围环境物质交换的封闭系统，而吸附原子环的引入明显将关系式的应用扩展到了开放系统。

4.2.4　薄膜的生长模式

薄膜生长的研究至少可追溯到 20 世纪 20 年代。在英国卡文迪什实验室（Cavendish

Laboratories）对热蒸发薄膜的研究中，原子核的生长、合并以及成膜理论是非常重要的。
在薄膜形成的最初阶段，大量气态的原子或分子开始聚集在基底的表面并形成永久驻留，
从而开始了所谓成核阶段。研究这一阶段的主要手段有透射电子显微镜、扫描电子显微镜
以及扫描探针显微镜等。这些研究表明，成核的结束和核的生长之间的界线并不十分清
楚。图 4-15 给出了 NaCl 晶体上 Ag 薄膜的成核与生长随薄膜厚度变化的透射电子显微镜
照片。从照片上可以看到，在 Ag 原子到达基底表面的最初阶段，Ag 在基底上先是形成一
些均匀、细小而且可以运动的原子团。有时将这些原子团形象地称为"岛"。这些像液珠
一样的小岛不断地接收新的沉积原子，并与其他的小岛合并而逐渐长大，使岛的数目很快
达到饱和。在小岛合并进行的同时，空出来的基底表面上又会形成新的小岛。这些小岛的
形成与合并的过程不断进行，直至孤立的小岛之间相互连接成片，最后只留下一些孤立的
孔洞和沟道，留下的孔洞和沟道不断被后来的原子所填充。在孔洞被填充的同时，形成了
结构上连续的薄膜。小岛的合并过程一般要进行到薄膜达到数十纳米的时候才结束。

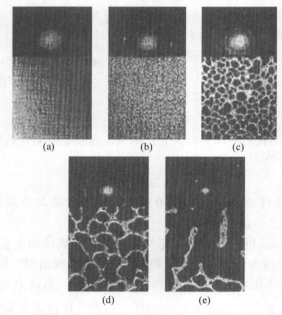

图 4-15　Ag 在 NaCl 晶体（111）晶面上的
成核与生长过程的 TEM 图像
（a）20Å；（b）100Å；（c）300Å；（d）700Å；（e）900Å

　　根据基体和薄膜材料之间原子交互作用的不同，薄膜生长的基本模式可划分为以下三
种：层状生长（Frank-Van der Merwe）、岛状生长（Volmer-Weber）和层状-岛状混合生长
（Stranski-Krastanov）模式（见图 4-16）。
　　（1）层状生长。当基体与薄膜之间的原子交互作用比薄膜内部原子交互作用强时，
则薄膜按此模式生长。其特点是仅当前一层生长完毕后，才会生长下一层，这种模式也可
称为二维（2D）或弗兰克-梅韦（FM）模式。在层状生长模式下，沉积物质的原子与基
底原子之间的键合要远大于沉积物质原子之间的键合，每一层原子都自发地平铺于基底或
薄膜的表面，以降低系统的总能量，键合能的降低使层状生长得以继续。单晶半导体薄膜

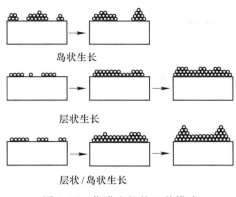

图 4-16 薄膜生长的三种模式

的外延生长就是层状生长模式的重要例子。

（2）岛状生长。当薄膜原子间的交互作用比基体和薄膜之间的原子交互作用强时，则薄膜生长从开始就以形成许多小岛的方式进行，也称三维（3D）或沃默-韦伯（VW）模式。在岛形成过程中，随着沉积原子的不断增加，基底上聚集起许多原子团簇并形成三维生长的岛。许多金属和半导体薄膜在氧化物基底上都采取这种生长模式。

（3）混合生长。当原子交互作用情况复杂时，则可能出现混合生长，也称斯特兰斯基-克拉斯丹诺夫（SK）模式，其特点是开始时在不饱和条件下按 2D 模式生长一层或几层，随后在过饱和条件下出现 3D 生长。这里值得注意的是，仅当过饱和（$\Delta\mu > 0$）时，才会发生 3D 生长，而 2D 生长则只有在不饱和（$\Delta\mu \leq 0$）条件下才会出现。

Young 氏方程提供了区分和理解三种薄膜生长模型的方法。

对于岛状生长模式而言 $\theta > 0$，则有

$$\gamma_{sv} < \gamma_{fs} + \gamma_{vf} \tag{4-77}$$

式中，γ_{sv}、γ_{fs}、γ_{vf} 分别是气相（v）、基底（s）与薄膜（f）三者之间的界面能，如果忽略 γ_{fs}，则式（4-77）表明，当薄膜的表面张力大于基底的表面张力时，薄膜的生长为岛状生长模式。这就是沉积在陶瓷或半导体基底上的金属薄膜呈现球冠状的原因。

在层状生长模式下，薄膜与基底之间的润湿性很好，这时 $\theta \approx 0$，因此

$$\gamma_{sv} \geq \gamma_{fs} + \gamma_{vf} \tag{4-78}$$

这种情况下的一个特殊例子就是"同质外延"。由于薄膜与基体之间的界面上基本消失，即 $\gamma_{fs} = 0$，因此，在高质量的外延薄膜生长时必须避免任何对层状生长模式有干扰的因素。

对于层状-岛状混合生长模式，至少在最初阶段有

$$\gamma_{sv} > \gamma_{fs} + \gamma_{vf} \tag{4-79}$$

在这种情况下，薄膜生长的单位面积上的应变能较大，界面能 γ_{vf} 允许成核并形成最初的薄膜。薄膜生长到 5~6 个单分子层后，薄膜生长从二维向三维生长模式转变。影响层状生长模式的结合能单调降低的任何因素都是发生这种转变的原因。例如，由于薄膜与基底之间的晶格失配，导致薄膜生长中的应变能增加，为了释放出这部分能量，薄膜生长到一定厚度后，生长模式转变为岛状生长模式。

应变层的形态稳定性如下：

为了解决应变自由能的半定量化问题，引入弹性理论。由于 $G_s = Y\varepsilon^2/2$，其中，Y 和 ε 分别是薄膜的弹性模量和应变。薄膜和基底界面间应变的有效测量方法是晶格失配应变或点阵常数的失配度 f。

一般情况下，薄膜存在一个临界厚度，当超过这一临界厚度时，岛状生长将使光滑薄膜的表面产生粗糙度。依据宏观异质（非自发）成核理论，这时将产生一种不稳定的形态。Wessels 给出了厚度为 h 的外延薄膜上产生半岛核心时净自由能的变化为

$$\Delta G = \frac{2\pi r^3}{3}\Delta G_V + \pi r^2 \gamma + \Delta G_S \qquad (4\text{-}80)$$

在这一过程中，生成的岛是不连续的，相应的外延薄膜是弛豫的。从式（4-19）可知，岛的体自由能、界面能以及岛和外延薄膜的应变自由能分别是 ΔG_V、γ 和 ΔG_S。ΔG_S 是单位面积外延应变能的变化量，外延薄膜成核前的应变能为 $Yf^2h/2$，成核后的应变能为 $Y\varepsilon^2h/2$，因此，$\Delta G_S = (\varepsilon^2 - f^2)YhA/2$，其中，$\varepsilon$ 是应变薄膜的平均失配度，$A = \pi r^2$ 是应变面积。当 $d\Delta G/dr = 0$ 时，可求出临界核半径为

$$r^* = -\frac{\gamma - (\varepsilon^2 - f^2)Yh/2}{\Delta G_V} \qquad (4\text{-}81)$$

在临界半径 $r^* = 0$ 的极限条件下，粗糙岛形成（即层状-岛状混合生长模式）时的临界厚度为

$$h^* = -\frac{2\gamma}{(\varepsilon^2 - f^2)Y} \qquad (4\text{-}82)$$

该式表明，临界厚度 h^* 约正比于 f^{-2}。对于 GaAs 基底上的 InGaAs 外延薄膜而言，Wessels 认为 $h^*(\text{cm}) \times f^2 = 1.8 \times 10^{-10}$ 是一个常数，当 $h^*(\text{cm}) \times f^2 > 1.8 \times 10^{-10}$ 时，InGaAs 的生长从二维的层状生长模式转变为三维的岛状生长模式。

至此，可以更好地理解图 4-17 中，表面能比率 $W(W = (\gamma_s - \gamma_f)/\gamma_s)$ 和点阵常数失配度 f 对薄膜三种不同生长模式的影响机制。如前面所述，当 $\gamma_f > \gamma_s$，即 $W < 0$ 时，薄膜的生长主要是岛状生长模式，但是当有晶格失配出现时，岛状生长的范围将被扩大。当 $W > 0$ 时，层状生长模式才有可能出现。然而，令人惊奇的是层状生长也可以发生在有少量晶格失配的情况下，从而实现应变外延层生长。岛状生长和层状生长模式的相互竞争就形成了层状-岛状的混合生长模式。

为了分析上述生长模式的热力学原理，我们考虑存在基体 B 时沃尔夫定理的表达式。当晶体物质 A 由气相沉积到基体 B 上时，其生成自由能为

$$\Delta G(n) = -n\Delta\mu + (W_{AB} - \gamma_B)A_{AB} + \sum_1^j \gamma_j A_j \qquad (4\text{-}83)$$

式中，右侧第一项为形成 n 个原子的表面核时化学势的变化；第二项为 A 核与基体 B 形成界面 A_{AB} 导致的自由能的变化；第三项为核的表面自由能。W_{AB} 为两相黏结功

$$W_{AB} = \gamma_A + \gamma_B - \gamma_{AB} \qquad (4\text{-}84)$$

式中，γ_A、γ_B 和 γ_{AB} 分别为 A、B 相表面能与相间界面能。

我们进一步得到体积微分和成核自由能的微分

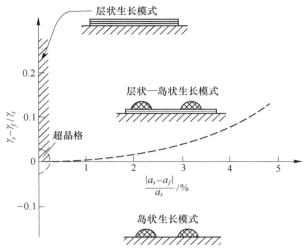

图 4-17 薄膜三种生长模式的稳定区域图

(纵坐标是基底和薄膜的表面能比率，横坐标是点阵常数失配度)

$$dV = \frac{1}{2}\left(h_{AB}dA_{AB} + \sum_1^j h_j dA_j\right)$$

$$dG_n = -\frac{\Delta\mu}{2v}\left(h_{AB}dA_{AB} + \sum_1^j h_j dA_j\right) + (W_{AB} - \gamma_B)A_{AB} + \sum_1^j h_j dA_j \qquad (4-85)$$

式中，h_{AB} 为由 O 点到界面 A_{AB} 的垂直距离。

在热力学平衡条件下，我们有

$$\left(\frac{\partial G}{\partial A_{AB}}\right)_{A_j, \cdots, T, \Delta\mu} = 0 \qquad (4-86)$$

$$\left(\frac{\partial G}{\partial A_i}\right)_{\substack{A_i, \cdots, A_{AB}, T, \Delta\mu \\ i \neq j}} = 0 \qquad (4-87)$$

其中，式（4-86）给出了界面 A_{AB} 的平衡条件，而式（4-87）给出了其他自由表面的平衡条件。由式（4-87）、式（4-86）、式（4-85）及式（4-84），沃尔夫定理在非均匀介质中表达式可写成

$$\frac{\gamma_j}{h_j} = \cdots = \frac{W_{AB} - \gamma_B}{h_{AB}} = \frac{\gamma_A - \gamma_{AB}}{h_{AB}} \qquad (4-88)$$

由式（4-88）得知，当 $\gamma_{AB} = 0$ 时，$h_{AB} = h_A$；而当 $\gamma_{AB} = 2\gamma_A$，则 $h_{AB} = -h_A$。上述结果表明，在 $0 < \gamma_{AB} < 2\gamma_A$ 范围内，有三维形核。而当 $\gamma_{AB} \geqslant 2\gamma_A$ 时，则有二维形核。

如果在能量平衡中也考虑薄膜的晶格弹性畸变能，则能进一步说明 SK 模式。当在基体和薄膜的晶格之间存在错配度时，需要引入弹性能。界面结合力的作用距离总是比弹性力小，故在一两个单层 2D 生长后变为 3D 生长，可以使系统总能量降低。

一种材料在一种基体上的薄膜生长模式并不是一种固定的材料参数，它会随着过饱和度的不同而发生变化。图 4-18 给出了二维和三维成核自由能和化学势的关系。由图可见，当 $\Delta\mu > \Delta\mu_c$ 时，$\Delta G_{2D} < \Delta G_{3D}$，得到层状生长；反之，若 $\Delta\mu < \Delta\mu_c$，则 $\Delta G_{3D} < \Delta G_{2D}$，得到小岛生长。

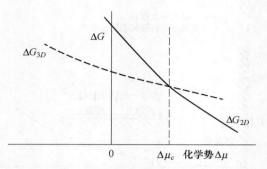

图 4-18　二维和三维成核自由能和化学势的关系

5 材料界面的物理化学反应

化学反应是一个十分复杂的作用过程，它不仅取决于反应物和生成物的结构、特性及温度、压强、浓度等，而且还涉及了吸附、偏析、扩散、成核生长等众多基本过程。表面和界面的存在，使得反应过程更加复杂化。有关界面化学反应的研究至今尚不完善，其理论体系自然也是十分初步的。同时，材料制备、储存和使用过程中的界面反应类型很多，涉及面广，因此，这里只能结合新材料发展的需要，讨论有关界面反应的基础性问题。

5.1 表面反应与催化作用

表面反应是由吸附开始的。首先发生物理吸附，其作用力为分子键。如果环境条件合适，则能进一步发生化学吸附，这时的作用力是化学键。吸附物和基体的反应有以下三种。

5.1.1 离子结合

吸附组元将在表面原子势场的作用下发生离解和电离，并从基体导带中俘获电子或从价带中俘获空穴（也可能是注入电子到导体的导带中，或者注入空穴到基体的价带中），这时起作用的是离子键，它将吸附离子束缚在固体表面上，但未生成局部化学键。

作为离子结合的例子，图 5-1（a）所示的氧和半导体 Ge 表面的反应，另一个例子是加在基体表面上的氯化铁添加剂，这时，根据其和基体构成的氧化-还原体系化学特性的不同，得到的表面态能级可能在导带、能带间隙或价带区域中。一般说来，这种类型的结合是较少见的。

5.1.2 局域化学键

在吸附组元和一个或几个表面原子之间可形成局域化学键，而不发生电荷转移，这种结合可能发生在有悬挂键的半导体或绝缘体表面上，并形成共价键，例如，氧在 Si 表面上的结合，也能以这种方式形成，如图 5-1（b）所示。

在离子半导体或绝缘体表面上还能形成另一种局部化学键，即酸碱共价键。在形成一般共价键时，两个原子各自提供一个未成对的电子组成电子对，而酸碱共价键的电子对却是全由一个组元提供的，在固体表面，有的位置具有未占据的电子轨道，并对电子对有很强的亲和力，能够和吸附的碱分子共同占有后者施出的电子对，此即路易斯（Lewis）酸位置。与此相反，如果固体表面上某个位置具有高能级的电子对，能够提供给吸附施主共享，则称为路易斯碱位置，这样形成的键称为酸碱共价键。

不仅如此，在固体表面上还有这样的位置，即它能够提供质子，称为布朗斯特德（Bronsted）酸位置，它也能形成酸碱共价键。

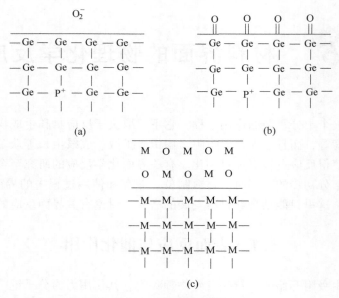

图 5-1　氧和固体表面的结合类型

（a）离子结合；（b）局域化学键；（c）形成新相

　　吸附组元和基体之间的偶极子吸引也能造成局域键，如果极性分子吸附在离子键固体上，则形成的键较强，如果非极性分子靠感生偶极子吸附在非极性固体上，则形成的键较弱。

　　局域键还可以由晶体场（或配位场）效应引起。配位场理论包括晶体场理论和络合物分子轨道理论两个部分，晶体场理论是 1923～1935 年间由培特（Bethe）和范福莱克（van Vleck）提出的，其基本观点是，络合物中中央离子和配位体之间的相互作用类似于离子晶体中正负离子之间的静电作用。这种键显然没有共价成分。然而实际上，中央金属离子的轨道和其周围的配位体的轨道之间还是有一定的重叠，即有一定的共价键成分。若用分子轨道理论来解释重叠，并将结果用于晶体场理论，这就是配位场理论，这种理论在研究过渡金属络合物方面已取得很大成效，当用来处理有悬挂 d 轨道的过渡金属基体上的吸附时，考虑吸附组元轨道和 d 轨道取向的匹配特别重要。合适的配位体结构的形成，可以降低体系的能量，从而造成强的键合。

5.1.3　形成新相

　　这种反应最明显的例子是金属的氧化［见图 5-1（c）］。

　　各种表面缺陷对于表面反应起着重要的作用，其中包括台阶、扭折、表面空位、位错露头、杂质原子，这里还应加上晶界和相界的露头。首先这些缺陷的延续或消亡（例如台阶运动、位错延续、空位填充等）都为表面反应所需的原子转移提供了能量上较为有力的途径。这里的原子转移包括表面成核及其逆向过程的蒸发和溶解。其次，表面缺陷中常常汇集了各种杂质原子，并能在反应中起到杂质源作用。研究结果表明，金属氧化时，表面成核不是发生在清洁的错位上，而是在有杂质的位错上，这表明缺陷的结构和取向也很重要。

　　表面反应所需的传质，包括空间和体内两个方向。因此，不仅是表面缺陷，而且体内缺陷的类型和数量也对表面反应有明显作用，这对于各种离子晶体尤为重要。缺陷的存在，导致了化合物的非化学计量组成。由于历史上形成的定比定律，人们起初把非化学计量看作是偏离正常情况的例外。进一步的研究证明，所有的无机晶体化合物，其稳定存在都有一个有限的组成范围，如果用相图来表示，这将是一个匀相区［见图5-2（a）］，而不是一根表示组分的垂线［见图5-2（b）］。因此，更为确切的说法应当是化合物的非化学计量性的明显与否，而不是化学计量化合物与非化学计量化合物的区别。

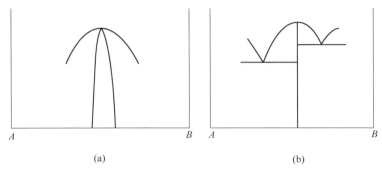

图 5-2　化合物稳定存在的匀相区

　　离子晶体中阳离子空位和阴离子空位的生成能的不同导致了这两种缺陷的数目不等。在离子晶体中，各种缺陷常常是带有电荷的，这就导致形成表面、晶界和相界上的电荷层，为了保持电中性，在表面电荷层邻近处，将会形成反向电荷层。这样构成的双电层区通常称为德拜-休克尔层，在此区域内，电场影响了缺陷的化学势，从而使缺陷的浓度成为离开表面的距离 x 的函数

$$\frac{n_c}{N} = \exp\left[-\frac{G_c - e\phi(x)}{kT} \right] \tag{5-1}$$

$$\frac{n_a}{N} = \exp\left[-\frac{G_a + e\phi(x)}{kT} \right] \tag{5-2}$$

式中，n_c 和 n_a 分别为单位体积内的阳离子空位和阴离子空位数；$\phi(x)$ 为坐标 x 处的静电势；N 为单位体积内阳离子（或阴离子）的位置数；e 为电子电荷；电势 $\phi(x)$ 满足泊松方程

$$\nabla^2 \phi(x) = -\frac{4\pi\rho(x)}{\varepsilon\varepsilon_0} \tag{5-3}$$

式中，ε 为介质的相对介电常数；ε_0 为真空的介电常数；$\rho(x)$ 为电荷密度，它可由下式确定

$$\rho(x) = e(n_c - n_a) \tag{5-4}$$

静电势场 $\phi(x)$ 的边界条件为

$$\begin{cases} x = 0 \text{ 时}, \ \phi = 0 \\ x \to \infty \text{ 时}, \ \dfrac{\mathrm{d}\phi}{\mathrm{d}x} = 0 \end{cases}$$

联立式（5-1）~式（5-4）得到

$$\frac{\mathrm{d}^2\phi}{\mathrm{d}x^2} = -\frac{4\pi eN}{\varepsilon\varepsilon_0}\left[\exp\left(-\frac{G_a + e\phi}{kT}\right) - \exp\left(-\frac{G_c - e\phi}{kT}\right)\right] \tag{5-5}$$

在离开表面较远处，电中性条件应当得到满足，故有

$$n_c(\infty) = n_a(\infty) = N\exp\left(-\frac{G_c + G_a}{2kT}\right) \tag{5-6}$$

由于

$$n_c(\infty) = N\exp\left(-\frac{G_c - e\phi}{kT}\right) \tag{5-7}$$

$$n_a(\infty) = N\exp\left(-\frac{G_a + e\phi}{kT}\right) \tag{5-8}$$

故

$$e\phi(\infty) = \frac{1}{2}(G_c - G_a) \tag{5-9}$$

德拜-休克尔区的深度可近似由下式给出

$$\lambda = \left(\frac{\varepsilon\varepsilon_0 kT}{8\pi Ne^2}\right)^{1/2}\exp\left[-\frac{e\phi(\infty) - G_c}{2kT}\right] \tag{5-10}$$

将电荷密度在电荷补偿区中积分，可以得到表面电荷密度

$$Q = \frac{kT\varepsilon\varepsilon_0}{2\pi\lambda e}\mathrm{sh}\left(-\frac{e\phi(\infty)}{2kT}\right) \tag{5-11}$$

　　表面势的测量在实验上难度是较大的，尽管如此，用开尔文探针还是成功的测定了 AgCl 晶体的（100）、（110）和（210）面的表面势，其数据和理论分析相符合（见图 5-3）。

　　研究表明，在 AgBr 的空间电荷区里，含有较多的间隙银离子，并因而造成了表面离子导电性。还证明，当垂直于表面施加外场时，存在一势阱，潜象核将在其中择优生长，这个势阱是外加势场和自身势场叠加形成的，随着外加势场的增加，形成潜象核的位置离开表面的距离减少。表面电荷概念还曾用来解释 PbI_2 和 HgI_2 光学吸收边的加宽。

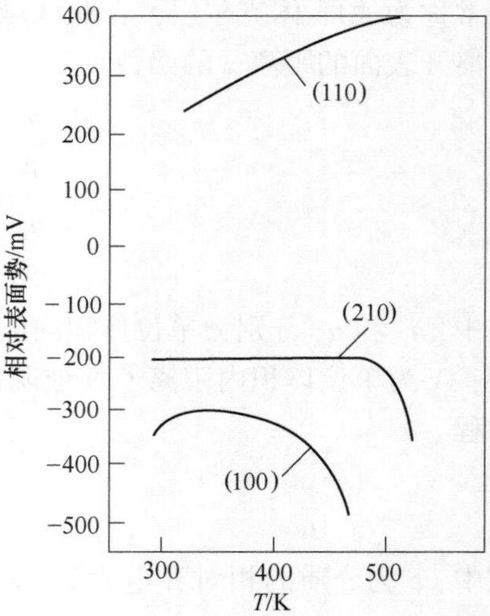

5.1.4　催化作用

　　催化作用是表面和界面化学的一个重要研究领域，其在化学工业中有重要作用。通常，把能够增加化学反应达到平衡的速度，而在此过程中自身不消耗掉的物质称为催化剂，把由于催化剂的作用而发生的现象称为催化作用。根据过渡态理论，反应的速度系数可表示为

图 5-3　AgCl 三个晶面的表面势对于温度的依赖关系

$$K = \frac{kT}{h}\exp\left(-\frac{\Delta G^*}{RT}\right) \tag{5-12}$$

式中，K 为玻耳兹曼常数；T 为反应温度；h 为普朗克常数；ΔG^* 为过渡态激活自由能；R 为气体常数。由于

$$\Delta G^* = \Delta H^* - T\Delta S^*$$

故式（5-12）可改写成

$$K = \frac{kT}{h}\exp\left(\frac{\Delta S^*}{R}\right)\exp\left(-\frac{\Delta H^*}{RT}\right) \tag{5-13}$$

催化作用的基本原理是降低反应的激活能，这对各种反应或各种不同的催化作用都适用，可以用势能曲线来表示（见图 5-4），即实现催化反应所需克服的势垒比非催化反应低。催化反应的这一特征还可以用阿雷尼乌斯图形（见图 5-5）表示。这时，催化作用体现在提高或降低反应速度所需的温度上。因此，催化作用并不能造成热力学上不可行的反应，而只是增加了热力学上可行的反应达到平衡的速度。这时，平衡常数也不变。

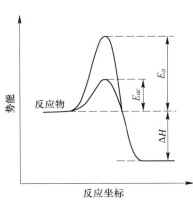

图 5-4　催化反应和非催化反应的势能图
（E_a 为非催化反应的激活能；E_{ac} 为催化反应的激活能）

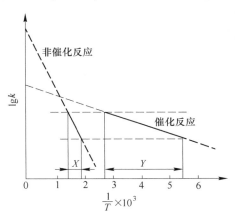

图 5-5　催化反应和非催化反应的阿雷尼乌斯图

按照反应体系的物相状态可将催化分为匀相和多相两大类。当催化剂和反应物同处于一相，且无相界存在时，为匀相催化；若二者被相界分开，则称多相催化。催化剂自身可以有固态、液态和气态，在固体催化剂中，可以有金属、半导体和绝缘体等不同成分。

在固体表面的催化反应中，化学吸附起着重要的作用，这时，吸附分子离解为原子或基团，例如，氢在金属表面吸附时，先离解为氢原子。甲烷在金属上吸附时，离解为 H 和 CH_3，称为离解式化学吸附。具有电子或孤对电子的分子可以不先离解而直接发生化学吸附，例如，C_2H_4 和 CO 的吸附就是按此方式，这称为缔合式化学吸附，过渡金属由于有未配对的 d 电子，其吸附激活能较低，常表现出良好的催化特性。

在高温、高压合成金刚石中，催化剂能降低反应温度和压强，这是材料研究中成功应用催化剂的范例。鲁克斯（Lux）等研究了微量杂质对于气相沉积 Al_2O_3 的影响，发现铬有利于生成细晶粒的致密 Al_2O_3 膜。然而，多数杂质给出了对于薄膜生长不利的影响，例如，Fe、Co 和 Ni 都能使 Al_2O_3 晶粒按其晶面择优生长，结果变成了晶须，并使薄膜变得

疏松,甚至导致其破坏。O_2和H_2O会引起气体成核,并降低薄膜沉积速度。研究结果还证明,上述杂质的影响,按其采用氯化物、溴化物还是碘化物的顺序而降低。应当指出的是,与其相反,上述杂质催化剂在碳化硅晶须制备中收到了良好的效果。

扩散是表面反应的一个必不可少的环节,因此,几何因素对于表面反应也有重要作用,对于扩散控制的化学反应尤为显著。在固相反应中,反应区常常局限在反应物和生成物(即原有相和新相)的界面上,通常称为局域化学反应。对于非平面的固相反应,相界面的几何形状在反应过程中将不断变化,因而使问题更加复杂化。斯图尔特(Stewart)等对此问题进行了系统的论述。简德(Jander)于 1927 年发表了球形几何扩散控制固态反应的动力学模型。组元 A 构成半径为 r 的球,并在整个球面上与组元 B 反应,形成厚度为 y 的反应产物,其增厚速率与厚度成反比(见图 5-6),即

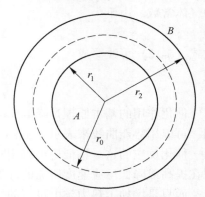

图 5-6   组元 A 和组元 B(气相)的
反应模型(球形或柱形)

r_0—反应物初始半径;r_1—反应物瞬时半径;
r_2—反应物+生成物的瞬时半径

$$\frac{dy}{dt} = \frac{k}{y} \tag{5-14}$$

式中,t 为反应时间;k 为常数。积分后得到

$$y^2 = 2kt \tag{5-15}$$

故

$$y = r\left[1 - (1-x)^{1/3}\right] \tag{5-16}$$

式中,x 为在时刻 t 原始球中已反应的分数,将式(5-16)代入式(5-15)中,得到

$$\left[1 - (1-x)^{1/3}\right]^2 = \frac{2kt}{r^2} = Kt \tag{5-17}$$

瓦连西(Valensi)根据传热和传质的相似性及稳态条件,从菲克第一定律得到了通过球形和圆柱形壳体的扩散反应动力学表达式。取球形粒子的体积变化等于通过球形反应生成物壳体的物质流,积分后得到质量变化或反应分数和时间的关系式

$$\frac{z - \left[1 + (z-1)R\right]^{2/3}}{z - 1} - (1-R)^{2/3} = \frac{2Dt}{r_0^2} = F(V)_s \tag{5-18}$$

其中

$$z = \frac{\alpha M_p \rho_R}{\rho_p M_R} \tag{5-19}$$

式中,z 为生成物和反应物的体积的当量系数;R 为材料的反应分数;D 为扩散系数;t 为时间;r_0 为粒子的初始半径;$F(V)_s$ 为球体的瓦连西函数;M_p 为生成物的分子量;M_R 为反应物的分子量;ρ_p 为生成物的密度;ρ_R 为反应物密度;α 为化学比因子。

用同样的方法得到了圆柱体的相应方程

$$\frac{1 + (z-1)R}{z - 1}\ln\left[1 + (z-1)R\right] - (1-R)\ln(1-R) = \frac{4Dt}{r_0^2} = F(V)_c \tag{5-20}$$

式中,$F(V)_c$ 为圆柱体的瓦连西函数。

利用简德方程和瓦连西方程分析实验数据的结果表明，对于反应量少的化学反应，两方程都适用；然而，对于反应量大的化学反应，得到的数据都迅速偏离直线。

卡特（Karter）认为在简德的推导中有两点是过分简化了，其一是只考虑了平面反应，而未考虑初始反应面积和瞬时反应面积之比，因而只适用于产物量很少的情况，其二是未考虑从反应物转化为生成物时发生的体积变化。

5.2 固态反应成核

在材料科学研究的许多过程中，尤其是在固态化学反应中，成核常是化学反应的中间步骤，就固态反应成核自身而言，在唯像理论上它和液态成核一致，然而，由于固体的刚性，造成了形变能和材料运输上的困难，此外，晶体还具有各向异性，所有这些都使得固态反应成核问题比液态反应成核问题复杂得多。斯摩鲁霍夫斯基详细论述了固态反应成核的特点：由于形成转变析出，其反应自由能变化、比界面能，以及核的形状和大小都难以测定，应变对于核的形状和最终粒子的形状都有影响；应变能是核形状的函数，它对激活能有影响；析出物的成核能受到界面能、应变能、化学组成以及析出物的形状和尺寸的影响，因而其激活能不再是经典成核理论给出的简单极大值，而是具有鞍点的多变量函数（见图 5-7）；在固态中，热起伏只限于晶体原子构型临近位置，横越界面的迁移要求激活能 ΔG_a；如果固态反应成核有成分变化，则需要考虑物质转移。

我们考虑固态反应成核的最简单情况，化学组成在反应前后不发生变化，这时，由 i 个分子构成的新相颗粒的生成自由能为

$$\Delta G_i = \Delta G_{int} - E - \Delta G_v \tag{5-21}$$

式中，ΔG_{int} 为界面自由能变化；E 为弹性应变能；ΔG_v 为体积自由能变化。

对于球形颗粒，其生成自由能可写成

$$\Delta G = 4\pi r^2 \gamma - \frac{4}{3}\pi r^3 \varepsilon - \frac{4}{3}\pi r^3 \Delta g_v \tag{5-22}$$

式中，ε 为单位体积的弹性应变能；Δg_v 为单位体积的自由能。图 5-8 给出了上式中各相粒子尺寸的变化及其总和效果，由图可见，其生成自由能有极大值。我们可得到核的临界尺寸为

$$r^* = \frac{2\gamma}{\Delta g_v + \varepsilon} \tag{5-23}$$

相应的生成自由能极大值称为激活自由能

$$\Delta G^* = \frac{16\pi\gamma^3}{3\left(\Delta g_v + \varepsilon\right)^2} \tag{5-24}$$

然而，球形核和固态反应成核的实际情况不符合，较为合适的是扁球形的核，它可用半赤道轴 a 和半极轴 c 来表征，其体积、表面积和生成自由能分别为

$$V = \frac{4}{3}\pi a^2 c$$

$$S = 2\pi a^2 (\text{当 } c \ll a \text{ 时})$$

$$\Delta G = 2\pi a^2 \gamma - \frac{4}{3}\pi ac^2 A - \frac{4}{3}\pi a^2 c \Delta g \tag{5-25}$$

$$E = A\frac{c}{a} \tag{5-26}$$

式中，A 为弹性能常数（见图 5-9）。

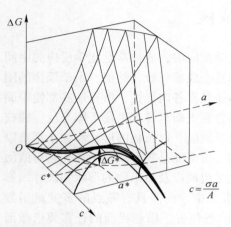

图 5-7　扁球核生成自由能随半赤道轴 a 和
半极轴 c 的变化

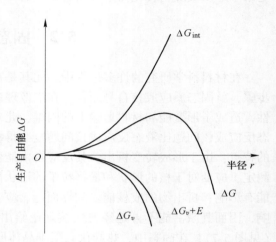

图 5-8　球形核生成自由能（其中包括
应变能）随其半径的变化

对于给定的体积，若应变能和界面能之和为极小值，则得到最佳核形状，它满足以下关系式

$$\frac{c^2}{a} = \frac{\gamma}{A}$$

相应的临界尺寸为

$$c^* = -\frac{2\gamma}{\Delta g_v}$$

$$a^* = -\frac{4A\gamma}{\Delta g_v}$$

其激活自由能为

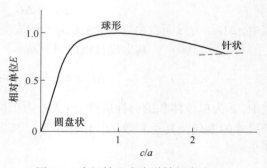

图 5-9　半极轴和半赤道轴长度比 c/a
对于应变能的影响

$$\Delta G^* = \frac{32\pi A^2 \gamma^3}{3\,(\Delta g_v)^4} \tag{5-27}$$

对于包含 i 个分子的任意形状的核，其生成自由能为

$$\Delta G_i = i^{3/2}\sum a\gamma - vi(\Delta g_v + E) \tag{5-28}$$

式中，$\sum a\gamma$ 为每个小面的界面能因子之和；v 和 E 为核的应变参量 e 和形状参量 ω 的函数。

当形状不变时，可以求出 ΔG_i 的极大值，即激活自由能为

$$\Delta G^* = \frac{4\left(\sum a\gamma\right)^3}{27vi\left(\Delta g_v + E\right)^2} \tag{5-29}$$

核的临界尺寸为

$$i^* = \frac{2\sum a\gamma^3}{3v\left(\Delta g_v + E\right)^3} \tag{5-30}$$

特恩布尔分析了化学组成不变条件下最一般的成核过程，其激活自由能为

$$\Delta G^* = f(\omega^*,\ e^*,\ i^*) \tag{5-31}$$

式中，ω^*、e^* 和 i^* 同时满足以下方程：

$$\left(\frac{\partial \Delta G}{\partial \omega}\right)_{\theta,i} = 0$$

$$\left(\frac{\partial \Delta G}{\partial e}\right)_{i,\omega} = 0$$

$$\left(\frac{\partial \Delta G}{\partial i}\right)_{\omega,\theta} = 0$$

$$\left(\frac{\partial^2 \Delta G}{\partial \omega^2}\right)_{e,i} > 0$$

$$\left(\frac{\partial^2 \Delta G}{\partial e^2}\right)_{i,\omega} > 0$$

$$\left(\frac{\partial^2 \Delta G}{\partial i^2}\right)_{\omega,e} < 0$$

即 ΔG^* 对于 i 为极大值，而对于 ω 和 e 为极小值。

特恩布尔和费希尔认为，在固态中核的生长机制和蒸汽凝结相同，是单个原子或分子逐级附加上去的，从而得到了凝聚态体系中的匀相成核速率为

$$I = K_v \exp\left(-\frac{\Delta G^* + \Delta G_\alpha}{kT}\right) \tag{5-32}$$

式中，K_v 为常数；ΔG_α 为分子或原子穿越界面的激活自由能。

前面已提过，在固体中有晶界和相界两种界面，前者仅涉及取向差，而后者则涉及结构和取向，甚至还有化学组成的差别。相界的一个重要特性是界面错配度为

$$\delta = \frac{a_\alpha^0 - a_\beta^0}{a_\alpha^0} \tag{5-33}$$

式中，a_α^0 和 a_β^0 分别为 α 相和 β 相在无畸变力作用时的点阵常数。相界面能可以近似地认为等于化学界面能 γ_c 和结构界面能 γ_{st} 之和

$$\gamma = \gamma_c + \gamma_{st}$$

当相界面上存在应变 e 时，其错配度减少为

$$\delta' = \delta - e$$

贝弗（Bever）分析了恒定化学组成固态反应中的界面成核，他的分析结果由表 5-1 给出。

表 5-1　恒定化学组成固态反应成核的理想关系式

(1) 共格成核 错配度通过弹性应变抵消	(2) 非共格成核 错配度通过引入界面位错抵消	(3) 部分共格成核 错配度通过弹性形变和界面位错抵消
$\delta = e,\ \delta' = 0$	$e = 0,\ \delta' = \delta$	$\delta' = \delta - e$
$\gamma = \gamma_{st} + \gamma_c$	$\gamma = \gamma_{st} + \gamma_c$	$\gamma = \gamma_{st} + \gamma_c$
$\gamma_{st} = 0,\ \gamma_c > 0$	$\gamma_{st} = L\delta(M - \ln\delta)$	$\gamma_{st} = L\delta'(M - \ln\delta')$ $\delta' < \delta,\ \gamma_{st}^{III} < \gamma_{st}^{II}$
$E \approx c'e^2 = c'\delta^2$	$E = 0$	$E \approx c'e^2 = c'(\delta - \delta')^2$
扁球核较为适合	球形核较为适合	扁球核较为适合
$\Delta G = (2\pi a^2 + 2\pi ac)\gamma_c +$ $\left(\dfrac{4}{3}\pi a^2 c\right)(\Delta g_v + E)$ 设：(1) $E \approx \dfrac{c}{a}A$ 　　(2) $2\pi ac \ll 2\pi a^2$ 则 $\Delta G = 2\pi a^2\gamma_c + \dfrac{4}{3}\pi a^2 c\Delta g_v +$ $\dfrac{4}{3}\pi ac^2 A$ $\Delta G^* = \dfrac{32\pi A^2\gamma^3 c}{3\Delta g_v^4}$ $a^* = \dfrac{4A}{\Delta g_v^2}$ $c^* = -\dfrac{2}{\Delta g_v}$ $\left(\dfrac{c}{a}\right)^* = -\dfrac{\Delta g_v}{2A}$	$\Delta G = f_1(a,\ b,\ c)[\gamma_c + L\delta(M - \ln\delta)] + f_2(a,\ b,\ c)\Delta g_v$ $\Delta G^* = \dfrac{4\pi a(\gamma_c + \gamma_{st})^3}{27\Delta g_v}$ $a^* = -\dfrac{2\gamma}{3\Delta g_v}$ $c^* = a^*$ $\left(\dfrac{c}{a}\right)^* = 1$	$\Delta G^* = \dfrac{32\pi A^2\gamma^3}{3\Delta g_v}$ $a^* = \dfrac{4A\gamma}{\Delta g^2 v}$ $c^* = -\dfrac{2\gamma}{\Delta g_v}$ $\left(\dfrac{c}{a}\right)^* = -\dfrac{\Delta g_v}{2A}$ $E^{III} < E^{I},\ \gamma^{III} > \gamma^{I}$ $\left(\dfrac{c}{a}\right)^{*\,III} > \left(\dfrac{c}{a}\right)^{*\,I}$

5.3　摩擦过程界面物理化学

5.3.1　摩擦表面上反应物的激活方式

　　要使一个稳定的物质发生化学变化，其前提是要对反应物进行激发，使它活泼起来才能进行反应；采用不同的激活方式，便会形成不同的化学门类。通常引发物质进行化学变化的方式是加热，向反应体系输入热能，提高反应体系的温度从而引发反应，这是人们最熟悉的热化学。如果用一定的波长（能量）的光激发反应体系从而引发反应，这就是光化学；还有用特殊射线引发物质反应的辐射化学等。

　　对于摩擦过程，引发化学反应的因素要复杂得多，其原因是摩擦状态下，向摩擦界面输入的机械能会转变成多种形式的激发源，这些不同的激发方式都能活化界面物种从而引发反应。实际上，在摩擦界面上，机械能会引发界面产生一系列物理现象，创造多种激发机制，其中主要包括：

（1）最容易观测到的是机械能转变成热能，结果使接触界面温度急速升高，在小于10^{-4}s 时间内摩擦表面局部温度的峰值达到 600~1000K，乃至达到金属熔点，滑动界面的温度急剧升高同载荷和滑动速度有关。早在 1935 年，Bowden 等已经测得康铜相对钢铁表面滑动时它的温升与载荷及速度的函数关系，如图 5-10 所示。极短时间的快速温升使接触界面体系得到高度的热活化。

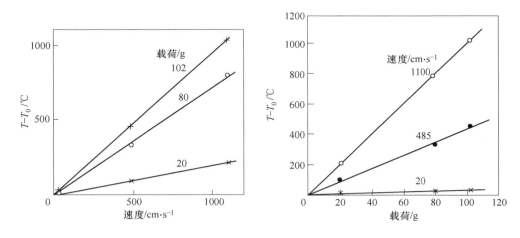

图 5-10　滑动金属表面温度随滑动速度和载荷的变化

（2）相互摩擦会使表面物理结构发生变化，包括表面宏观的弹塑性变形，及各种宏观和微观缺陷，其结果完全破坏了表面层原子的正常排布。固体表面缺陷本身要比正常规整晶面活泼得多，它们具有更强的反应能力。同时，通常摩擦零件都是金属，特别是过渡金属的合金，这类金属表面上的缺陷对润滑剂反应还表现出很好的催化特性，进一步加速接触界面上润滑剂的分解，提高界面化学反应的能力。

（3）摩擦过程中，金属表面还会出现电子发射、等离子体生成、声子发射、化学荧光发射等，所产生的这些微观粒子都具有特定的能量，客观上构成对界面附近反应物种的可能激发，会对润滑剂分子起到特殊的活化作用。

（4）实际接触金属界面不是原子清洁系统，表面上通常存在氧化膜，来自环境气氛的污染物以及有机润滑剂吸附膜。这些物种的存在会影响表面的机械性质，例如，表现为能改变表面硬度的 Kramer 效应，改变表面韧性的 Roscoe 效应、Joffeet 效应和 Rehbinder 效应。摩擦过程中这些效应都会对界面化学反应产生一定的影响。

总之，对一个摩擦系统，实际上构成了一个由金属、润滑剂及环境气体所组成的界面反应体系，应受到除了热效应以外的其他几种激发作用，这是通常热化学反应体系所没有的，在研究摩擦化学反应复杂性时，首先应当认识到这种特殊的综合激活方式，及对界面摩擦化学反应可能产生的几种影响。

摩擦化学的第二个特点是，反应体系始终处于非平衡状态。在一个接触界面有限空间内，不光有金属、润滑剂及环境气体参与反应，重要的已形成的摩擦产物不能及时输出体外，反应物也不能按计量比例输入到界面。这样，人们很难运用一般化学反应方程式、化学反应定律去确切的描述摩擦界面反应过程，这就导致摩擦化学反应和通常热反应有明显的差别。例如，以简单加热方式不能发生的某些反应，在摩擦状态下则可能发生；相同的反应物经摩擦后会得到与热反应不同的产物；热反应在金属表面上形成的反应膜与摩擦状态下所形成摩擦反应膜，它们有不同的化学结构等。显然，这些差别主要是由于摩擦化学反应体系与通常反应体系很不相同，因此各自经历不同的反应途径所造成的。

5.3.2 固体润滑界面结构

5.3.2.1 固体润滑材料

最常用的固体润滑剂材料具有层状结构，如石墨和 MoS_2，加上其他类型的固体润滑材料，见表 5-2。

表 5-2 可用作固体润滑剂的材料

层状材料	MoS_2、H_3BO_3、石墨、$(CF_2)_n$、$CdCl_2$
氧化物	CdO、TiO_2、$Co(ReO_4)_2$
卤素化合物	CaF_2、BaF_2、LiF_2、CaI_2、$CaCl_2$
硫化物	PbS、Sb_2S_3、$CdSe$、HgS、As_2S_3
软金属	Pb、Ag、Au、In、Sn
玻璃	B_2O_3、PbO、SiO_2
类金刚石碳（DLC）	$i\text{-}C$：$\alpha\text{-}C$：H，$\alpha\text{-}C$：Si
有机物	脂肪酸、皂、石蜡
聚合物	聚四氟乙烯（PTFE），聚酰亚胺

这里，我们只讨论目前普遍采用的 MoS_2 和石墨，对于这两种固体润滑材料，在分析接触界面摩擦学性能时，首先需要注意如下的一些特点：

（1）除具备层状结构和低剪切强度外，重要的是它们还具有很好的热稳定性，在大气环境下直至 400℃ 高温，仍然是稳定的；超过这个温度，石墨将有明显的氧化，主要生成 CO_2，MoS_2 则被氧化成 Mo_2O_3。但是在真空中，直至 750℃ 高温，MoS_2 仍然是稳定的。

石墨和二硫化钼之所以有很低的摩擦系数，应归结为它们的晶体结构，图 5-11（a）和（b）分别为石墨和二硫化钼的晶体结构，图 5-12 则是二硫化钼的层状构造的直观表示。

由图 5-11（a）可见，石墨具有层状平面六角晶体结构和各向异性的特征，因为每个碳原子能和其他相邻的四个碳原子成键，所以在平面内形成的碳-碳 σ 键较强，而平面层之间是通过很弱的 π 键耦合，容易产生相对滑动，因此剪切强度很低。有趣的是，如果层间没有污染物，石墨就不能起到润滑作用，污染物主要是吸附水和碳氢化合物，它们很容易被脱附掉。由于这个原因，石墨不宜用于超高真空条件下的润滑，这一点可以从图 5-13 实验数据得到很好的证明。该图显示了石墨和二硫化钼的摩擦系数随环境压力的变化，在 UHV（超高真空）条件下，石墨的摩擦系数高达 0.5；随着环境压力提高到约 $10^0 Torr（1Torr = 133Pa）$ 时，摩擦系数明显下降，达到大气压力时的 0.2，显然这是由于空气中的水及其他污染物迅速吸附到石墨表面上的缘故。

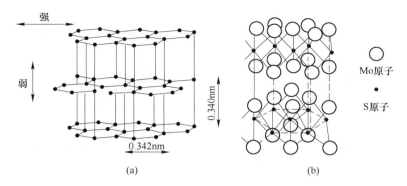

图 5-11 石墨和二硫化钼的晶体结构图

（a）石墨；（b）二硫化钼

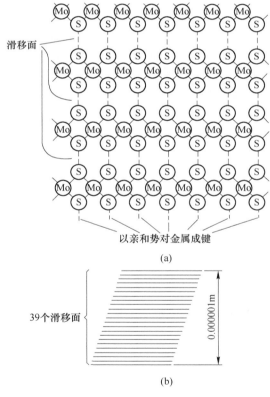

图 5-12 二硫化钼层状结构特征

（a）晶格截面；（b）滑移面

和石墨相似，二硫化钼同样具有层状的晶体结构，平面内的硫-钼以很强的共价键结合，相邻硫原子层之间的距离要大于二硫化钼层本身的厚度，层间相互结合力也很弱，表现出易剪切和很好的润滑性能。但是与石墨相反，在 UHV 条件下，MoS_2 的摩擦系数反而大大降低，润滑特性得到进一步改善，在 10^{-2}Torr 真空条件下，MoS_2 表面的污染物脱附会使摩擦系数明显下降；在 10^{-10} Torr 超高真空条件下，MoS_2 的摩擦系数低到 0.04。图 5-13 所示结果清楚地表明，如果说在 UHV 环境下石墨是一个非常差的润滑剂，那么二硫化钼则是非常好的润滑剂，其摩擦系数比通常用油润滑时的 0.1 还要低，因此，航天器械和现代表面分析谱仪 UHV 系统中的相关运动零件都采用 MoS_2 做润滑剂。

（2）石墨和二硫化钼不仅具有层状的晶体结构，重要的是当它们处于摩擦接触界面时，其晶面能迅速取向，确保其基面和金属衬底表面平行，这种取向作用使剪切十分容易因而导致很低的摩擦。对于这两种固体润滑材料，晶面取向对它们的摩擦、磨损性能都有明显的影响。例如石墨，当它的基面垂直于滑动接触的金属铜表面时，其磨损速率很高；如果它的基面平行于滑动表面，铜表面的磨损速率则明显下降。对于二硫化钼，如果它的基面和金属表面垂直，在钢铁表面上的摩擦系数高达 0.26；如果它的基面平行于滑动表面，摩擦系数则下降到 0.1。对于二硫化钼涂层，我们还会观测到这样一种现象，即开始滑动时的摩擦系数较高，经过数次滑动后摩擦系数则逐步下降，这种摩擦系数下降的过程，实际上伴随二硫化钼的晶体由随机取向逐步过渡到几乎完全平行于被润滑表面的过程。

（3）虽然石墨和二硫化钼同属层状结构的润滑材料，但机械参数对石墨和二硫化钼的润滑效果却有着不同的影响，例如，随着滑动速度的提高，石墨在空气中的摩擦系数增加，二硫化钼的摩擦系数则下降；另一方面，石墨的摩擦系数随载荷增加而提高，相反，随着载荷的增加二硫化钼的摩擦系数则下降，如图 5-14 所示。

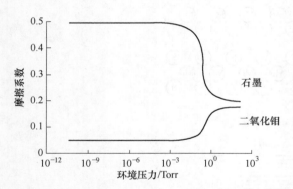

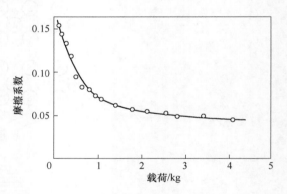

图 5-13   环境压力对石墨和二硫化钼摩擦的影响   图 5-14   铬表面 MoS_2 膜的摩擦系数随载荷的变化
（注：1Torr=133Pa）

5.3.2.2   固体润滑涂层的状态变化

实践中，人们常常利用各种沉积技术（如等离子喷涂、磁控溅射、热蒸发等）将润滑性能好的固体材料涂到机械零件表面上，或用离子注入技术在金属表面形成新的减摩、抗磨性能好的表面层（如将氮注入金属钛）。研究滑动状态下这些固体润滑涂层化学结构的变化，对于理解摩擦、磨损机制，改进工艺都是很有价值的。

对于这类表面膜的摩擦、磨损性能的完整研究，往往要涉及几个基本问题：

（1）表面膜层是如何附着到基底的；

（2）膜的强度和剪切性能如何；

（3）表面膜是如何破裂并最终导致摩擦、磨损恶化；最后还应当把涂层的化学结构同摩擦、磨损的特性联系起来。对于这些问题，这里只讨论两个方面：零件表面的固体润滑涂层是如何调节滑动过程的；在气体环境下，涂层表面和接触表面做相对运动时，会引起界面结构发生怎样的变化。

Godet 曾引入第三体概念，讨论第三体在界面上的位置及其如何调节两个固体接触界面上的相对运动。按照 Peterson 等的简化讨论，可以用图 5-15 所示的简单模型描述界面上第三体可能以三种方式调节滑动过程。

第一种可能的状态是膜内流动，如图 5-15（a）所示。当固体润滑剂牢固地黏附在两个做相对滑动的零件表面时，润滑膜内会产生流动，即界面出现好似黏性液体的流动，以调节两个表面的相对位移。显然，润滑剂分子和两个运动体表面的结合力强度超过涂层自身的内聚力时，才会出现这种滑动过程。尽管界面上的第三体一般是非晶态物种，但在高温下即便是晶体材料也会发生类似的黏性流动，这种黏性流动可以调节两界面的相对运动，这种情况下，膜本身的剪切强度就决定了接触体系的摩擦系数。

第二种情况是界面滑动，如图 5-15（b）所示。只有当固体润滑剂涂层对上滑体没有黏着，即与上滑体的结合力非常弱时，上、下两原始表面之间便产生界面滑动。这一点，在宏观滑动测试中尚未得到充分证明，但在低载荷、简单粗糙表面接触时（如原子力显微镜探头接触表面那样），会发生界面滑动。

第三种情况是膜层之间的滑动，如图 5-15（c）所示。当润滑涂层牢固的黏附在上下两滑体表面，但润滑膜本身又被分开成为两个不同强吸附的物理膜层时，才会导致膜层间分裂彼此产生滑动。从与表面键合强度分析，它和膜内流动模式有相似之处。但与膜内流动不同的是，这时润滑层本身结合力较弱并产生分离，各自附着在基底表面上做相对滑动，而两个原始金属表面之间并不接触，这时体系的剪切强度就等于润滑膜本身相对滑动的剪切强度。

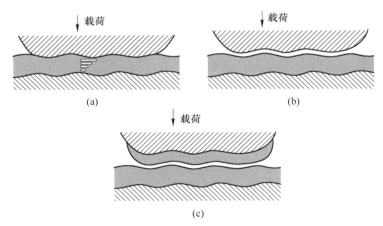

图 5-15　三种调节界面、覆盖膜和基底之间滑动的模式图
（a）膜内流动；（b）界面流动；（c）膜间流动

实际上，固体润滑膜在接触界面上既有流动也有滑动，它们通过剪薄、裂开等方式以调节垂直方向上的压力和剪应力，这必然要涉及固体润滑膜的流变特性，及其对摩擦、磨

损的影响。真实运动状态下，润滑膜不可避免地还要同环境气氛相接触，这会进一步增加固体润滑剂的界面流变的复杂性。

5.3.2.3　固体润滑膜的化学结构

上面我们只讨论了接触界面上固体润滑膜的物理状态变化，显然对其化学状态做进一步分析是必要的。

以类金刚石（DLC）涂层为例。根据所使用的环境气氛不同，它表现出很宽的摩擦、磨损特性，其中环境气氛的影响主要表现为接触界面、固体润滑涂层和环境气体之间的摩擦化学反应。实验表明，在 UHV 条件下用钢球对 DLC 涂层做相对运动，其摩擦系数 $\mu \leqslant$ 0.01。为标定所形成的界面产物，当值达到 0.007 时，立即中断摩擦试验，并用红外光谱分析接触表面的化学结构，结果发现被磨损的涂层碎片及磨痕，两者都具有和原始 DLC 相同的红外特征谱；但是，转移到钢球上的薄膜与 DLC 则有很不相同的红外光谱特征，显示出具有 C═C 双键（波数为 1630cm^{-1}）的 sp^3 碳氢化合物，表明摩擦时发生了选择性转移，且无 Si—H 键，如图 5-16 所示。此外，转移膜的极化红外光谱还显示碳氢化合物沿着滑动方向取向，因此发现在 UHV 条件下的滑动过程中，在钢球表面形成了黏着、有取向的 α-碳氢化合物转移膜，正是由于它和母体 DLC 膜之间做相对滑动，才出现摩擦系数 μ 值低到 0.007 这样极低的情况。

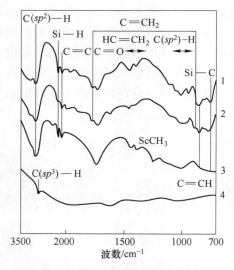

图 5-16　几种表面红外显微谱对比

1—硅 DLC 未摩擦表面薄膜；2—磨痕表面；3—磨损碎片；4—转移到钢球表面薄膜

在大气环境下，用 Si$_3$N$_4$ 球对涂在硅表面上的 DLC 涂层做摩擦试验。随着环境气体的变化，从干燥空气（相对湿度 $RH = 0$）到 $RH = 50\%$，再到干燥氩惰性气体，人们观测到该体系表现出不同的摩擦、磨损特性，其原因何在？实验中，同样采用显微红外光谱仪依次分析磨屑、Si$_3$N$_4$ 球上形成的各种界面膜的化学结构；其中对磨屑的分析，得到图 5-17 所示的一组结果，把摩擦、磨损的实验结果和这组显微红外光谱的数据进行对照，不难发现：

（1）在干燥空气条件下（$RH=0$），体系显示出较高的摩擦系数，但是比较低的磨损速率。红外光谱表明［见图 5-17（a）］，转移膜和磨屑表面是羰基化合物，它是由 DLC 中碳氢化合物经摩擦氧化反应而形成的产物。

（2）在空气条件下，把相对湿度 RH 值提高到 50%，这时体系的摩擦系数较低，而磨损的速率却很高，Si_3N_4 球表面上转移膜的红外光谱显示［见图 5-17（b）］，这层转移膜是由被氧化的碳氢化合物和水合硅胶所组成。

（3）如将实验控制在干燥的、氩惰性气体中，红外光谱［见图 5-17（c）］显示有一层原始的 DLC 转移膜覆盖在 Si_3N_4 球表面上，结果造成 DLC 转移膜相对于原涂层 DLC 之间的滑动，因而有最低的摩擦系数和最低的磨损速率。

因此不难看出，同一个 DLC 涂层，在不同环境气氛下具有不同的摩擦、磨损特性，显然这是由于界面上发生了不同的摩擦化学反应，导致在 Si_3N_4 球表面覆盖具有不同化学结构的转移膜，因而产生不同的摩擦系数和不同的磨损速率。

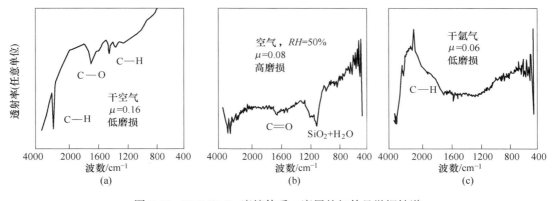

图 5-17 DLC/Si_3N_4 摩擦体系，磨屑的红外显微探针谱

（a）空气 $RH=0\%$；（b）空气 $RH=50\%$；（c）氩气 $RH=0\%$

这组实验及分析结果表明，要研究固体润滑膜的减摩、抗磨作用机制，必须对运动过程中接触界面上所形成的转移膜以及磨屑进行充分的化学结构分析。在这方面，对简单的固体润滑系统，用显微红外光谱能提供有价值的化学信息；但是，目前更多的是采用 SAM、XPS 等现代表面分析谱仪。例如，在 UHV 条件下，用钢球对涂有 MoS_2 涂层的钢板进行滑动摩擦试验，并原位配备 SAM 功能，以便对钢球表面进行跟踪分析。SAM 分析结果表明，有一些 MoS_2 转移到钢球表面，这样所形成的界面膜表面和 MoS_2 涂层具有相同的化学组成。如将摩擦实验条件改为干燥大气环境，进行 10min 滑动实验，并对从钢球接触点掉下的磨屑进行 AES 深度剖析，会得到图 5-18 所示的结果。该图清楚地表明磨屑表面具有层状结构，显示摩擦期间钢球表面的氧化作用使得氧取代了硫，由于铁比钼更易于氧化，因而诱导铁向外扩散，造成最外层主要由铁的氧化物和硫化物所组成；次表层则仍保留有较高的硫、钼含量，显示氧和铁通过这层膜的扩散，而最后一层则是以铁为主的弹塑性变形层。AES 深度剖析所提供的磨屑结构层次，为认识转移润滑膜化学结构提供了有力的证据。

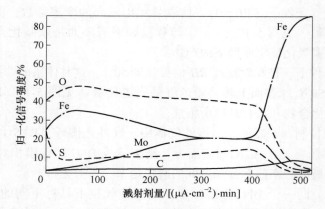

图 5-18   钢球/涂层的磨屑 AES 深度剖析

（实验条件：干燥空气，10min 滑动）

6 复合材料界面

6.1 复合材料概述

复合材料是以两种或两种以上不同材料通过一定的工艺复合而成的多相材料,不同材料互相取长补短,不仅可以克服单一材料的缺点,而且通过协同作用可产生原来单一材料所没有的新性能。

复合材料一般由基体、增强剂两相组成,相与相之间存在界面。以纤维增强塑料为例,纤维是增强剂,是分散相,分散在塑料之中,其作用犹如混凝土中的"钢筋",是载荷的主要承担者。增强纤维可以是连续的长纤维,也可以是短切纤维或者是纤维的各种织物。增强相除纤维外,还可以是颗粒状填料、晶须等。塑料是基体相,其作用犹如混凝土中的"水泥",把增强纤维黏结在一起,使纤维的强度能充分发挥。基体与增强剂之间存在界面,界面对复合材料性能起着重要作用。

复合材料可以按许多途径来分类,按照其用途,可以分为结构复合材料和功能复合材料两大类;按照基体材料的类型,可分为塑料基、金属基、陶瓷基等;按照基体材料的品种,可分为铝基、钛基、碳基等;按增强组元的几何形状,可以分为粒子增强、纤维(或晶须)增强和层状增强,按照增强组元的尺寸,则分为宏观复合材料($d \gg 100\mu\text{m}$)、微米复合材料($d \approx 1\mu\text{m}$)和亚微米复合材料(纳米复合材料),一般而言,宏观复合材料实际上是复合结构。微米复合材料的一个显著特点,就是其性能是复合组元各自性能的叠加,并且在很多情况下是遵循混合比定律的。以单向连续纤维增强的复合材料为例,在等应变的条件下,其强度可表示为

$$\sigma_c = \sigma_m V_m + \sigma_f V_f$$

式中,σ 为强度;V 为体积比;而下标 c、m 和 f 分别表示复合材料、基体和纤维。

在单向排列、平面正交排列和三向排列的连续纤维增强复合材料中,所能容纳的纤维体积比分别为 90.6%、78.3% 和 67.9%,但是由于工艺制作上的困难,实际上的纤维体积比要低得多,如单向增强的纤维体积比通常低于 80%。

虽然金属基复合材料和无机非金属基复合材料因高性能领域对新材料的需求,近年来得到了迅速发展,但应用最广、产量最大的仍是聚合物基复合材料。

聚合物基复合材料的一般特性是:轻质高强、电性能好、耐腐蚀性能好、热性能好、性能的可设计性以及材料结构的统一性。

复合材料的性能除与基体和增强剂密切相关外,界面也起着至关重要的作用。复合材料的性能并不是其组分材料的简单加和,而是产生了"1+1>2"的协同效应。例如,纤维材料纵向是不能承压的,而复合后纤维的压缩强度得到了充分的发挥。又如,玻璃纤维的断裂能约为 $10\text{J}/\text{m}^2$,聚酯的断裂能约为 $100\text{J}/\text{m}^2$,而复合后的玻璃纤维增强塑料的断裂能达 $10^5\text{J}/\text{m}^2$。

复合材料为什么会产生协同效应呢？性能上的特点应从结构上寻找原因。比较纤维增强塑料复合前后的结构，如图6-1所示，未复合基体与纤维各自分散，未结合在一起，复合后基体与纤维黏结在一起，产生了界面。复合后的基体还是原来的基体，纤维还是原来的纤维，两者的差别仅在于复合后基体与纤维之间存在界面，因此界面是复合材料产生协同效应的根本原因。

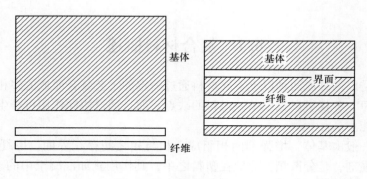

图6-1　纤维增强塑料复合前后的结构示意图

为什么复合材料的断裂能比其组成材料树脂和纤维要大很多倍呢？且看图6-2所示的复合材料破坏过程。裂纹在基体中发展，遇到纤维，可能产生界面脱黏、基体和纤维的断裂、纤维拔出等过程，吸收了大量能量，并且裂纹发展未必在一个平面上，可沿着材料中不同的平面发生以上的界面脱黏、基体与纤维的断裂、纤维拔出等过程，直到裂纹贯穿了某一平面材料才破坏，这就使得复合材料的断裂能大大高于各组分材料的断裂能的加和，充分体现出复合材料的协同效应。

界面黏结强度是衡量复合材料中增强体与基体间界面结合状态的一个指标。界面黏结强度对复合材料整体力学性能的影响很大，界面黏结过高或过弱都是不利的。因此，人们很重视开展复合材料界面的研究和优化设计，以

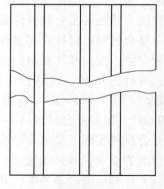

图6-2　复合材料破坏过程中
的能量吸收

制得具有最佳综合性能的复合材料。图6-3给出了影响复合材料界面效应的因素及其与复合材料性能的关系。

结构复合材料中界面层的作用首先是把施加在整体上的力，由基体通过界面层传递到增强材料组元，这就需要有足够的界面黏结强度，黏结过程中两相表面能相互浸润是首要的条件。界面层的另一作用是在一定的应力条件下能够脱黏，以及使增强纤维从基体拔出并发生摩擦，这样就可以借助脱黏增大表面能、拔出功和摩擦功等形式来吸收外加载荷的能量以达到提高其抗破坏能力。从以上两方面综合考虑则要求界面具有最佳黏结状态。

仅仅考虑到复合材料具有黏结适度的界面层还不够，还要考虑究竟什么性质的界面层最为合适。对界面层的见解有两种观点。一种是界面层的模量应介于增强材料与基体材料

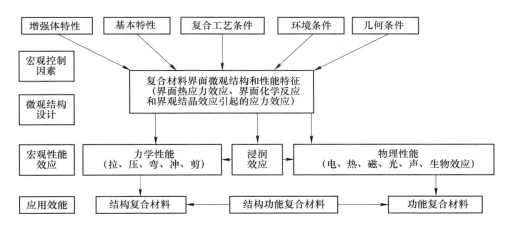

图 6-3 影响复合材料界面效应的因素及其与复合材料性能的关系
(增强材料：纤维、晶须、颗粒、片状；基体：聚合物、金属、陶瓷、碳等)

之间，最好形成梯度过渡。另一种观点是界面层的模量低于增强材料与基体。最好是一种类似橡胶的弹性体，在受力时有较大的形变。前一种观点从力学的角度来看将会产生好的效果；后一种观点按照可形变层理论。则可以将集中于界面的应力点迅速分散，从而提高整体的力学性能。这两种观点都有一定的实验支持，但是尚未得到定论。然而无论如何，若界面层的模量高于增强材料和基体的模量，将会产生不良的效果，这是大家都公认的观点。实验表明，金属基复合材料由于容易发生界面反应，生成脆性大的界面反应层，在低应力条件下界面就会破坏，从而降低复合材料的整体性能。因此，界面层控制是设计复合材料的一个重要方面。

聚合物基复合材料界面设计的基本原则是：改善浸润性，提高界面黏结强度。提高聚合物基复合材料的界面黏结强度对其大多数性能是有利的。目前对聚合物基复合材料界面研究的主要目的是改善增强剂与基体的浸润性，提高界面黏结力。

使用偶联剂是目前聚合物基复合材料，尤其是玻璃纤维增强复合材料最为常见也是最为有效的界面改性方法。采用偶联剂对玻璃纤维表面处理后，可以大大提高玻璃纤维和树脂基体之间的界面黏结力和界面憎水性能，从而提高玻璃纤维增强树脂基复合材料的力学性能、耐气候性和耐水性。常用偶联剂有：有机硅、有机铬、钛酸酯等。其中，有机硅偶联剂是一类品种最多、效果显著、应用最广的偶联剂。

金属基复合材料的特点是容易发生界面反应而生成脆性界面。若基体为合金，则容易出现某元素在界面上富集的现象。有关金属基复合材料的界面控制研究主要有以下两方面：

（1）对增强材料进行表面处理，在增强材料组元上预先涂层以改善增强材料与基体的浸润性，同时涂层还应起到防止发生反应的阻挡层作用；

（2）选择金属元素，改变基体的合金成分，造成某一元素在界面上富集形成阻挡层来控制界面反应。

多数陶瓷基复合材料中增强材料与基体之间不发生化学反应，或不发生激烈的化学反应。甚至有些陶瓷基复合材料的增强材料与其基体的化学成分相同，如 SiC 晶须或 SiC 纤维增强 SiC 陶瓷，这种复合材料也希望建立一个合适的界面，即合适的黏结强度、界面层模量和厚度以提高其韧性。一般认为，陶瓷基复合材料需要一种既能提供界面黏结又能发生脱黏的界面层，这样才能充分改善陶瓷材料韧性差的缺点。

6.2 纤维—基体界面特性

对于纤维增强材料来说，纤维增强作用过程的一个重要环节，是基体将所承受的应力，通过纤维-基体界面传递给增强纤维，因此界面问题就成为复合材料的关键技术问题之一，概括起来，主要有以下三个方面。

6.2.1 界面化学作用

对于复合工艺的一个基本要求，就是在形成纤维和基体的界面结合时，不应当发生过分的化学反应，以免损伤增强纤维的结构完整性和降低其力学性能，这种界面化学反应首先是与纤维及基体材料自身的热力学和化学特性有关。这些特性不仅是与纤维和基体的主体成分有关，而且还受到其微量杂质和表面吸附层组成及其状态的影响。同时，这些化学反应也取决于制备复合材料时所采用的工艺条件。

应当强调指出，绝大多数复合材料的增强组元和基体之间并不是处于热力学平衡中，它们之间存在化学势梯度。因而整体来说，界面化学反应是不可避免的。例如，硼纤维与碳纤维的化学活性较高，硼纤维很容易与铝作用形成 AlB_2，与钛生成 TiB_2 或 TiB，与 Al-Ti 合金作用生成 TiB_2 和（Ti-Al）B_2。碳纤维与铝作用生成 Al_4C_3。即使化学性能比较稳定的 SiC 和 Al_2O_3 纤维，也会发生反应，如 Al_2O_3 与镍作用生成 $NiAl_2O_4$，SiC 与铝作用生成 Al_4C_3 和 Si。

因此，在研究复合材料界面作用时，首先要了解纤维与基体的特性，例如，Ni-calon 纤维实际上是非晶态结构的氧碳化硅，其中 $x(Si):x(O):x(C)$ 摩尔比为 3:1:4。在 1300℃ 以上，Ni-calon 会分解形成晶粒度小于 2nm 的 β-SiC 和石墨，这一转变对于提高材料性能是有利的。

实践证明，在不同制备工艺中，界面反应进行的程度是不同的。一般而言，在 C/Al 热压扩散结合工艺中，界面作用是不显著的，特别是当铝箔表面存在氧化层时。然而，在液相工艺中，碳纤维的界面反应是十分明显的，即使是 SiC 纤维，经过 680℃，15min 的作用，也能观察到 3μm 宽的反应层。人们还发现，当 SiC 纤维和熔融铝相作用时，形成的反应层中混有 Al_4C_3、SiC、Al 和 Si。但若在 SiC 中存在游离 Si 时，则在界面上未发现有 Al_3C_4 的反应产物。然而，没有 Al_3C_4 并不意味着没有反应。实际上，SiC 仍在继续溶于铝中，此时应提高碳和硅的活度，直到硅的活度高到使 SiC 重新析出为止。界面反应也可能是由合金元素引起的，例如，在 $SiC_W/Al2124$ 界面上，观察到了 MgO 析出物，它可能是使这种复合材料韧性降低的原因之一。

为了减少界面反应，常用的方法是在纤维或晶须上加涂层，这种涂层和纤维结合良好，同时又对液态金属具有良好的化学稳定性。曾经采用过的涂层材料有 SiC、B_4C、TiB_2、BN 等。

界面反应不仅发生在材料制备过程中，也可能发生在材料使用过程中。这里可能有高温、氧化以及环境介质的腐蚀作用，例如，刚制成的 SiC_f/LAS（LAS 为美国柯林公司的铝硅酸锂玻璃陶瓷的牌号）复合材料界面上，有石墨和 NbC 的界面层。而在 800℃空气中暴露 4h 后，界面上的石墨层和 NbC 层消失，代之出现的是 SiO_2 和 Nb_2O_5 层。如果在此条件下暴露 100h，则不仅 SiO_2 层加厚，且在 SiO_2 和 Nb_2O_5 之间还出现了一层 Mg_2SiO_4。

对于最终反应产物的显微结构分析，是了解界面反应的重要途径。然而，这对于了解界面反应的推动力和反应动力学却还是远远不够的。例如，通常的 LAS 玻璃陶瓷为碱性，在复合时，它和 SiC 纤维发生剧烈反应，只有通过加入调节酸碱度的 Nb_2O_5 和 Ta_2O_5 等氧化物，并在界面上生成了 NbC 或 TaC 层后，才抑制了这种反应。由此可见，还必须了解制备过程的全部信息，才能更好地认识界面反应的规律。

6.2.2 界面的力学作用状态和过程

材料的增强增韧必须在界面力学过程中实现，这里包括了界面反应对力学性能的影响、界面应力状态以及复合材料形变和断裂过程中的界面作用机制等三个方面的问题。

界面反应可能造成复合材料力学性能的退化，其途径有以下四种：

（1）由于反应层的提前破坏而形成缺口；

（2）纤维表面的粗化；

（3）基体或纤维力学性能的退化；

（4）纤维有效截面的减少。

反应层是否会提前破坏，取决于复合材料的断裂机制。在等应变准则得到满足的前提下，可以根据断裂应变值来判断，究竟是反应层还是纤维先破坏，在这个问题上，表 6-1 给出的数据是很有用的。

表 6-1 复合组元的力学特性

材料	杨氏模量/GPa	强度/MPa	断裂应变/%
B	412	1765	0.43
SiC	481	2354	0.50
TiB_2	530	1324	0.25
$TiSi_2$	265	1177	0.45
TiC	451	1373	0.30

复合材料纤维-基体界面上的残余应力，是由热物理性能的差别和高温制备造成的，图 6-4 给出了一些常见复合材料的纤维与基体的刚度比和热膨胀系数比。

为了对具有界面反应区和纤维表面涂层的复合材料进行应力分析，提出了一个三层的圆柱体模型（见图 6-5）。半径为 a 的最内层代表纤维，厚度为 $b—a$ 的中间层模拟界面区，而外层代表基体。若界面结合完好，且平面应变条件得到满足，则由温度变化引起的应力场在极坐标系中可写成

$$\bar{\sigma}_{ri} = \frac{\sigma_{ri}}{\sigma_0} = \frac{E_i}{E_0}[\bar{C}_{1i} - (1 + 2\nu)\bar{C}_{2i}/r^2 - (1 + \nu)\alpha_i/\alpha_0] \tag{6-1}$$

$$\bar{\sigma}_{\theta i} = \frac{\sigma_{\theta i}}{\sigma_0} = \frac{E_i}{E_0}[\bar{C}_{1i} + (1 + 2\nu)\bar{C}_{2i}/r^2 - (1 + \nu)\alpha_i/\alpha_0] \tag{6-2}$$

$$\bar{\sigma}_{zi} = \frac{\sigma_{zi}}{\sigma_0} = \frac{2\nu E_i}{E_0}\left[\bar{C}_{1i} - (1 + \nu)E_i\alpha_i/E_0\alpha_0\right] \tag{6-3}$$

式中，E、ν 和 α 分别为杨氏模量、泊松比和热膨胀系数；r、θ、z 为极坐标，下标 1、2、3 表示图中的各层；$\bar{C}_{1i}$ 和 $\bar{C}_{2i}$ 为与柱形层几何形状及热弹性有关的参数；$E_0\alpha_0$ 可取为 $E_1\alpha_1$、$E_2\alpha_2$、$E_3\alpha_3$，此外

$$\sigma_0 = \frac{E_0\alpha_0\,|\Delta T|}{(1 + \nu)(1 - 2\nu)} \tag{6-4}$$

式中，ΔT 为温度梯度。

$$\nu_1 = \nu_2 = \nu_3 = \nu \tag{6-5}$$

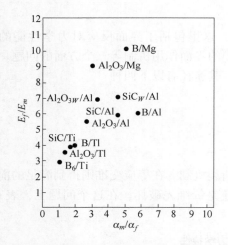

图 6-4　常见复合材料纤维与基体的
刚度比和膨胀系数之比

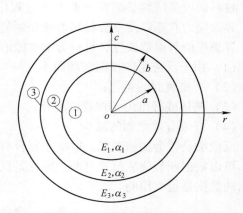

图 6-5　复合材料热应力分析
用的圆柱体模型

图 6-6 给出了残余应力分析的数值计算结果。

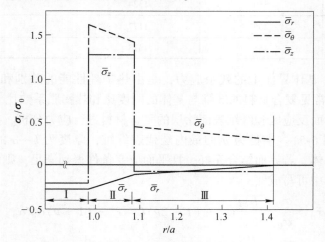

图 6-6　残余应力数值计算结果

最后，我们考虑复合材料形变和断裂过程中的界面作用机制，用纤维增强来提高材料力学性能有两种方法：一种是提高强度，另一种是改善韧性。

对于金属基体，主要的问题是提高强度。通常，增强组元的强度比基体高半个到一个数量级。为了提高强度，要求界面能够将基体受到的应力最大限度地传递给增强纤维，因此，基体需要有较强结合的界面。材料的加载和形变有以下四个阶段：

（1）纤维和基体一起弹性变形。在此阶段，复合材料的弹性模量严格遵守混合比定律

$$E_c = V_f E_f + V_m E_m \tag{6-6}$$

式中，V_f、E_f分别为纤维体积分数和杨氏模量；V_m、E_m分别为基体体积分数和杨氏模量。

（2）基体塑性变形，纤维弹性变形。这是复合材料应力-应变曲线的基本变形方式，这时，基体的应力-应变关系已经是非线性的了。复合材料弹性模量的表达式为

$$E_c = V_f E_f + \left(\frac{\mathrm{d}\sigma_m}{\mathrm{d}\varepsilon_m}\right)_{\varepsilon_f} \cdot V_m \tag{6-7}$$

式中，$\left(\dfrac{\mathrm{d}\sigma_m}{\mathrm{d}\varepsilon_m}\right)_{\varepsilon_f}$为$\varepsilon_m = \varepsilon_f$时的基体应力-应变斜率。

（3）纤维和基体一起发生塑性变形，这时

$$E_c = \left(\frac{\mathrm{d}\sigma_f}{\mathrm{d}\varepsilon_f}\right)_{\varepsilon_f} \cdot V_f + \left(\frac{\mathrm{d}\sigma_m}{\mathrm{d}\varepsilon_m}\right)_{\varepsilon_f} \cdot V_m \tag{6-8}$$

（4）纤维断裂后复合材料整个断裂。整个形变和断裂过程中应力-应变曲线由图6-7给出，其中第Ⅲ阶段仅对韧性纤维才存在。

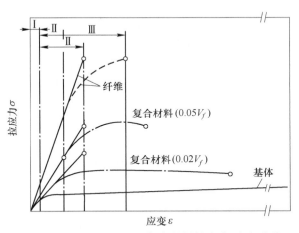

图6-7　纤维增强金属基复合材料的应力-应变曲线

对于陶瓷基体，主要的问题在于提高韧性。在强结合界面时，复合材料将严格遵循混合比规律，而陶瓷基体和增强纤维都是脆性的，这样，通过复合就无法使陶瓷增韧。因此，为了使陶瓷增韧，就不能采用强结合界面，而需要人工设计新的增韧机制。

6.2.3　材料的界面设计

材料设计就是要设想出一种新的微观作用机制，保证材料具有所需要的性能，并且要

求其能够通过一定的工艺，高效率、低成本、无公害地制备出具备这种微观机制的材料。这就是说，材料设计应当全面考虑材料的结构、性能、工艺和应用等多方面的因素。当然，材料设计考虑的因素也可以是局部性的，如果要求的只是一种局部改进。从物质结构的层次看，材料设计可以是宏观的、微米级、纳米级，以至电子结构层次，这取决于人们对材料的需要。

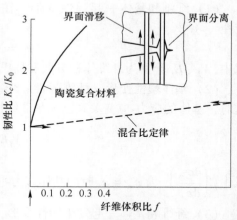

图 6-8 拔出效应的作用机制

20 世纪 70 年代以来，人们在陶瓷增韧上做了大量的工作，取得了明显的效果。提出的增韧机制有相变增韧（包括马氏体相变和铁弹性相变）、微裂纹增韧、韧性相增韧、颗粒增韧、纤维（或晶须）增韧等。其共同特点是，材料组元在断口附近区域里显示出非线性行为。对于纤维和晶须增韧，公认的增韧机制是拔出效应和裂纹偏转。拔出效应的机制由图 6-8 给出，首先是在纤维受力发生形变时，通过纤维和基体在界面上的分离，减少了应力在纤维上的集中。形成的裂纹沿纤维-基体界面扩展，吸收能量，从而使纤维保持完好，并在主裂纹进一步张开过程中，通过界面摩擦和纤维断裂继续吸收能量。这种韧化的一个显著特点是没有明显的温度依赖关系。

我们考虑半径为 r 的晶须的拔出过程，拔出时的轴向应力为

$$\sigma_t = 2\tau_i \left(\frac{l_c}{r} \right) \tag{6-9}$$

式中，l_c 为晶须的临界长度，并且 σ_i 应当小于晶须的断裂强度 σ_{fw}，在晶须中段，其应力达到极大，而在两端为极小。当裂纹扩展时，如果发生晶须把断口的两面桥联起来的情况，并且晶须一端离开断口面的距离小于 $l_c/2$，就会发生拔出，拔出功是拔出所需界面剪切力 τ_i 的函数

$$W_{P.O.} = \pi r \frac{\tau_i}{12} l_c^2 \tag{6-10}$$

对于轴向排列的平均长度为 l^* 的晶须群，其总的拔出功为

$$W_{P.O.} = \frac{l_c}{l^*} \pi r \frac{\tau_i}{12} l_c^2 V_f$$

式中，V_f 为晶须的体积比；为了防止晶须过早断裂，σ_t 和 τ_i 都不宜过大；当晶须长度 l 小于临界长度 l_c 时，这是可以实现的。临界长度

$$l_c = \frac{r\sigma_f W}{2\tau_i} \tag{6-11}$$

而界面剪切力可表示为

$$\tau_i = \mu \sigma_n \tag{6-12}$$

式中，σ_n 为界面上的法向应力；μ 为界面摩擦系数；σ_n 是由于制备过程中基体冷却收缩而造成的，因此，它和基体中的径向应力 σ_r 有关，故

$$\sigma_n = \sigma_r = \frac{(\alpha_W - \alpha_m)\Delta T}{\dfrac{1 + \nu_m}{2E_m} + \dfrac{1 - 2\nu_m}{E_\omega}} \qquad (6\text{-}13)$$

式中，α 为线膨胀系数；E 为杨氏模量；ν 为泊松比；下标 ω 和 m 分别表示晶须和基体；而 ΔT 为残余应力弛豫温度（即低于此温度时应力不再发生弛豫）和试验温度之差。

当裂纹面和晶须轴相垂直或夹角大时，裂纹张开将导致晶须拔出，而当较小时，裂纹张开方向与拔出方向不一致，而使拔出变得困难。这时，较易出现裂纹偏转，且裂纹扩展方向趋向于和晶须轴向一致（见图 6-9），在此过程中，纤维-基体的法向分离将吸收能量。如果晶须的取向随机分布，则这两种机制可能同时存在。

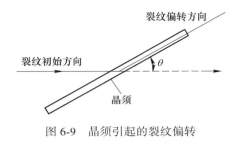

图 6-9　晶须引起的裂纹偏转

6.3　纳米复合材料

纳米复合材料是一种新型的复合材料，其复合组元通常具有纳米量级的尺度，即比宏观或微米复合材料组元的尺寸要小得多，或者严格地说，纳米复合材料是以低维材料作为组元的复合材料。因此，材料科学目前所研究的材料，可以归纳为三大类型，第一类是普通的单质或化合物（包括一般的固溶体），它由原子或分子直接构成。第二类是宏观或微米复合材料，其组元具有宏观尺寸，其性能总的来说是其组元性能的叠加，在比较简单的情况下，遵守混合比定律。第三类是纳米复合材料，它以低维材料作为组元，这就使它成为居于前两类型之间的类型，同时在性能调节上，具有更大的自由度，也因为如此，材料设计问题在这里就更显得突出。从界面研究角度看，表面和界面是物质的一种特殊状态。在纳米复合材料里，由于是以低维材料作为组元，表面态超过了体内态，各种界面量子效应十分显著，这就自然成为界面问题研究的一个重要方面。

超晶格是结构有序性最高的纳米复合材料的显著特征。合金中的超晶格早在 20 世纪 30 年代就被人发现，并以证明对合金性能有很大的影响。半导体中的超晶格是在 1969 年提出的，由于各种薄膜生长技术的发展，它取得了迅速进展，与早期的合金超晶格不同的一个突出特点是，它是在人工严格控制下，一个原子层、一个原子层生长出来的，因而被称为人造材料。目前，半导体超晶格有成分调制和掺杂调制两类，但都是由周期性交替变化薄层构成，当其交叠周期小到载流子平均自由程量级时，就会使物质的能带结构发生显著变化，并造成许多新的光学、磁学、电子学和光电子学特性，这方面的进展是应力层超晶格，最突出的特点是对于能带间隙可以连续调节。

利用半导体薄膜生长技术制备了多种类型的超晶格材料。在金属超晶格上，发现了超模量效应，证明 Au-Ni、Cu-Pd、Cu-Ni、Ag-Pd、Cu-Au 等金属超晶格的双轴弹性模量是成分调制波长的函数，并在波长为 2nm 左右处达到极大值，比原来的金属增加 2～4 倍。在氮化物的 TiN/VN 超晶格上，则观察到了硬度反常效应，通常 TiN 膜硬度为 2000～2500kgf/mm²，VN 膜约为 3000kgf/mm²，而 TiN/VN 超晶格给出的显微硬度值高达 5500kgf/mm²。然而，利用纳米复合既不限于用半导体薄膜工艺（MBE，MOCVD），也不限于超晶格。研究结果表明，用磁控溅射制备的纳米复合超硬膜，其耐磨性显著优于未复合的膜层。

利用不同原子散射截面的材料成分调制得到的 C/W、Si/Mo 等多层材料，得到了反射 X 射线 30% 的结果。目前正在迅速发展的薄膜传感器，也属于多层结构的纳米复合材料，但其中利用了其他的物理和化学效应。

插层化合物也是具有层状结构的纳米复合材料，通常以石墨或硫化物为基，用溶液技术在其层间插入金属层。这类材料目前在电子导电和离子导电特性上给出了诱人的前景。

纳米复合并不限于多层结构，也包括了微粒子复合。严格说来，胶体实际也应属于早期发现或研究过的微粒子复合。近期则有磁流体，是在溶剂中加入悬浮的氧化铁磁性微粒子制成，目前已在轴承和密封上得到了应用。纳米复合在固体材料方面的应用，可以举出以下几个例子。一种是微粒子弥散的光学介质（包括无机和有机的），这类材料给出的光吸收和理论值有两个以上数量级的差别，因而引起了人们极大的兴趣；另一种是纳米晶陶瓷。通常，材料的塑性形变是通过位错运动来实现的，然而，在陶瓷中位错的运动遇到了困难。因此，必须考虑其他机制，格雷特建议利用晶界扩散来达到这一目的，对于通常的多晶材料的断裂应变为

$$\varepsilon = \frac{\sigma \Omega}{d^2 kT}\left(B_1 D_V + \frac{B_2 \delta D_b}{d}\right) \tag{6-14}$$

式中，σ 为拉应力；Ω 为原子体积；d 为晶粒度；B_1 和 B_2 为常量；D_V 和 D_b 分别为体内和晶界扩散系数；δ 为晶界宽度。在低温下，晶界扩散占主要地位，上式变为

$$\varepsilon = \frac{B_2 \sigma \Omega \delta D_b}{d^3 kT} \tag{6-15}$$

式（6-14）和式（6-15）表明，通过减少晶粒度 d 或增加 D_b，可以促进晶界扩散。格雷特等的研究表明，采用纳米晶粒，可以使晶界扩散系数提高三个数量级。另一方面，将晶粒由 10μm 减少到 10nm，可以使蠕变速率提高 10^9 倍。这样，整个的形变速率的增加就达到了 10^{12} 倍。实验结果证明，纳米晶粒的 TiO_2 在 180℃ 和 CaF_2 在 80℃，均出现塑性变形，这对于今后改善陶瓷材料的韧性，显然是有重要意义的。

葛庭燧对于纳米晶材料的结构和性能研究作了综合性的述评，他把这种材料称为纳米材料，指出它是由具有长程有序的小晶粒和既无长程有序也无短程有序的分界面组成。当晶粒尺寸为 3～6nm 时，这种分界面所占的体积分数高达 50%。因此，其结构既不同于传统晶体，也不同于非晶态，并在 X 射线衍射、穆斯堡尔谱、正电子湮没谱、弹性模量、内耗及比热测量中显示出一系列的性能反常。人们还发现，纳米晶 TiO_2 在室温下加压就能固结，在 500℃ 固结，其硬度达到普通粒度 TiO_2 粉末 1100℃ 烧结才能达到的数值。值得注意的是，这种结构在高温时有一定的稳定性，如 TiO_2 直到 700℃，Fe 直到 400℃，其晶粒长大都不显著。

纳米晶结构对于改变多相材料的性能也有明显的效果，如在 Ti-N 膜中加入 B，并在镀膜时采用离子轰击，得到了纳米晶结构的 Ti-B-N 三元系薄膜，其中有 TiN、TiB、Ti-B-N 和 C-BN 等硬度，这种硬度高达 45GPa，比普通氮化钛膜硬度（17GPa）高出一倍以上。

以上情况表明，纳米复合材料已在许多领域开始研究，并已有可观的进展，然而，关于纳米复合材料的普遍性规律，研究的还是不够的。

前面曾提到纳米复合材料是以低维材料为其复合组元的材料。为了进一步阐明这一定义的物理实质，我们引入临界特征长度 Λ_c，作为判断材料低维性的准则。当材料的特征长度 Λ 满足

$$\Lambda < \Lambda_c \tag{6-16}$$

时，它即转变为低维状态。

表征材料空间维数这一转变的特征参数 Λ_c 有一显著特点，它的数值因涉及物理过程的不同而异。例如，当考虑材料的电子特性时，等于该材料中的电子的平均自由程。当考虑材料的超导电特性时，Λ_c 等于库柏电子对的相干长度 ξ_0，即

$$\Lambda_c = \xi_0 = \frac{\hbar v_F}{\pi \Delta(0)} \tag{6-17}$$

式中，$\hbar$ 为普朗克常数；v_F 为费米速度；$\Delta(0)$ 为 $T=0K$ 时的 BCS 能隙，对于电磁波与物质的交互作用，则有

$$\Lambda_c = K\delta = \sqrt{\frac{2}{\omega\mu\mu_0\sigma}}K \tag{6-18}$$

式中，K 为比例常数；δ 为电磁波在该材料中的集肤深度；ω 为电磁波圆频率；μ 和 μ_0 分别为材料和真空的磁导率；σ 为材料的电导率。

纳米复合材料的另一普遍性的规律是，其性能调节是通过利用各种纳米复合效应（主要是复合时引起的各种量子效应）来实现的。这些效应在许多情况下造成了材料电子结构的变化。在这点上，纳米复合和形成化合物较为相似。然而，纳米复合组元的变化范围远比化学元素广泛，复合时的交互作用类型也远比化合时多。因此，纳米复合在调制材料性能上，就显示出了更大的灵活性。表 6-2 给出了纳米复合调制材料特性的一些作用机制，这并不是纳米复合的全部可能途径，但已充分说明了纳米复合调制材料特性的巨大可能性。

表 6-2　纳米复合调制材料特性的作用机制

作　用　机　制	材　　　料
化学组成的周期调制	半导体超晶格（包括化学组成调制和掺杂水平调制），具有超模量效应的金属超晶格，高强度纳米复合多层膜，具有超硬特性的间隙相超晶格
晶格畸变的周期调制	具有连续调节能带间隙功能的应变层超晶格
晶格结构和化学键的周期调制	插层化合物，薄膜敏感元件，定向磁畴
晶格结构和化学键的非周期调制	薄膜，化学转化膜
有序和无序结构的周期调制	非晶半导体超晶格
结构缺陷的周期调制	具有界面位错结构的半导体超晶格
单相或多相的纳米晶粒结构	高强高韧纳米晶陶瓷，Ti-N 基多相复合纳米晶超硬膜

作用机制	材　料
超微粒子随机分布弥散介质	超微粒子复合光学介质，超微粒吸波涂层，磁流体（磁性微粒弥散的油介质，可用于密封或轴承），胶体

界面作用在纳米复合材料中占了主导地位。同时，由于纳米复合材料的高度复杂性，材料的研制必须从其微观设计开始，而不可能靠纯经验的炒菜方式，因此，纳米复合材料的界面研究必须密切结合材料设计进行。首先要分析可能的纳米复合界面效应（包括已知的和设想的），并以此为基础，根据材料性能的要求，做出其微观设计。在制成试样后，还要根据得到的性能来检查和修正设计模型。

下面我们以纳米复合多层膜微波吸收模型为例说明上述思想。微波吸收材料在军事上或民用上均有重要的应用。同时电磁波与物质的交互作用，也是材料科学中的一个重要的急需解决的问题。迄今为止，微波吸收材料主要利用了介质损耗和磁性损耗两种微观机制，而干涉效应则能起到增强吸收的作用。目前吸波材料厚度一般为 $1 \sim 2mm$，面密度约为 $5kg/m^2$。然而，新的应用要求在展宽吸收波段的同时，进一步大幅度降低面密度和厚度。原有材料的潜力有限，需要探索新的吸波机制，纳米复合吸波正是这样一种新机制。

纳米复合时，可能影响微波吸收的机制：量子渗漏效应；微涡流损耗（自由载流子吸波）；界面波效应；单畴效应；定向磁畴；分子或晶粒的极化效应；能带间隙的连续变化调节。

根据纳米复合的一般原理，我们考虑以下吸收机制。

A　自由电子吸收

众所周知，材料的电磁波谱有连续谱和特征谱两大类。如果吸波机制涉及一些量子化的原子或分子轨道的跃迁，则得到的吸收谱必然具有特征谱的特性，其波段难较宽。反之，如果利用电磁波激励自由电子（或其他自由运动的载流子），形成微涡流，则能造成理想的宽波段和高效率的微波吸收机制。这种微涡流的功率损耗为

$$P = \frac{1}{2} |J_s|^2 R_s \tag{6-19}$$

式中，J_s 为表面电流密度；R_s 为材料的表面电阻率。式（6-19）给出了导电介质膜自由电子吸波效果的定量描述，J_s 决定于材料特性及入射电磁波的参数。

B　量子渗漏效应

上述自由电子吸波机制遇到的根本性障碍，也正是由于自由电子造成了材料对于电磁波的强反射，使微波无法进入材料，以致上述机制无法发挥作用。然而，当电子云足够稀薄时，电磁波的光子就能借助隧道效应穿过电子云，这就是量子渗漏效应。由此可见，只要将自由电子材料（主要是金属）作为低维材料，则可利用量子渗漏效应，减少反射率，实现自由电子吸波机制。

经典电动力学给出了对上述效应的近似描述。对于沿 z 轴正向传播的平面电磁波，其振幅在均匀导电介质中沿 z 轴正方向的变化为

$$E_x = (E_{x0}e^{-\alpha z})e^{-i(\omega t - \beta z)} \tag{6-20}$$

式中，α 为电磁波在介质中的衰减常数；β 为相位常数；z 为介质厚度。对于导电介质

$$\alpha = \beta = \sqrt{\pi \nu \mu \sigma} \tag{6-21}$$

ω 为电磁波的圆频率

$$\omega = 2\pi \nu \tag{6-22}$$

式中，ν 为电磁波的振动频率；t 为时间坐标。式（6-20）等号右侧的括号项给出了电磁波的振幅。其中 $\mathrm{e}^{-\alpha z}$ 描述了振幅的减少，而其减少的部分正是被导电介质所反射的电磁波，故

$$\mathrm{e}^{-\alpha z} = 1 - R \tag{6-23}$$

式中，R 为电磁波的反射率。由式（6-23）得到

$$R = 1 - \mathrm{e}^{-\alpha z} \tag{6-24}$$

即导电介质薄膜的厚度决定了它的反射率。另一方面，我们也可以用式（6-23），根据所要求的 R 求出相应的薄膜厚度

$$Z = -\frac{\ln(1 - R)}{\alpha} \tag{6-25}$$

或

$$Z = -\frac{\ln(1 - R)}{\sqrt{\pi \nu \mu \sigma}} \tag{6-26}$$

以上分析表明，由于量子渗漏效应，电磁波的反射并非发生在材料的几何表面上，而是在一定深度的表面层中进行。只要导电介质膜的厚度足够小，就能保证其反射率低于要求的数值。

C 多层膜吸波

单层的导电介质膜只有当其厚度小到纳米量级时，才能有很低的反射率。但是这样的厚度难以造成很大的功率损耗。因此，要得到高的微波吸收率，就必须采用多层导电介质膜，而其间有绝缘介质膜。导电膜的厚度应当小到波长中最短的电磁波有符合要求的 R。理论分析表明，当单层导电介质膜的反射率足够低，吸收率足够高，且其层数足够多时，这种多层复合膜能够成为具有给定吸收率的微波强吸收体。

D 宽频段吸波

由式（6-24）及式（6-21）可以得到

$$R = 1 - \mathrm{e}^{-\sqrt{\pi \nu \mu \sigma} Z} \tag{6-27}$$

式（6-27）表明，当材料的磁导率和电导率与电磁波的频率无关时，随着频率的减少，膜层的反射率将下降。这表明当某一频率的反射率符合要求时，此频率以下的各频段电磁波的反射率全都会符合要求，这样就保证了宽频段吸收的可能性。

参 考 文 献

［1］ 胡福增. 材料表面与界面 ［M］. 上海：华东理工大学出版社，2008.

［2］ 冯端，师昌绪，刘治国. 材料科学导论—融贯的论述 ［M］. 北京：化学工业出版社，2002.

［3］ 孙大明，席光康. 固体的表面与界面 ［M］. 合肥：安徽教育出版社，1996.

［4］ 曹立礼. 材料表面科学 ［M］. 北京：清华大学出版社，2007.

［5］ 徐恒钧. 材料科学基础 ［M］. 北京：北京工业大学出版社，2001.

［6］ 恽正中. 表面与界面物理 ［M］. 成都：电子科技大学出版社，1993.

［7］ 颜莹. 固体材料界面基础 ［M］. 沈阳：东北大学出版社，2008.

［8］ 闻立时. 固体材料界面研究的物理基础 ［M］. 北京：科学出版社，2011.

［9］ Hummel R E. Electronic properties of materials ［M］. Berlin：Springer-Verlag，2000.

［10］ Cohen M L. Electrons at interfaces ［J］. Advances in Electronics and Electron Physics, 1980, 51: 1-62.

［11］ Appelbaum J A, Hamann D R. Self-consistent electronic structure of solid surfaces ［J］. Physical Review B, 1972, 6 (6): 2166.

［12］ Satoko C, Tsukada M, Adachi H. Discrete variational X-cluster calculations. Ⅱ. Application to the surface electronic structure of MgO ［J］. Journal of the Physical Society of Japan, 1978, 45 (4): 1333-1340.

［13］ Magill J, Bloem J, Ohse R W. The mechanism and kinetics of evaporation from laser irradiated UO_2 surfaces ［J］. The Journal of Chemical Physics, 1982, 76 (12): 6227-6242.

［14］ Ciraci S, Batra I P. Electronic structure of α-alumina and its defect states ［J］. Physical Review B, 1983, 28 (2): 982.

［15］ Gay R R, Nodine M H, Henrich V E, et al. Photoelectron study of the interaction of carbon monoxide with zinc oxide ［J］. Journal of the American Chemical Society, 1980, 102 (22): 6752-6761.

［16］ Göpel W, Lampe U. Influence of defects on the electronic structure of zinc oxide surfaces ［J］. Physical Review B, 1980, 22 (12): 6447.

［17］ Cox D F, Fryberger T B, Semancik S. Oxygen vacancies and defect electronic states on the $SnO_2(110)$-1× 1 surface ［J］. Physical Review B, 1988, 38 (3): 2072.

［18］ Egdell R G, Eriksen S, Flavell W R. A spectroscopic study of electron and ion beam reduction of SnO_2 (110) ［J］. Surface Science, 1987, 192 (1): 265-274.

［19］ Egdell R G, Eriksen S, Flavell W R. Oxygen deficient SnO_2 (110) and TiO_2 (110): A comparative study by photoemission ［J］. Solid State Communications, 1986, 60 (10): 835-838.

［20］ Rastomjee C S, Egdell R G, Lee M J, et al. Observation of conduction electrons in Sb-implanted SnO_2 by ultraviolet photoemission spectroscopy ［J］. Surface Science, 1991, 259 (3): 769-773.

［21］ Liu W, Cao X, Zhu Y, et al. The effect of dopants on the electronic structure of SnO_2 thin film ［J］. Sensors and Actuators B: Chemical, 2000, 66 (1-3): 219-221.

［22］ Hollinger G, Pertosa P, Doumerc J P, et al. Metal-nonmetal transition in tungsten bronzes: A photoemission study ［J］. Physical Review B, 1985, 32 (4): 1987.

［23］ Louie S G, Cohen M L. Electronic structure of a metal-semiconductor interface ［J］. Physical Review B, 1976, 13 (6): 2461.

［24］ Ihm J, Louie S G, Cohen M L. Electronic structure of Ge and diamond schottky barriers ［J］. Physical Review B, 1978, 18 (8): 4172.

［25］ Ihm J, Cohen M L. Self-consistent calculation of the electronic structure of the (110) GaAs-ZnSe interface ［J］. Physical Review B, 1979, 20 (2): 729.

［26］ Luckey G W. Introduction to solid state physics ［J］. Journal of the American Chemical Society, 1957, 79

（12）：3299.

[27] Prutton M. 表面物理学 [M]. 长沙：中南工业大学出版社，1987.

[28] Smith J R. Theory of Chemisorption [M]. Berlin：Springer-Verlag，1980.

[29] Sandejas J R, Hundson J B. In fundamentals of gas-surface interactions [M]. New York：Academic Press，1967.

[30] Somorjai G A. Introduction to surface chemistry and catalysis [M]. New York：John Wiley & Sons，Inc. 1997.

[31] Kirkendall E, Thomassen L, Upthegrove C. Rates of diffusion of copper and zinc in alpha brass [J]. Transactions of the AIME, 1939, 133：186-203.

[32] 戴达煌，周克崧. 现代材料表面技术科学 [M]. 北京：冶金工业出版社，2004.

[33] Zhou J M, Baba S, Kinbara A. Field-induced surface transport of indium adatoms on Si（111）surfaces [J]. Thin Solid Films, 1982, 98（2）：109-113.

[34] Ohring M. Failure and reliability and electronic materials and devices [M]. Boston：Academic Press，1998.

[35] Ohring M. The materials science of thin film [M]. Boston：Academic Press，1992：355-357.

[36] Turnbull D, Hoffman R E. The effect of relative crystal and boundary orientations on grain boundary diffusion rates [J]. Acta Metallurgica, 1954, 2（3）：419-426.

[37] Harrison L G. Influence of dislocations on diffusion kinetics in solids with particular reference to the alkali halides [J]. Transactions of the Faraday Society, 1961, 57：1191-1199.

[38] 刘伟杰. 铝晶界及晶界偏析计算机模拟 [M]. 沈阳：东北大学出版社，1999.

[39] Volmer M, Webber A. Nuclei formation in supersaturated states [J]. Z Phys Chem, 1925, 119：277.

[40] 唐伟忠. 薄膜材料制备原理、技术及应用 [M]. 北京：冶金工业出版社，2003.

[41] 王庆波. 薄膜生长表面形貌的计算机模拟研究 [D]. 秦皇岛：燕山大学，2009.

[42] 宋薇. 碳纤维表面处理及其增强环氧树脂复合材料界面性能研究 [D]. 苏州：苏州大学，2011.

[43] 李恒德，肖纪美. 材料表面与界面 [M]. 北京：清华大学出版社，1990.

[44] 刘志林，李志林，刘伟东. 界面电子结构与界面性能 [M]. 北京：科学出版社，2002.

[45] 基泰尔. 固体物理导论 [M]. 北京：化学工业出版社，2011.

[46] Ohring Milton. 薄膜材料科学 [M]. 北京：国防工业出版社，2013.

[47] 任凤章. 材料物理基础 [M]. 北京：机械工业出版社，2011.

[48] 吴自勤，王兵. 薄膜生长 [M]. 北京：科学出版社，2001.

[49] 薛增泉，吴全德，李洁. 薄膜物理 [M]. 北京：电子工业出版社，1989.

[50] 王力衡，黄运添，郑海涛. 薄膜技术 [M]. 北京：清华大学出版社，1991.

[51] 杨宗绵. 固体导论 [M]. 上海：上海交通大学出版社，1993.

[52] 潘金生，仝健民，田民波. 材料科学基础 [M]. 北京：清华大学出版社，1998.

[53] Lvth H. Surface and interface of solids [M]. Berlin：Spring-Verlag，1993.

[54] Frommer J, Overney R M. Interfacial properties on the submicrometer scale [M]. New York：American Chemical Society，2001.

[55] Mönch W. Semiconductor surface and interfaces [M]. Berlin：Springer Verlag，2001.

[56] Schmitsdorf R F, Mönch W. Influence of the interface structure on the barrier height of homogeneous Schottky contacts [J]. Eur Phys J, 1999, 7（3）：457-466.

[57] Hong H, Aburano R D, Lin D S. X-ray scattering study of Ag/Si（111）buried interface structures [J]. Phys Rev Lett, 1992, 68（4）：507.

[58] Schmitsdorf R F, Kampen T U, Mönch W. Correlation between barrier height and interface structure of

AgSi（111）Schottky diodes［J］. Surf Sci, 1995, 324（2-3）: 249-256.

［59］ Ohdomari I, Aochi H. Size effect of parallel silicide contact［J］. Phys Rev, 1987, 35（2）: 682.

［60］ Chin V W L, Storey J W V, Green M A. P-type PtSi Schottky-diode barrier height determined from Ⅰ-Ⅴ measurement［J］. Solid-State Electronics, 1989, 32（6）: 475-478.

［61］ Werner J H, Güttler H H. Temperature dependence of schottky barrier heights on silicon［J］. J Appl Phys, 1993, 73（3）: 1315-1319.

［62］ Dwyer D J, Hoffmann F M. Surface science of catalysis: insitu probes and reaction kinetics［M］. New York: American Chemical Society, 1992.

［63］ Heineman H, Somorjai G A. Catalysis and surface science［M］. New York: CRC Press, 1985.

［64］ Rodriguez J A, Goodman D W. High-pressure catalytic reactions over single-crystal metal surfaces［J］. Surf Sci Reports, 1991, 14（1-2）: 1-107.

［65］ Over H, Muhler M. Catalytic CO oxidation over ruthenium-bridging the pressure gap［J］. Prog Surf Sci, 2003, 72: 3-17.

［66］ Henry C R. Surface studies of supported model catalysts［J］. Surf Sci Reports, 1998, 31: 231-325.

［67］ 黄昆，谢希德. 半导体物理学［M］. 北京：科学出版社，1965.

［68］ 顾祖毅，等. 半导体物理学［M］. 北京：电子工业出版社，1995.

［69］ Adams D L, Germer L H. Adsorption on single-crystal planes of tungsten: I. Nitrogen［J］. Surf Sci, 1971, 27: 21-44.

［70］ Mönch W. Semiconductor surfaces and interfaces［M］. Berlin: Springer Verlag, 2001.

［71］ Aarts J, Hoven A J, Larsen P K. Electronic structure of the Ge（111）-c（2×8）surface［J］. Phys Rev, 1988, B37: 8190.

［72］ Braun W, Held G, Steinrück H P. Coverage-dependent changes in the adsorption geometries of ordered benzene layers on Ru（0001）［J］. Surf Sci, 2001, 475: 18-36.

［73］ Henrich V E, Cox P A. The surface science of metal oxide［M］. New York: Cambridge University Press, 1996.

［74］ Cox P A, The electronic structure and chemistry of solids［M］. New York: Oxford University Press, 1987.

［75］ Woodruff D W, Delchar T A. Modern technique of surface science［M］. New York: Cambridge University Press, 1986.

［76］ Ashcroft N W, Mermin N D. Solid state physics［M］. New York: Holt, Rinehart and Winston, 1976.

［77］ Magill J, Bloem J, Ohse R W, The mechanism and kinetics of evaporation from laser irradiated UO_2 surfaces［J］. J Chem Phys, 1982, 76: 6227-6242.

［78］ Ciraci S, Batra I P. Electronic structure of α-alumina and its defect states［J］. Phys Rev, 1983, B28: 982.

［79］ Gay R R, Nodine M H, Henrich V E, et al. Photoelectron study of the interaction of carbon monoxide with zinc oxide［J］. Journal of the American Chemical Society, 1980, 102（22）: 6752-6761.

［80］ Ranke W. Separation of the partial s- and p-densities of valence states of ZnO from UPS-measurements［J］. Solid State Commun, 1976, 19（7）: 685-688.

［81］ Göpel W, Lampe U. Influence of defects on the electronic structure of zinc oxide surfaces［J］. Physical Review B, 1980, 22（12）: 6447.

［82］ Cox D F, Fryberger T B, Semancik S. Oxygen vacancies and defect electronic states on the SnO_2(110)-1×1 surface［J］. Physical Review B, 1988, 38（3）: 2072-2083.

［83］ Egdell R G, Eriksen S, Flavell W R. A spectroscopic study of electron and ion beam reduction of SnO_2 (110)［J］. Surface Science, 1987, 192（1）: 265-274.

[84] Egdell R G, Eriksen S, Flavell W R. Oxygen deficient $SnO_2(110)$ and $TiO_2(110)$: A comparative study by photoemission [J]. Solid State Communications, 1986, 60 (10): 835-838.

[85] Cox P A, Egdell R G, Harding C. Surface properties of antimony doped tin (Ⅳ) oxide: A study by electron spectroscopy [J]. Surface Science, 1982, 123 (2-3): 179-203.

[86] Rastomjee C S, Egdell R G, Lee M J, et al. Observation of conduction electrons in Sb-implanted SnO_2 by ultraviolet photoemission spectroscopy [J]. Surface Science Letter, 1991, 259 (3): 769-773.

[87] Cox P A, Egdell R G, Harding C, et al. Free-electron behaviour of carriers in antimony-doped tin (Ⅳ) oxide: A study by electron spectroscopy [J]. Solid State Communications. 1982, 44 (6): 837-839.

[88] Cao X P, Cao L L, Yao W Q. Structural characterization of Pd-doped SnO_2 thin films using XPS [J]. Surf Interf Anal, 1996, 24 (9): 662-666.

[89] Cao X P, Cao L L, Yao W Q. Influences of dopants on the electronic structure of SnO_2 thin films [J]. Thin Solid Films, 1998, 317 (1-2): 443-445.

[90] Liu W, Cao X P, Cao L L, et al. The effect of dopants on the electronic structure of SnO_2 thin film [J]. Sensors and Actuators B, 2000, 66 (1-3): 219-221.

[91] Hollinger G, Pertosa P, Doumerc J P, et al. Metal-nonmetal transition in tungsten bronzes: A photoemission study [J]. Physical Review B, 1985, 32 (4): 1987.

[92] 陆家和, 陈长彦, 等. 表面分析技术 [M]. 北京: 电子工业出版社, 1987.

[93] Ertl G, Kupper J. Low electrons and surface chemistry [M]. Weinheim: VCH, 1985.

[94] Flavell W R. In: Vickerman J C, ed. Surface analysis [M]. New York: John Wiley Sons, 1997: 313-379.

[95] Henrich V, Cox P A. The surface science of metal oxides [M]. New York: Cambridge University Press, 1994: 5-43.

[96] Somorjai G A. Introduction to surface chemistry and catalysis [M]. New York: John Wiley & Sons, 1994: 36-84.

[97] Watson P R, Van Hove M A, Hemann K. NIST surface structure database (SSD), version 3 [M]. New York: Gaithersburg, 1999.

[98] Hoogers G, King D A. Adsorbate-induced step-doubling reconstruction of a vicinal metal surface: Oxygen on Rh {332} [J]. Surface science, 1993, 286 (3): 306-316.

[99] Pfnür H, Piercy P. Oxygen on Ru (001): Critical behavior of a p (2×1) order-disorder transition [J]. Physical Review B, 1990, 41 (1): 582.

[100] Neureiter H, Schneider M, Tatarenko S, et al. New information on the sublimating CdTe (001) surface from high resolution LEED [J]. Applied surface science, 1998, 123: 71-75.

[101] Neureiter H, Schinzer S, Sokolowski M, et al. Smoothing kinetics of CdTe(001)-surfaces: indication for a step/terrace exchange barrier [J]. Journal of crystal growth, 1999, 201: 93-96.

[102] Pendry J B. Reliability factors for LEED calculations [J]. Journal of Physics C: Solid State Physics, 1980, 13 (5): 937.

[103] Van Hove M A, Weinberg W H, Chan G C. Low energy electron diffraction [M]. Berlin: Springer-Verlag, 1986.

[104] Woodruff D P, Delchar T A. Modern techniques of surface science [M]. New York: Cambridge University Press, 1986: 14-75.

[105] Andersson S, Pendry J B. The structure of c (2×2) CO adsorbed on copper and nickel (001) surfaces [J]. Journal of Physics C: Solid State Physics, 1980, 13 (18): 35-47.

[106] Goldberg D E. Optimization and machine learning [J]. Genetic algorithms in Search, 1989.

［107］ Materer N, Starke U, Barbieri A, et al. Reliability of detailed LEED structural analyses: Pt（111）and Pt（111）-p（2×2）-O ［J］. Surface science, 1995, 325（3）: 207-222.

［108］ Davis H L, Noonan J R. Atomic rippling of a metallic ordered alloy surface-NiAl（110）［J］. Journal of Vacuum Science & Technology A: Vacuum, Surfaces, and Films, 1985, 3（3）: 1507-1510.

［109］ Starke U, Barbieri A, Materer N, et al. Ethylidyne on Pt（111）: determination of adsorption site, substrate relaxation and coverage by automated tensor LEED ［J］. Surface Science, 1993, 286（1-2）: 1-14.

［110］ Lang E, Heilmann P, Hanke G, et al. Fast LEED intensity measurements with a video camera and a video tape recorder ［J］. Applied Physics, 1979, 19（3）: 287-293.

［111］ Van Hove M A, Tong S Y. Surface crystallography by LEED: theory, computation and structural results ［M］. Berlin: Springer Science & Business Media, 2012.

［112］ Rous P J, Pendry J B. The theory of tensor LEED ［J］. Surface Science, 1989, 219（3）: 355-372.

［113］ Rous P J, Pendry J B. Applications of tensor LEED ［J］. Surface Science, 1989, 219（3）: 373-394.

［114］ Oed W, Rous P J, Pendry J B. The expansion of tensor-LEED in cartesian coordinates ［J］. Surface Science, 1992, 273（1-2）: 261-270.

［115］ Heinz K, Wedler H. Holographic inversion of diffuse electron diffraction intensities for the Ni（001）/K structure ［J］. Surface Review and Letters, 1994, 1（02-03）: 319-334.

［116］ Heinz K, Müller S, Hammer L. Crystallography of ultrathin iron, cobalt and nickel films grown epitaxially on copper ［J］. Journal of Physics: Condensed Matter, 1999, 11（48）: 9437.

［117］ Wu C I, Kahn A. Electronic states at aluminum nitride（0001）-1×1 surfaces ［J］. Applied Physics Letters, 1999, 74（4）: 546-548.

［118］ Brook R J. Sintering: An overview ［M］//Concise Encyclopedia of Advanced Ceramic Materials. Pergamon, 1991: 438-440.

［119］ Lad R J. Surface structure of crystalline ceramics ［J］. Handbook of Surface Science, 1996, 1: 185-228.

［120］ Dufour L C, Monty C, Petot-Ervas G. Surface and interface of ceramic materials ［M］. New York: Kluwer, 1989.

［121］ Henrich V E, Cox P A. The surface science of metal oxides ［M］. Cambridge: Cambridge University Press, 1994.

［122］ Kelly A, Groves G W. Crystallography and crystal defects ［M］. New York: Addison-Wesley, 1970: 94.

［123］ Gajdardziska-Josifovska M, Crozier P A, McCartney M R, Cowley J M. Ca segregation and step modifications on cleaved and annealed MgO（100）surfaces ［J］. Surface Science Letters, 1993, 284（1-2）: A283.

［124］ Ramamoorthy M, Vanderbilt D, King-Smith R D. First-principles calculation of the energetics of stoichiometric TiO_2 surfaces ［J］. Physical Review B, 1994, 49（23）: 16721-16727.

［125］ Pan J M, Maschhoff B L, Diebold U, Madey T E. Interaction of water, oxygen and hydrogen with TiO_2（110）surfaces having different defect densities ［J］. Journal of Vacuum Science & Technology, 1992, 10（4）: 2470-2476.

［126］ Wang L Q, Baer D R, Engelhard M H. Creation of variable concentrations of defects on TiO_2（110）using low-density electron beams ［J］. Surface Science, 1994, 320（3）: 295-306.

［127］ Cox D F, Fryberger T B, Semancik S. Oxygen vacancies and defect electronic states on the SnO_2（110）-1×1 surface ［J］. Physical Review B, 1988, 38（3）: 2072-2083.

［128］ Sander M, Engel T. Atomic level structure of TiO_2（110）as a function of surface oxygen coverage ［J］. Surface Science, 1994, 302（1-2）: 263-268.

［129］ Murray P W, Condon N G, Thornton G G. Effect of stoichiometry on the structure of TiO_2（110）［J］.

Physical Review B Condensed Matter, 1995, 51 (16): 10989.

[130] Chung Y W, Lo W J, Somorjai G A. Low energy electron diffraction and electron spectroscopy studies of the clean (110) and (100) titanium dioxide (rutile) crystal surfaces [J]. Surface Science, 1977, 64 (2): 588-602.

[131] Poirer G E, Hnace B K, White J M. Identification of the facet planes of phase I $TiO_2(001)$ rutile by scanning tunneling microscopy and low energy electron diffraction [J]. Journal of Vacuum Science & Technology, 1992, B10: 6.

[132] Hirata A, Saiki K, Koma A, et al. Electronic structure of a SrO-terminated $SrTiO_3(100)$ surface [J]. Surface Science, 1994, 319 (3): 267-271.

[133] Bickel N, Schmidt G, Heinz K, et al. Ferroelectric relaxation of the $SrTiO_3(100)$ surface [J]. Physical Review Letters, 1989, 62 (17): 2009-2011.

[134] Ravikumar V D, Volf D, Dravid V P. Ferroelectric-monolayer reconstruction of the $SrTiO_3(100)$ Surface [J]. Physical Review Letters, 1995, 74: 960.

[135] MatsumotoT, Tanaka H, Kawai T, Kawai S. STM-imaging of a $SrTiO_3(100)$ surface with atomic-scale resolution [J]. Surface Science Letters, 1992, 278: 153.

[136] Brook R J, Cahn R W. Concise encyclopedia of advanced ceramic materials [M]. Oxford: Pergamon Press, 1991.

[137] Halet J F, Hoffmann R, Saillard J Y. Six- and five-vertex organometallic clusters [J]. Inorganic Chemistry, 1985, 24 (11): 1695-1700.

[138] Langell, M A. Transition metal compound surfaces I: The cubic sodium tungsten bronze (Na_xWO_3) surface [J]. Journal of Vacuum Science & Technology, 1998, 17 (6): 1287-1295.

[139] Peacor D S, Hibma T. LEED study of Na_xWO_3 tungsten bronze: structural relaxation of a perovskite surface [J]. Surface Science Letters, 2015, 287-288: 403-408.

[140] Dawihl W. Transition metal carbides and nitrides [J]. Angewandte Chemie, 2010, 84 (19): 960.

[141] Souda R, Hayami W, Aizawa T, et al. Effects of W segregation on oxidation of TiC(001) studied by low-energy ion scattering and Auger electron spectroscopy [J]. Surface Science, 1994, 315 (1-2): 93-98.

[142] Aono M, Hou Y, Souda R, et al. Direct analysis of the structure, concentration, and chemical activity of surface atomic vacancies by specialized low-energy ion-scattering spectroscopy: TiC(001) [J]. Physical Review Letters, 1983, 50 (17): 1293-1296.

[143] Oshima C, Aono M, Zaima S, et al. The surface properties of TiC(001) and TiC(111) surfaces [J]. Journal of the Less Common Metals, 1981, 82 (9): 69-74.

[144] Edamoto K, Miyazaki E, Anazawa T, et al. Hydrogen adsorption on a TiC(111) surface: angle-resolved photoemission study [J]. Surface Science, 1992, 269-270 (9): 389-393.

[145] Ito H, Ichinos T, Oshima C, Ichinokawa T. Scanning tunneling microscopy of monolayer graphite epitaxially grown on a TiC (111) surface [J]. Surface Science, 1991, 254: 437.

[146] Strite S. Ruan J J, Li Z, et al. An investigation of the properties of cubic GaN grown on GaAs by plasma-assisted molecular-beam epitaxy [J]. Journal of Vacuum Science & Technology, 1991, 9: 1924.

[147] Smith R, Feestra R M, Greve D W, et al. Reconstructions of the GaN(000-1) Surface [J]. Physical Review Letters, 1997, 79: 3934.

[148] Kuwano S, Xue Q Z, Asano Y, et al. Bilayer-by-bilayer etching of 6H-GaN(0001) with Cl [J]. Surface Science, 2004, 561 (2-3): 213-217.

[149] Johansson L I, Stefan P M, Shek M L, Christensen A N. Valence-band structure of TiC and TiN [J]. Physical Review B, 1980, 22 (2): 1032-1037.

[150] Linberg P A, Johansson L I, Linderstrm J B, Law D S. Synchrotron radiation study of the valence band structure of substoichiometric NbC [J]. Surface Science, 1987, 189: 751-760.

[151] Johansson L I. Electronic and structural properties of transition-metal carbide and nitride surfaces [J]. Surface Science Reports, 1995, 21 (5-6): 177-250.

[152] Adamson A. W. 表面的物理化学 [M]. 顾惕人, 译. 北京: 科学出版社, 1984.

[153] Ernst F. Metal-oxide interface [J]. Materials Science and Engineering, 1995, R14 (3): 95-156.

[154] Zhou W, Zhang X F, Zhang Z. The guidance role of HRTEM in developing mesoporous molecular sieves [J]. Prog Transm Electr Micros, 2001, 2: 1-24.

[155] 段世铎, 谭逸玲. 界面化学 [M]. 北京: 高等教育出版社, 1990.

[156] Thomas J M, Terasaki O, Gai-Boyes P L, Zhou W, Gonzalez-Calbet J. Structural elucidation of microporous and mesoporous catalysts and molecular sieves by high-resolution electron microscopy [J]. Accounts of Chemical Research, 2001, 34: 583-594.

[157] Chen N X. Modified moebius invers formula and its application in physics [J]. Physical Review Letters, 1990, 64 (11): 1193-1195.

[158] Bogy D B. On the plane elastostatic problem of a loaded crack terminating at a material interface [J]. Journal of Applied Mechanics, 1971, 38 (4): 911-918.

[159] Dieter Wolf, Sidnet Yip. Materials interfaces atomic-level structure and properties [M]. London: Chapman & Hall, 1992.

[160] Frenkel JZur. Theorie deräelastizit tsgrenze und der festigkeit kristallinischer körper [J]. Z Phys, 1926, 37 (7-8): 572-609.

[161] Ishida Y, Mori M J. Theoretical studies of segregated internal interfaces [J]. Journal de Physique Archives, 1985, 46 (C4): 465-474.

[162] Ichinose H, Ishida Y. High resolution electron microscopy of grain boundaries in fcc and bcc metals [J]. Le Journal De Physique Colloques, 1985, 46: 39-49.

[163] Brasher D G, Buthler D J. Explosive welding: principles and potentials [J]. Advanced Material and Processes, 1995, 147 (3): 37-38.

[164] Jonssin S. Calculation of the Ti-C-N system [J]. Zeitschrift fur Metallkunde, 1996, 87 (9): 713-720.

[165] 骆玉祥, 胡福增, 郑安呐, 等. 超高分子量聚乙烯纤维表面处理 [J]. 玻璃钢/复合材料, 1998 (5): 9-13.

[166] 王书中, 吴越, 骆玉祥, 等. 超高分子量聚乙烯纤维的低温等离子处理 [J]. 复合材料学报, 2003, 20 (6): 98-103.

[167] 贾玲, 周丽绘, 薛志云, 等. 碳纤维表面等离子接枝及对碳纤维-PAA 复合材料 ILSS 的影响 [J]. 复合材料学报, 2004, 21 (4): 45-49.

[168] Tsuookawa N, Hamada H, Sone Y. Polymer brushes by anionic and cationic surface-initiated polymerization (SIP) [J]. J Macromol Sci-chem, 1988, A25 (2): 171-182.

[169] 郑安呐, 张云灿, 潘恩黎. 玻璃纤维表面烯烃接枝聚合的研究 [J]. 玻璃钢/复合材料, 1992 (3): 1-5.

[170] Sun M, Hu B, Wu Y, Tang Y, Huang W, Da Y. Surface of CFs continuously treated by cold plasma [J]. Comp Sci Tech, 1989, 34: 353-364.

[171] Kelly A, Tyson W R. Tensile properties of fibre-reinforced metals: copper/tungsten and copper/molybdenum [J]. Journal of the Mechanics and Physics of Solids, 1965, 13 (6): 329-338.

[172] Folkes M J, Wong W K. Determination of interfacial shear strength in fibre-reinforced thermoplastic composites [J]. Polymer, 1987, 28 (8): 1309-1314.

［173］Yue C, Cheung W. Some observations on the role of transcrystalline interphase on the interfacial strength of thermoplastic composites ［J］. Journal of Materials Science Letters, 1993, 12（14）: 1092-1094.

［174］Moon C. The effect of interfacial microstructure on the interfacial strength of glass fiber/polypropylene resin composites ［J］. Journal of Applied Polymer Science, 1994, 54（1）: 73-82.

［175］曾汉民, 张志毅, 章明秋, 许家瑞, 简念保, 麦堪成. CF/PEEK 复合材料界面层结构与性能关系研究 ［J］. 复合材料学报, 1994, 11（2）: 81-89.

［176］Nagae S, Otsuka Y, Nishida M, et al. Transcrystallization at glass fibre/polypropylene interface and its effect on the improvement of mechanical properties of the composites ［J］. Journal of Materials Science Letters, 1995, 14（17）: 1234-1236.

［177］Cai Y, Petermann J, Wittich H. Transcrystallization in fiber-reinforced isotactic polypropylene composites in a temperature gradient ［J］. Journal of Applied Polymer Science, 1997, 65（1）: 67-75.

［178］Moon C K. Effect of molecular weight and fiber diameter on the interfacial behavior in glass fiber/PP composites ［J］. Journal of Applied Polymer Science, 1998, 67（7）: 1191-1197.

［179］张云灿, 陈瑞珠, 刘素良. 玻璃纤维增强 PP 性能、界面及基体晶态研究 ［J］. 复合材料学报, 1994, 11（2）: 97-105.

［180］张云灿, 惠仲志, 陈瑞珠. 界面应力对玻纤增强 HDPE 基体伸展链晶体的诱导作用 ［J］. 复合材料学报, 1998, 15（3）: 54-61.

［181］Cortez C, Tomaskovic-Crook E, A Johnston, et al. Targeting and uptake of multilayered particles to colorectal cancer cells ［J］. Adv. Mater. , 2006, 18: 1998-2003.

［182］Alexandra, S, Angelatos, et al. Bioinspired colloidal systems via layer-by-layer assembly ［J］. Soft Matter, 2006, 2: 18-23.

［183］Zelikin A N, Quinn J F, Caruso F. Disulfide cross-linked polymer capsules: en route to biodeconstructible systems ［J］. Biomacromolecules, 2006, 7（1）: 27-30.

［184］Sounart T L, Liu J, Voigt J A, et al. Sequential nucleation and growth of complex nanostructured films ［J］. Advanced Function Materials, 2006, 16（3）: 335-344.

［185］Liu D, Kamat P V. Photoelectrochemical behavior of thin cadmium selenide and coupled titania/cadmium selenide semiconductor films ［J］. Phys. Chem, 1993, 73（41）: 10769-10773.

［186］Duret A, Grätzel M. Visible light-induced water oxidation on mesoscopic α-Fe_2O_3 films made by ultrasonic spray pyrolysis ［J］. Phys Chem B, 2005, 109（36）: 84-91.

［187］Hoffmann M R, Martin S T, Choi W, et al. Environmental application of semiconductor photocatalysis ［J］. Chemical Reviews, 1995, 95（1）: 69-96.

［188］Fujishima A, Honda K. Electrochemical photolysis of water at a semiconductor electrode ［J］. Nature, 1972, 238（5358）: 37-38.

［189］Stathatos E, Petrova T, Lianos P. Study of the efficiency of visible-light photocatalytic degradation of basic blue adsorbed on pure and doped mesoporous titania films ［J］. Langmuir, 2001, 17: 5225-5030.

［190］Barborini E, Conti A M, Kholmanov I, et al. Nanostructured TiO_2 films with 2eV optical gaps ［J］. Advanced Materials, 2005, 17: 1842-1846.

［191］Naik M C, Paul A R, Kaimal K, et al. Mass transport of cobalt and nickel in Incoloy-800 ［J］. Journal of Materials Science, 1990, 25（3）: 1640-1644.

［192］Kapoor R R, Eagar T W. ChemInform abstract: the oxidation behavior of silver- and copper-based brazing filler metals for silicon nitride/metal joints ［J］. ChemInform, 1989, 72（3）: 448-454.

［193］张立德, 牟季美. 纳米材料和纳米结构 ［J］. 中国科学院院刊, 2001, 16（6）: 444-445.

［194］Ichinose N, Ozaki Y, S Kashu. Superfine particle technology ［M］. Berlin: Springer, 1992.

［195］ Shalaev V M. Nanostructured materials clusters, composites, and thin films ［M］. New York：American Chemical Society，1997.

［196］ Michel，L，Trudeau. Nanocrystalline Fe and Fe-riched Fe-Ni through electrodeposition-science direct ［J］. Nanostructured Materials，1999，12（1-4）：55-60.

［197］ 方俊鑫，陆栋. 固体物理学. 下册 ［M］. 上海：上海科学技术出版社，1981.

［198］ 杨宗绵. 固体导论 ［M］. 上海：上海交通大学出版社，1993.

［199］ 日野太郎. 电气材料的物理基础 ［M］. 王力衡，等译. 西安：西安交通大学出版社，1988.

［200］ 熊欣. 表面物理 ［M］. 沈阳：辽宁科学技术出版社，1985.

［201］ 丘思畴. 半导体表面与界面物理 ［M］. 武汉：华中理工大学出版社，1995.

［202］ 程传煊. 表面物理化学 ［M］. 北京：科学技术文献出版社，1995.

［203］ Bates C H, Foley M R, Rossi G A, et al. Joining of non-oxide ceramics for high-temperature applications ［J］. American Ceramic Society Bulletin（USA），1990，5（5）：350-357.

［204］ Bailey F P, Borbidge W E. Solid state metal-ceramic reaction bonding ［M］. New York：Springer US，1981.

［205］ Fendler J H. Self-assembled nanostructured materials ［J］. Chemistry of Materisls，1996，8（8）：1616-1624.

［206］ 温诗铸. 摩擦学原理 ［M］. 北京：清华大学出版社，1990.